에이트 베어스

EIGHT BEARS

에이트 베어스
EIGHT BEARS

글로리아 디키 지음 | **방수연** 옮김

알레

"모든 면에서 훌륭하신 부모님께."

추천의 말

"나는 내 유튜브 채널 〈최재천의 아마존〉에서 가장 포악하고 무서운 야생 동물로 곰을 지목했다. 그런데 사람들은 다른 포식 동물에 비해 유독 곰에게 관대하고 호의적이다. 우리 아이들이 어려서 제일 먼저 품에 안는 인형이 대개 테디 베어 곰이다. 사냥을 즐겼지만 역설적이게도 미국 역대 대통령 중 자연보호지역을 가장 많이 만든 시어도어 '테디teddy' 루즈벨트의 임기가 끝나던 1910년 무렵 곰의 인기는 유례없이 치솟았다. 테디 베어의 등장으로 봉제 곰 인형 생산량은 거의 100만 개에 달했건만 야생에서 곰은 여전히 박멸 대상이었다. 2007년 국제자연보전연맹International Union for Conservation of Nature, IUCN 곰 전문가들은 현존하는 곰 여덟 종 중 여섯 종은 멸종이 우려된다는 진단을 내놓았다.

그러나 멸종위기종보호법 덕택에 미국과 캐나다에서는 최근 야생 곰 수가 급등하고 있다. 어느덧 미국흑곰 개체수는 90만 마리에 달해 다른 곰 일곱 종을 전부 합친 수보다 많다. 우리나라에서도 지난 2005년부터 추진해온 반달가슴곰 복원사업 덕택에 2023년 기준으로 86마리가 지리산에 서식하고 있다. 이화여자대학교 에코과학부 장이권 교수는 현실적인 적정 개체수를 64마리로 계산해냈다. 그러다 보니 2018년에는 수컷 한 마리가 90킬로미터나 떨어진 경북 김천 수도산까지 이동하며 양봉 벌통을 덮치기도 하고 교통사고를 당하기도 했다. 곰과 우리의 공존 관계는 임계점에 다다르고 있다.

곰은 인류 역사에서 우리와 가장 가까운 친족에 속한다고 여겨졌다. 단군 신화를 비롯한 세계 여러 토착 설화에서 곰은 자주 인간으로 묘사된다. 곰은 어머니, 보호자, 스승, 주술사 등 다양한 모습으로 등장한다. 곰의 행동과 인지를 연구하는 생물학자들은 사물을 인식하는 능력이나 새롭게 부딪히는 문제를 해결하는 '지능' 면에서 곰이 종종 유인원을 능가한다고 증언한다. 이런 이유로 미국 옐로스톤국립공원Yellowstone National Park 관리자들은 난공불락 쓰레기통 개발에 노력을 멈출 수 없다.

이 책은 안데스산맥 운무림에서 인도 관목지대와 중국 대나무 숲을 거쳐 북극 해빙까지 네 개 대륙 곳곳을 직접 발로 뛰며 채록한 곰 생태 리포트다. 이번 세기말을 넘길 듯한 곰은 대왕판다, 미국흑곰, 불곰, 단 세 종뿐인 상황에서 삶의 모든 걸 바치고 있는 위대한 보전활동가들의 희생이 가슴 저미도록 아름답다. 인간과 곰의 애증후박愛憎厚薄을 이처럼 절절하게 그려낸 책은 일찍이 없었다."

_최재천(이화여자대학교 에코과학부 석좌교수, 생명다양성재단 이사장)

"한 번이라도 곰 인형을 가져봤던 사람이라면 이 과학 에세이를 탄성과 함께 읽을 수 있을 것이다. 웅녀 설화를 자연스레 떠올릴 수 있는 이 역시 마찬가지로 몰입이 가능하다. 곰들의 크고 둥근 그림자가 인류 문화의 출발점 위로 드리워져 있었다는 점을 곱씹으며 이름부터 낯선 안경곰과 느림보곰, 도처에서 마주치는 친숙한 대왕판다와 북극곰까지 전부 한 권으로 만날 수 있다. 이야기 속 이미지로서의 곰은 언제나 사랑받아 온 반면 실제의 곰들은 낭떠러지로 몰리고 말았기에, 글로리아 디키는 그 넓게 벌어진 틈을 종횡무진 오가며 묻는다. 우리는 우리를 해칠 수 있는 곰들과도 공존할 수 있을까? 이 책은 충돌을 직접 겪은 사람들, 더 나은 방향을 찾기 위해 끝끝내 포기하지 않은 사람들의 생생한 경험을 듣는 것부터 시작한다. 마지막으로 남은 곰 여덟 종을 통해 지구와 문명을 다시금 이해할 수 있는 놀라운 기회다."

_정세랑(소설가)

"인간이 곰과 함께 살지 않은 적이 있었을까? 한반도뿐만 아니라 세계 곳곳에는 토템으로 곰을 삼은 부족의 이야기가 전해져 내려온다. 곰이 인간이 되었고 인간은 곰으로 변신했다. 북반구에 서식하는 곰의 '겨울 잠'은 지금도 인간의 상상력을 자극한다. 네댓 달 동안 먹지 않고 잠을 잔다는 것은 인간의 입장에서 초현실에 가까운 장면이기 때문이다. 그토록 경외했던 곰은 공포, 관람, 보신의 대상이 되면서 그들이 살던 곳에서 사라진다. 곰이 사라진 숲을 보고 뒤늦게 놀란 인간은 다시 곰을 보호와 복원의 대상으로 삼는다. 아니, 곰을 죽이고 잡아먹고 가두고 구경하고 아끼고 연구하고 정해진 구역에 다시 푸는 작업이 모두 동시에 이루어지고 있다. 그 와중에 곰은 인간의 경계를 넘나들며 인간을 물어 죽이기도 한다.

글로리아 디키는 곰을 둘러싸고 인간이 벌여놓은 혼란의 세상을 기록한다. 곰 여덟 종은 인간의 문화와 역사에 깊이 얽혀 있었다. 야생에 살고 있는 곰을 만나기 위해 대륙을 넘나들지만 결국 야생에서는 만나지 못하기도 하고, 인간이 둘러놓은 울타리나 카메라 프레임 안에서 마주하기도 한다. 아시아에서 반달가슴곰을 철창에 가두고 웅담을 채취하는 문제는 2024년 한국에서도 일어나는 문제다. 야생생물 보호 및 관리에 관한 법률(야생생물법) 개정안이 통과되어 2026년부터는 웅담 채취와 거래, 곰 사육이 금지되지만 아직은 곰을 도살하고 웅담을 채취해도 합법이다. 웅담 채취용 곰을 구조해서 돌보는 곰보금자리프로젝트는 서구의 비난이 아니라 한국 사회의 반성으로 이 문제를 해결해야 한다고 주장한다. 급격히 나빠졌던 인간과 곰의 관계는 이제야 회복하기 시작했다. 우리는 곰과 함께 살기 위해 무엇을 해야 할 것인가? 이 책을 덮을 때 기억해야 할 메시지다."

_최태규(수의사, 곰보금자리프로젝트 대표)

"권위 있는 걸작이다. 인류세 시대 속에서 진행 중인 인간과 나머지 자연계 사이의 충돌에 관해 알고 싶다면 꼭 읽어야 할 필독서다."

_제임스 밸로그James Balog(코넬대학교 앤드류 D. 화이트Andrew D. White 특임교수,
지구비전연구소Earth Vision Institute 소장)

"곰과 인간 사이의 관계를 특징짓는 경이로움과 마찰을 탐구하는 이 책은 전 세계의 흥미진진하면서 매혹적이고도 독특한 곰 여덟 종에 관한 이야기를 우리에게 선사한다."

_이코노미스트

"이 세상에 존재하는 곰들과 이들이 직면한 많은 위협에 관해 명확한 시각을 보이는 최고의 책이다."

_커커스 리뷰

들어가며

2013년 여름, 나는 로키산맥의 구릉지대와 접한 미국 콜로라도주에 있는 도시 볼더의 대학가에 위치한 작은 2층짜리 주택으로 이사를 왔다. 콜로라도대학교 볼더캠퍼스에서 환경 저널리즘 석사과정을 막 시작할 참이었고, 볼더는 이 연구 분야에 딱 맞는 곳 같았다. 산쪽으로 완만하게 경사진 이 도시는 야생의 불안정한 가장자리에 자리 잡고 있다. 이름만큼이나 독특한 지형인 플랫아이언즈flatirons*의 다섯 봉우리 중 하나를 동이 트기 전에 올랐다가 업무 시간이 시작되기 전에 사무실로 돌아올 수 있는 곳이다. 나중에 나는 과학자들이 이런 지역을 지칭할 때 쓰는 전문 용어 같은 단어가 있다는 것을 알게 되었다. 바

---

* 마치 세워놓은 다리미처럼 삼각형의 급경사를 이루며 노출된 퇴적암 지형의 산을 가리킨다.

로 야생과 도시의 접촉지대Wildland Urban Interface, 줄여서 WUI다.

WUI('우-이woo-eee'라고 발음한다)는 사람과 동물 모두에게 온갖 문제를 초래한다. 이 지대에 지어진 집들은 거센 산불에 소실될 위험이 크다. 이후에는 대개 침식과 침수가 차례로 일어나며 까맣게 탄 토양을 휩쓸고 강기슭을 집어삼킨다. 또한 인간과 야생동물은 WUI 내에서 영역을 두고 싸운다. 볼더의 일부 초호화 저택과 마을 위 소나무 숲에서 먹이를 찾아 헤매는 미국흑곰american black bear(*Ursus americanus*)이나 퓨마 사이의 거리는 2킬로미터도 채 떨어져 있지 않다.

내가 이곳으로 이사 왔을 때 곰은 동네를 자주 찾아왔다. 한때 과수원이 사방으로 뻗어 있었던 노스볼더 지역에서 사과를 먹는 모습이 종종 포착되었고, 플랫아이언즈와 접해 있으면서 수백 명의 학생이 살고 있는 남학생 및 여학생 사교클럽 기숙사가 자리한 유니버시티힐 주변에서도 자주 발견되었다. 쓰레기통들이 썩어가는 내장을 골목에 쏟아내며 산속에 있는 곰들을 끌어들이기도 했다.

나는 볼더에 오기 전 캐나다에 살았다. 캐나다는 건국 시조들이 '곰들의 장소place of bears'라는 뜻의 우르살리아ursalia를 국명으로 고려했을 정도로 곰이 많은 곳이다. 하지만 내가 자란 온타리오주 남서부는 전국적으로 인구가 많은 지역으로 흰꼬리사슴white tailed deer보다 큰 동물은 모조리 잡아 없애버린 곳이었다. 미국흑곰들이 온타리오주 북부 별장촌, 미시간주와 뉴욕주의 경계 지역에 걸쳐 사방에 있었지만 정작 나는 곰의 불모지에 묶여 있었다. 야생동물에 흠뻑 빠져 있던 아이에게는 불운한 일이었다. 카리스마 있는 거대 동물이라고는 고작해야 다람쥐가 전부였으니 말이다. 곰을 볼 수 있는 기회는 어린 시절 조부모님을 뵈러 밴프에서 멀지 않은 앨버타주 캘거리로 떠났던 여행이 유일했다. 하지만 로키산맥을 찾았을 때 부모님은 내가 혹시라도 앞으로 달려나가 그리즐리곰이라고 불리는 불곰brown bear(Ursus arctos)의 아종인 회색곰grizzly bear(Ursus arctos horribilis)에게 물어뜯길까 봐 나를 줄에 매어 끌고 다녔다. (굴욕적이었다.) 정말 암울하고 따분한 생활이었다.

볼더는 다를 것 같았다. 나는 지역 신문인 〈데일리 카메라 Daily Camera〉에 실린 동물 목격담을 꼬박꼬박 챙겨 보았다. 곰이 캠퍼스 안 나무에서 잠을 자고 있었다거나,[1] 퓨마가 집고양이와 서로 노려보았다거나,[2] 붉은스라소니bobcat가 뒷마당을 배회하고 있었다는 이야기였다.[3] 그해 가을에는 미국흑곰이 마을 안을 돌아다닌다는 기사가 거의 매주 나왔다. 야생동물을 관리하는 주정부 기관인 콜로라도주공원및야생동물관리국Colorado Parks and Wildlife은 곰들을 볼더 밖으로 멀리 이동시켰다. 와이오밍주와 접한 주 경계까지 몰고 갈 때도 많았다. 하지만 몇 달 뒤면 이동시켰던 곰이 마을로 되돌아왔다는 기사를 읽게 되곤

했다. 야생동물과 아주 가까이 산다는 것은 내가 생각했던 것처럼 신나는 일이 전혀 아니었다. 볼더는 곰들에게 유토피아가 아니었다. 콜로라도주 관계자들은 '이진 아웃' 정책에 따라 움직이고 있었다.[4] 성가시기만 한 곰이 소위 나쁜 행동을 반복하는 것을 발견하기라도 하면 그 즉시 사살했다.

9월 초 어느 날, 수컷 미국흑곰이 볼더 컬럼비아 공동묘지 근처에 있는 커다란 참나무 위에서 졸고 있었다.[5] 이번이 처음은 아니었다. 귀에 달린 녹색 표식으로 보아 이전에도 시내에서 사람들을 마주친 적이 있는 녀석이었다. 오후 3시, 인근 플랫아이언즈초등학교가 봉쇄 조치에 들어갔다. 곰이 어슬렁거리고 있으니 아무 학생도 건물 밖으로 나가서는 안 되었다. 곧 야생동물관리국 직원들이 출동했다. 직원들은 곰이 자진해서 산속으로 돌아가는지 지켜보았고, 세 시간을 기다린 끝에 결국 곰을 총으로 쏴 죽였다. 플랫아이언즈초등학교 학부모들 사이에서는 불만이 속출했다. 그저 낮잠을 자고 있었던 게 전부였던 동물이 맞이한 운명을 아이들이 알고 가슴 아파했던 것이다. 사흘 뒤에는 몸집이 유난히 큰 268킬로그램의 수컷 미국흑곰이 초등학교 밖에서 사살당했다.[6] 이 수곰도 야생동물관리국 직원들과 일면식이 있던 녀석이었다.[7] 부검 결과, 뚱뚱한 곰의 위장은 포장도 채 벗기지 않은 상태의 스테이크 두 덩이와 파스타, 감자, 달걀, 아보카도, 키친타월, 사과, 슬라이스 햄, 당근으로 가득 차 있었다.[8] 모두 주변 쓰레기통을 뒤져 구한 것이다.

　격분한 시민들은 시의회 회의로 몰려들었다. 이들은 사람이 먹는 음식을 무한히 구할 수 있는 환경이 죽은 곰들을 시내로 끌어들인 것이 분명하다고 말하며 곰 방지용 쓰레기통, 즉 곰이 열지 못하도록 복잡한 장치를 달아 특수 제작한 통에 쓰레기를 넣어 잠그도록 강제하는 조례를 통과시키라고 시의원들을 압박했다.[9] 로키산맥의 중심인 밴프나 시에라네바다산맥에 위치한 타호호수 근처 작은 산간 도시에는 쓰레기에 관한 조례가 이미 제정되었지만, 대도시가 이런 법을 통과시킨 것은 미국에서 처음 있는 일이었다.[10] 인구가 10만 명이 넘는 도시인 볼더가 미국흑곰에 대처하기 위해 이런 전략을 실행해야 한다는 사실은 미국 서부에 찾아올 엄청난 변화를 시사했다. 도시 지역이 확장되면서 굶주린 미국흑곰들은 인간이 제멋대로 그어놓은 경계에 더 이상 따르지 않을 것이 분명했다.

　나의 곰 대장정은 그렇게 시작되었다. 석사과정이 절반쯤 지났을 때 나는 로키산맥 인근에서 일어나는 곰과 인간의 충돌을 다룬 보도에 모든 관심을 집중했다. 화창한 가을 주말이면 지역사회과일수거단체Community Fruit Rescue를 따라다녔다. 집게형 과일 수확기와 나무 바구니로 무장한 수십 명의 자원 활동가와 함께 노스볼더에 있는 집들의 뒷마당을 돌아다니며 집주인의 요청에 따라 나무에 달린 사과를 모조리 따냈다. 이 단체의 임무는 곰이 삼림지대에 있는 집을 버리고 총구 앞에 놓이는 신세가 되도록 유인할지도 모를 식량원을 모두 제거하는 것이었다. 나는 볼더곰돌보미Boulder Bearsitters라는 단체에서도 많은 시간을 보내기 시작했다.[11] 다양한 지역 주민으로 구성된 이 단체는 낮에는 마을 안에서 잠자는 곰들을 보살피다가 밤이 되면 산속으로 안전히 돌려보내는 일을 수행했다.

곰들의 반란에 직면한 곳은 볼더만이 아니었다. 미국 서부 전역에서 미국흑곰들이 마을과 도시로 들어오고 있었고 회색곰들도 서식 범위를 넓혀오고 있었다. 나는 콜로라도주 애스펀에서 길가에 굴러다니는 쓰레기가 없는지 점검하고자 동네를 순찰하는 경찰관들과 동행하기도 했다. 애스펀은 기웃거리기 좋아하는 곰들로 들끓다시피 했다. "제가 상대하는 건 곰밖에 없어요."[12] 한 경찰관이 끈으로 묶여 있던 뒤집힌 쓰레기통을 살피며 말했다. "쓰레기통 안에 있는 곰, 차고 안에 있는 곰, 차 안에 있는 곰, 집 안에 있는 곰, 암튼 죄다 곰이죠." 얼마 전 여름밤에는 비번이던 경찰관이 쓰레기로 넘쳐나는 골목을 걷다가 곰에게 공격당한 일도 있었다고 했다.[13] 이곳에서의 경험은 나를 앨버타주 밴프로 이끌었다. 밴프의 회색곰은 8년 전 트로피 사냥trophy hunt*이 금지된 뒤로 개체수를 회복하며 동쪽 구릉지대로 이동하고 있었다. 나는 이어서 로키산맥의 등줄기를 따라 옐로스톤국립공원으로 향했고 마찬가지로 지역 내에 회색곰이 급격히 늘어나고 있는 상황을 우려하는 목장주들을 만났다. 옐로스톤 광역 생태계greater yellowstone ecosystem 내 회색곰 개체수는 멸종위기종보호법으로 회색곰을 보호하기 시작한 1975년 이래 두 배 이상 증가했다. 이제 곰들은 국립공원 밖을 돌아다니며 소 떼나 양 떼에 끼어들고 있었다.

이처럼 곰이 서식 범위를 확장하면서 충돌은 급증했다. 볼더에서 깨달은 사실이지만 사람들은 이웃이 되어버린 곰들과 **어떻게** 공존해야 하는지 도통 갈피를 잡지 못했다. 미국흑곰 개체수가 겨우 50년 사이 30배나 증가한 뉴저지주에서는 2014년 미국흑곰이 등산객을 쫓아가 죽이는 일이 발생했다.[14] 뉴저지주 역사상 처음으로 기록된 곰 관련 사망 사고였다. 캘리포니아의 앤젤레스국유림 근처 시에라마드레에서는 젊은 여성이 뒤뜰 해먹에 누워 낮잠을 자다 미국흑곰에게 공격당하는 일도 있었다.[15] 여성은 노트북으로 곰 얼굴을 가격한 뒤 도망쳤다. 한편 로키산맥 서부에서는 회색곰의 공격이 급증했다. 2020년 여름, 몬태나주 빅 스카이 근처에서 산악자전거를 타던 한 남성은 곰에게 심하게 물어뜯기는 사고를 당하기도 했다.[16] 말을 할 수 없을 정도로 피해가 심각했던 그는 쓰러진 채로 자갈 위에 '곰'이라고 휘갈겨 써서 무엇이 자신을 덮쳤는지 설명하려 했다.

---

*   오락과 과시를 목적으로 야생동물을 사냥하는 행위를 말한다.

옐로스톤국립공원의 올드페이스풀간헐천 근처에서는 어미와 새끼 회색곰을 마주친 여성이 공격당하는 일도 있었다.[17] 그해 옐로스톤에서 발생한 회색곰의 공격은 7월까지 다섯 건이 추가되며 이전 기록을 넘어섰다.[18] 이전에는 늦가을에 엘크elk라고 불리는 와피티사슴wapiti 사냥꾼들이 공격당하는 일이 대부분이었지만, 2020년에 일어난 사건들은 대개 조깅이나 등산, 자전거 같은 야외 활동을 즐기던 사람들과 관련이 있었다.

우리와 곰이 맺고 있는 관계가 임계점에 가까워지고 있는 듯했다.

로키산맥은 결국 나를 더 먼 산맥으로 이끌었다. 나는 전 세계에서 가장 많은 수의 야생 대왕판다giant panda(Ailuropoda melanoleuca)가 남아 살고 있다는 중국 민산산맥을 올랐다. 남아메리카에서 유일하게 살아남은 곰종을 찾아 안데스산맥으로 떠났다. 인도 아라발리산맥에서 먹이를 먹고 있는 느림보곰sloth bear(Melursus ursinus)들도 만났다. 하지만 내가 만난 곰들은 대개 철장에 갇혀 있었다. 인공 사육 센터에 있는 대왕판다들, 우리에 갇힌 웅담 채취 농장의 반달가슴곰asiatic black bear(Ursus thibetanus ussuricus)들, 구조된 춤추는 느림보곰들이 그랬다. 그나마 이런 인공적인 환경 밖에서 볼 수 있었던 곰종은 대부분 야생의 파편화된 가장자리에 서식하고 있었다. 세상의 꼭대기에 사는 북극곰polar bear(Ursus maritimus)은 기후 변화 때문에 서식지인 해빙이 녹으면서 해안에서 더 많은 시간을 보내고 있었다. 과학자들은 전 세계 북극곰 개체군 대부분이 세기말 전에 급격히 축소되리라고 예상한다.[19] 그런가 하면 자유롭게 돌아다니는 모습을 전혀 보지 못한 곰종도 있었다. 내 여정은 궁극적으로 인류세에 곰이 처한 위태로운 처지를 미화 없이 바라보는 관점을 제공할 것이었다.

앞으로 곰을 보전하는 과정에서 겪게 될 어려움은 많지만, 나는 사람들이 특히 다른 포식동물에 비해 유독 곰에게 관대하고 호의적인 태도를 보이는 것에 놀라곤 한다. 북아메리카의 야생동물 관련 주 행정 기관들은 소위 '문제를 일으키는' 곰을 죽이는 업무를 맡고 있지만 이런 불필요한 죽음을 막으려고 애쓰는 사람도 많다. (나는 늑대나 퓨마 돌보미가 있다는 말은 들어본 적이 없다.) 내가 미국 몬태나주에서 만난 가죽같이 거친 손을 하고 광낸 스텟슨 카우보이모자를 쓴 우락부락한 남자들은 늑대나 코요테를 절대 그냥 두지 않았을 것이다. 그들은 짐승이 길게 울부짖는 소리가 산들바람에 실려 오기만 해도 손을 총으로 가져갔다. 하지만 곰은 특별했다. 나는 이런 차별을 이해하기 어려웠다. 곰은 왜 여타 포식동물들과 다른 부류로 취급받을까? 어쩌면 사회적으로 자리 잡은 개념 때문인지도 몰랐다. 우리가 이 세상에 태어나 처음으로 접하는 동물의 형상은 대개 곰이다. 인격 형성기인 유아기에 머리맡을 지켜주는 친구 말이다. 이후 유년기에 부모들은 곰이 주인공으로 나오는 《곰돌이 푸》, 《베렌스타인 곰 가족》, 《곰 루퍼트Rupert Bear》, 《곰 패딩턴Paddington Bear》 같은 동화를 잠들기 전에 읽어준다. 우리는 아주 어린 나이부터 곰에게 엉뚱한 매력을 불어넣으며 자신도 모르는 사이 곰과 복잡한 관계를 형성한 것은 아닐까?

동화 속 악당을 생각해보자. 늑대는 《빨간 모자》와 《아기 돼지 삼형제》에서 중요한 악역을 담당한다. 하지만 나는 곰이 악당으로 나오는 이야기는 여태껏 접해본 적이 없다. 그림 형제가 가장 유명한 이야기들을 풀어내던 때 독일의 검은 숲black forest, 즉 동화가 시작된 곳에는 불곰이 아직 돌아다니고 있었을 텐데 말이다.[20] 곰이 등장하는 전래 동화 중 가장 유명한 《골디락스와 곰 세 마리》를 읽을 때 우리의 분노는 곰 가족이 아닌 남의 집에 침입한 인간을 향한다. 1837년 첫 인쇄본을 쓴 영국 시인 로버트 사우디Robert Southey는 '작디작은 곰, 중간 크기 곰, 엄청나게 큰 곰'이라고 부르는 세 마리 총각 곰들을 마음씨 좋고 남을 잘 믿으며 악의 없이 친절한 이렇게 예의 바른 곰도 없다고 묘사한다. 반면 골디락스는 무례하고 입버릇이 고약하며 추하고 더러운 인물로 그려진다. (시인은 처음에 이 캐릭터를 백발 노파로 설정했다. 나중에 여러 판본이 나오면서 골디락스는 금발 처녀나 소녀로 바뀌었다.) 다정한 세 마리 곰은 집에 몰래 들어와 죽을 훔쳐먹고 작디작은 곰이 아끼는 의자를 부수

에이트 베어스

는 등 제멋대로에 자기애까지 강한 인간에게 자신들도 모르게 당한 피해자다. 골디락스는 그것도 모자라 곰들의 침대에서 뻗어버리기까지 한다.

오늘날 우리가 처한 현실은 동화 속 세계와 크게 다르지 않다. 우리는 곰들의 집에 허락 없이 들어갔고 그곳에서 찾은 것에 관해 이기적으로 권리를 주장했다. 작디작은 곰의 말을 빌리자면 "누군가가 내 침대에 누워 있었고" 결국에는 이런 상황까지 오게 된 것이다.

차례

제3부 북아메리카

프롤로그

모두 함께 곤경에 빠져 있다

곰과(*Ursidae*) 동물은 한때 인간과 가장 가까운 친족에 속한 다고 여겨졌다.[1] 토착 설화와 고대 신화에서 곰은 인간과 매우 유사한 동물, 즉 인간과 본질을 공유하기에 우리처럼 세상을 여행하는 존재 또는 인간과 짐승 사이를 감쪽같이 오가는 변 신의 귀재로 등장한다. 이런 인식은 곰이 어머니나 보호자, 스 승, 주술사 역할로 나오는 춤이나 전설에서도 이어진다. 북아 메리카 대륙 서해안을 따라 사는 캐나다 선주민족first nations*은 회색곰, 미국흑곰과 강어귀를 공유하며 물과 뭍 사이를 동시에 이동한다.[2] 부족 장로들은 숲에서 길을 잃거든 살아남으려면 곰이 먹는 모든 것, 이를테면 새먼베리salmonberry, 컬마silverweed,

---

* 메티스족과 이누이트족을 제외한 캐나다 원주민 집단을 통칭한다.

초콜릿백합chocolate lily*, 흑백합northern rice root**을 먹고 독성이 있는 앉은부채skunk cabbage만 피하면 된다고 말한다.[3] 페루 농민들은 안데스산맥을 돌아다니며 젊은 여성을 납치하는 곰 인간 이야기를 한다. 스칸디나비아의 라플란드인laplanders들은 '털옷 입은 노인'에 관해 말을 전한다.[4] 러시아 극동의 야쿠트족yakuts은 인근에 사는 불곰들을 '할아버지'나 '삼촌'이라고 부르기도 한다.[5]

가족 같은 곰의 이야기는 곰과 땅을 공유하는 거의 모든 인간 문화권에 존재한다.

그 이유는 무엇일까? 곰이 인간과 닮았고 인간처럼 행동하기 때문일 가능성이 높다. 과학 용어로 '간헐적 이족보행동물occasional biped'이라고 불리는 영장류, 설치류, 천산갑, 캥거루 그리고 곰을 제외하고 현생 포유류 중 뒷다리로 걸을 수 있는 동물은 드물다.[6] 가죽을 벗겼을 때 창백하게 빛나는 곰의 사체는 인간의 몸과 충격적일 정도로 유사하다. (중세 신학자 기욤 오베르뉴Guillaume d'Auvergne는 곰 고기도 사람의 살과 상당히 비슷한 맛이라고 말해 그런 비교가 어떻게 가능한가 하는 불쾌한 의문을 자아냈다.[7]) 또한 성인 남성 신발 사이즈로 290밀리미터 정도 되는 곰의 발이 땅에 남긴 자국을 보면 인간의 다섯 발가락

---

* 초콜릿색의 꽃을 피우는 패모속(*Fritillaria*) 식물이다.
** 알뿌리가 쌀 모양인 패모속 식물이다.

자국과 매우 유사하다. 프랑스 피레네산맥의 양치기들은 불곰을 맨발동물la va-nu-pieds이라고 부른다.[8] 미국의 환경 보호 활동가 존 뮤어John Muir도 곰을 인간의 도플갱어라고 표현하며 "곰은 우리와 같은 흙으로 만들어진다. 같은 바람을 들이쉬고 같은 물을 마신다"라고 장황하게 말을 늘어놓은 것으로 알려져 있다.[9]

곰과 인간의 유사성에 주목한 것은 그리스 철학자 아리스토텔레스Aristotles도 마찬가지여서 그는 기원전 4세기에 저술한 《동물지》에서 곰의 직립 자세와 곰의 위가 하나이며 세 개의 관절로 이루어진 발톱claw이 다섯 개라는 점을 언급했다.[10] 그리스 신화에 등장하는 숲의 요정 님프nymph 칼리스토는 숲속을 거닐다가 아르테미스에게 자신은 처녀로 남겠다고 맹세한다. 그러나 제우스 앞에서 이 약속을 지키기 어렵게 되자 아르테미스는 정숙하지 못한 벌로 칼리스토를 곰의 모습으로 바꿔버린다. 나중에 칼리스토의 아들 아르카스는 곰이 된 어머니를 알아보지 못한 채 사냥하려 하고, 결국 제우스가 개입해 칼리스토와 아들을 하늘로 보내어 환하게 빛나는 별들 사이에서 큰곰자리와 작은곰자리로 살아가게 한다.

아리스토텔레스와 가이우스 플리니우스 세쿤두스Gaius Plinius Secundus의 작품에서 분명히 드러난 인간과 곰이 가까운 친족이라는 믿음은 중세 시대까지 계속되었다. 당시에는 원숭이, 돼지, 곰, 이 세 동물을 인간의 야생 형제wild sibling로 여겼다.[11] 원숭이는 인간의 행동과 표정을 따라 하는 것처럼 보였기 때문이고, 돼지는 의대생들이 해부한 결과 인간과 해부학적 구조가 매우 흡사하다고 드러났기 때문이다. 하지만 기독교 교회는 이런 비교를 불쾌하게 여겼다. 원숭이는 인간의 행동을 흉내 내며 자신이 비열한 협잡꾼임을 보여준 사악한 동물이었다. 돼지도 탐욕스럽고 게으르다는 이유로 악마의 동물지devil's bestiary*에 실리는 신세가 되었다. 중세 역사학자 미셸 파스투로Michel Pastoureau는 《곰, 몰락한 왕의 역사》에서 "의사들은 돼지가 해부학상으로 인간과 먼 친척이라는 것을 알았지만, (기독교 교회가) 이 사실을 공개적으로 발표하지 않고 성직자들이 인간과 가장 닮은 동물을 돼지도 원숭이도 아닌 곰이라고 주장하게 내버려둔 것은 이런 이유 때문"이라고 말했다.[12] 하지만 그렇다고 해서 사람들이 곰을 권좌에서 끌어내리려고 끔찍한 공연을 강요하던 천박한 행동을 멈춘 것은 아니었다.

결국에는 고생물학과 유전자 분석이 등장하며 곰과 인간 사이에는 실제로 아무런 관계가 없다는 사실을 밝혀냈다. 〈진보의 행진march of progress〉**은 곰이 아니라 인간과 유인원의 공통 조상으로 시작되었다. 곰 계통은 약 3000만 년 전 지구 환경

---

* 중세 유럽의 성직자들과 수도사들이 여러 동물의 도덕적, 종교적, 사회적 의미를 서술한 서적을 통칭한다.

이 변화하던 시기에 여러 육식동물과 함께 미아키스과(Miacidae)에서 갈라져 나왔다.[13] 미아키스(Miacis)는 오늘날의 사향고양이나 담비와 비슷하게 생긴 호리호리하고 이빨이 날카로운 포유동물로 전 세계 현대 육식동물의 원시 조상이다. 현대의 바다표범(과학자들에 따르면 현존하는 곰과와 가장 가까운 친족이다), 울버린, 개 그리고 곰이 여기에서 파생했다. 멸종은 했으나 인간의 가장 친한 친구가 되었을지도 모르는 곰개bear-dog(Amphicyonidae)도 있었다. 알려진 곰속(ursus) 중 가장 오래된 우르사부스(Ursavus)는 약 2000만 년 전에 나타났으며 콜로라도주와 중국에서 발굴된 화석에 따르면 몸집이 양치기 개만 했다. 따라서 출현한 연대의 자릿수로 볼 때 초기 곰은 인류보다 나이가 많다. 인류의 첫 조상이 출현한 시기는 약 700만 년 전에 불과하다.

초기 곰종은 오늘날 우리가 아는 곰과 생김새가 전혀 달랐다. 그동안 멸종된 종의 일부가 발굴되거나 확인되었는데, 그중 새벽곰dawn bear(Ursavus elmensis)이 진정한 최초의 곰종으로 여겨진다. 새벽곰은 몸집이 땅딸막하고 고양이보다 많이 크지 않으며 얼굴은 개를 닮았고 나무에서 쫓길 때 균형을 잡기 위해

** 원시인류가 걷는 모습을 시간의 흐름에 따라 왼쪽에서 오른쪽 방향으로 나열해 인류의 진화를 표현한 그림을 말하며, 원래 제목은 〈호모 사피엔스로 가는 길The road to homo sapiens〉이다.

사용하는 길고 복슬복슬한 꼬리가 달려 있었다. 현대 곰 계통의 대부분은 고작해야 지난 500만 년 사이에 나타났다. 지질학적 시간으로 보면 매우 최근의 일이다. 마이오세miocene epoch* 말기에 소규모 멸종 사건이 일어나며 우르사부스속을 포함한 오래된 곰종은 대부분 절멸했다. 나머지 곰종이 생태계에 남겨진 공백을 메우며 전 세계의 현대 곰으로 진화했다. 밀림이 건조림이 되고 건조림이 초원이 되는 동안 곰은 식습관을 바꿔가며 새로운 환경에서 번성했다. 평원에서는 짧은얼굴곰계통군(Short-faced bear clade)이 나타났다. 1200만 년 전에서 300만 년 전 사이에 살았던 아그리오테리움(Agriotherium)은 에티오피아에서 발굴된 화석에 따르면 사하라 이남 아프리카를 누볐던 유일한 곰속이었다. 곰은 결국 아프리카와 유라시아에서 북아메리카로 퍼져나갔고 약 270만 년 전 대륙들이 다시 연결된 뒤에는 남아메리카로도 내려갔다. 약 50만 년 전에는 북극곰이 북쪽 해안에 나타나며 전 세계에서 '가장 새로운' 곰종이 되었다. 홀로세holocene epoch**가 도래했을 때는 지구 곳곳에서 곰을 찾아볼 수 있었다.

*   신생대 제3기를 다섯으로 나누었을 때 네 번째로 오래된 시대로 약 2400만 년 전부터 520만 년 전까지의 기간을 가리킨다.
**   신생대 제4기의 마지막 시기로 약 1만 년 전부터 현재까지의 지질 시대를 정의한다.

약 2만 5,000년 전 곰종은 대거 멸종하기 시작했다.[14] 동굴곰cave bear(*Ursus spelaeus*)은 유럽 대륙에서 자취를 감췄다. 무엇이 동굴곰을 멸종으로 몰고 갔는지는 여전히 학계의 논쟁거리인데, 기후 냉각과 인간과의 충돌이라는 두 가지 설명이 대립한다. 최근에는 후자의 가설에 힘이 실리고 있다. 동굴곰의 유전적 쇠퇴는 약 3만 년 전 마지막 최대 빙하기가 시작되기 전에도 이미 진행 중이었다. 2019년 과학 전문 학술지 〈사이언티픽 리포츠Scientific Reports〉에는 유럽 전역 14개 유적지에서 나온 59개의 완전한 동굴곰 미토콘드리아 유전체를 유전자 염기서열분석을 이용해 재구성한 연구 논문이 게재되었다.[15] 연구에 따르면 동굴곰 개체수는 약 4만 년 전 급격히 감소하기 시작했고, 이 시기는 얼음과 눈이 아닌 현대 인류가 유럽 대륙에 퍼져나가기 시작한 때와 일치하는 것으로 드러났다. 네안데르탈인과 현대 인류는 동굴곰을 사냥했을 뿐만 아니라 주거지를 두고 동굴곰과 경쟁했던 것으로 알려져 있다. 따라서 동굴곰은 인류가 멸종으로 몰아넣은 최초의 곰종일 가능성이 높다.[16]

준중형차인 혼다 시빅 크기만 한 거대한 남아메리카대왕짧은얼굴곰south american giant short-faced bear(*Arctotherium angustidens*)도 플라이스토세pleistocene epoch*를 넘기지 못했다. 이 곰은 당시 남아메리카 대륙에서 가장 큰 육식성 육상 포유동물이었을 가능성이 높으며, 시간당 72킬로미터 이상을 달릴 수 있었다. 짧은얼굴곰계통군의 다른 종들은 아메리카 대륙의 대형 포유류(말, 매머드, 대왕비버, 사향소 등) 30종 이상이 사라진 제4차 대멸종 때 대부분 절멸했다. 이번에도 인간에게 책임이 있었을까? 당시 북아메리카에 살았던 클로비스**인들은 고대 곰의 멸종을 유발한 책임이 없다는 것이 대체로 밝혀졌다. 이들이 짧은얼굴곰을 사냥했다는 증거를 고생물학자들이 발견하지 못한 것이다.[17] 하지만 이들은 다른 대형 포유동물을 **사냥했고** 뾰족한 돌화살촉을 아메리카 대륙 전역의 유적지에 남겨놓았다. 그렇다면 클로비스인이 사냥감으로 초식동물을 선호한 것과 기후 변화가 겹치면서 곰이 절멸했을 가능성도 염두에 두어야 했다.

이제 현대 곰과 동물은 굉장히 드물다. 갯과 동물은 늑대부터 승냥이dhole, 자칼jackal, 여우에 이르기까지 35종에 이른다. 고양잇과 동물은 41종이다. 고래목은 고래, 쇠돌고래, 돌고래 등 90종이 넘을 정도로 많다. 영장류는 500종이나 된다. 하지만 곰은 그 종이 두 자릿수에도 들지 못한다.

오늘날 남아 있는 곰은 겨우 여덟 종에 불과하다. 자연계의

---

* 신생대 제4기 중 첫 시기로 약 258만 년 전부터 1만 년 전까지의 지질 시대를 말한다.
** 1만 3,000년 전 아메리카 대륙에 형성된 석기문화를 말한다.

상징으로 널리 알려진 곰으로는 대왕판다giant panda(*Ailuropoda melanoleuca*), 미국흑곰american black bear(*Ursus americanus*), 북극곰polar bear(*Ursus maritimus*), 불곰brown bear(*Ursus arctos*)이 있다. 느림보곰sloth bear(*Melursus ursinus*), 반달가슴곰asiatic black bear(*Ursus thibetanus ussuricus*), 안경곰spectacled bear(*Tremarctos ornatus*), 태양곰sun bear(*Helarctos malayanus*)은 상대적으로 덜 알려져 있다. 카리스마가 넘치지만 사랑받지 못하는 것은 매한가지인 이 곰 여덟 종은 태곳적부터 변함없는 동반자로서 우리의 문화, 우리의 지리, 우리의 이야기를 형성해 온 가족이자 유일한 후손이다.

전 세계 현생 곰은 모두 곰과에 속하며,[18] 곰과는 곰아과(*Ursinae*), 안경곰아과(*Tremarctinae*), 판다아과(*Ailuropodinae*)라는 세 개의 아과로 나뉜다. 곰아과에는 생물학자들이 현대 곰이라고 여기는 느림보곰, 미국흑곰, 반달가슴곰, 북극곰, 불곰, 태양곰이 포함된다. 동굴곰도 우리 조상에게 몰살되기 전에는 곰아과에 속했다. 안경곰아과에는 한때 짧은얼굴곰계통군이 포함되었으나 현재는 안데스산맥에 사는 안경곰만 남았다. 마찬가지로 대왕판다는 판다아과의 유일한 현생 곰이며, 곰과의 선조 속인 우르사부스에서 1900만 년 전 갈라져 나온 가장 오래된 곰 계통에 속한다. 대왕판다의 조상인 아일루로포다 미크로타(*Ailuropoda microta*)는 약 200만 년 전까지 살아 있었고, 과학적으로 재구성한 결과에 따르면 외모는 현대 판다와 흡사하지만 키는 150센티미터가 아닌 90센티미터 정도로 작았다. 게다가 대왕판다의 해부학적 구조는 수천 년 동안 거의 변하지 않았다. 고인류학자 러셀 시오천Russell Ciochon은 이 작은 조상의 두개골이 중국 남부에서 발견된 뒤 2007년 〈뉴욕 타임스〉와의 인터뷰에서 "판다는 수백만 년 동안 '유일무이한 판다'였다"라고 말했다.[19]

순진하게도 곰의 목록이 **겨우** 여덟 종에서 그친다는 사실을 믿으려 하지 않는 사람이 많다. 이들은 코알라koala(*Phascolarctos cinereus*)나 레서판다red panda(*Ailurus fulgens*)를 예로 들며 반박한다. 곰 같지만 곰이 아닌 동물 중 가장 유명한 코알라가 오해의 소지가 있는 이름을 얻게 된 이유는 오스트레일리아에 도착한 유럽인들이 유칼립투스에 사는 이 작은 생물을 곰과 동물로 착각했기 때문이다. 1816년 이 유대목(*Marsupialia*) 동물에게는 잿빛 주머니곰(*Phascolarctos cinereus*)이라는 뜻의 라틴어 학명이 붙었다. 하지만 사실 코알라와 가장 가까운 친척은 웜뱃wombat(*Vombatus ursinus*)이다. 코알라와 비슷하다고 알려진 오스트레일리아 낙하곰australian drop bear(*Thylarctos plummetus*)은 사실 곰도 아니지만 동물도 아니다. 낙하곰이라는 이 허구의 생명체는 미국 관광객들을 골탕 먹이려고 지어낸 대상에 불과하다. 대왕판다는 곰이 맞지만 (일부 사람들이 생각하는 것과 달리) 레서판다는 곰이 아니다. 최근 별개의 종으로 밝혀진 중국 레서판다와 히말라야 레서판다만이 레서판다과(Ailuridae)에 남아 있다.[20] 안대 모양의 털을 제외하면 대왕판다와 공통점이 거의 없는 동물이다. 마지막으로 물곰water bear이 있다. 이 아주 작은 완보동물tardigrade(다리가 여덟 개 달린 미세동물로 걸음걸이가 곰 같아서 이런 이름이 붙었다)은 회복력이 굉장히 뛰어나서 심해나 이화산mud volcano은 물론이고 우주에서도 살아남을 수 있다. 애석하게도 물곰 역시 곰이 아니다.

그렇지만 실존하는 곰 여덟 종은 존재만으로도 주목할 만하다. 이 곰종들은 네 개 대륙에 걸쳐 매우 다양한 환경에서 서식한다. 안데스산맥의 운무림, 아시아의 대나무 숲, 인도의 관목지대, 양들이 점점이 흩어져 있는 피레네산맥, 몽골의 건조한 고비사막에서도 이들을 찾아볼 수 있다. 하지만 곰의 문화적 재현은 북쪽에 치우쳐 있다. 학자들은 이런 현상을 가리켜 '극지 지방의 곰 숭배 전통circompolar bear cult tradition'이라고 부른다.[21] 적도 지역 국가들보다 북반구 국가들이 도상학iconography과 구술 역사oral history로 곰을 향한 집착을 키울 가능성이 훨씬 높다는 관념이다. 학자들은 곰이 "북아메리카에서부터 유라시아에 이르기까지 북극 지방 전역에 걸쳐 매우 공경받는다는 점에서 인간을 제외한 존재 가운데 매우 특별하다"라고 상정한다.[22] 카탈루냐에서 루마니아에 이르는 지역에서는 곰을 주제로 한 인기 있는 축제가 이어지고 있으며, 곰 의식의 증거를 보

에이트 베어스

여주는 고고학 유적도 북쪽 지역 곳곳에서 발굴되었다. 남반구에 더 가까운 국가들은 곰 네 종의 서식지이지만 곰보다는 대형 고양잇과 동물인 호랑이, 표범, 재규어에 경의를 표하는 편이다.

비록 여덟 종이 남았을 뿐이더라도 곰의 신체적 다양성은 놀라울 정도다. 전 세계 곰들은 형태도 크기도 가지각색이다. 주둥이가 긴 곰도 있고 짧은 곰도 있다. 무게가 68킬로그램짜리인 곰도 있고 454킬로그램이나 나가는 곰도 있다. 어떤 곰은 곤충을 후루룩 빨아 들이마시기도 하고, 어떤 곰은 고기를 먹는다. 그런가 하면 어떤 곰은 과일과 견과류를 우적우적 씹는다. 갈색곰*이 검을 수도 있으며, 흑곰이지만 갈색일 수도 있다. 한 신문사는 다음처럼 매우 복잡한 정정 보도문을 내기도 했다. "지난 기사에서 곰을 갈색곰이라고 지칭했습니다. 하지만 알아보니 갈색인 곰은 맞지만 갈색곰은 아니었습니다. 이 곰은 갈색인 미국흑곰입니다. 이 기사는 해당 사실을 반영해 수정되었습니다."[23]

곰 여덟 종은 생김새와 습성이 다양하지만 모두 저마다 살고 있는 환경에서 매우 중요한 역할을 한다. 안경곰과 미국흑곰은 배설물로 씨를 퍼뜨리는 숲의 정원사다. 실제로 콜로라도

* 불곰의 또다른 이름이며 큰곰으로도 불린다.

주의 로키산맥국립공원Rocky Mountain National Park에서는 곰의 똥한 더미를 온실에 옮겨 심는 실험을 했는데 무려 1,200개의 묘목이 자라났다고 한다.[24] 해안지대에 사는 불곰과 미국흑곰은 강으로 회귀하려는 연어를 잡아 숲으로 가져가서 부패하는 물고기 시체가 커다란 침엽수들의 비료가 되게 한다. 고기를 많이 먹는 곰은 사슴과 말코손바닥사슴의 개체수를 균형 있게 유지하는 데도 도움을 준다. 이처럼 영향력이 큰 곰의 서식지를 보전하는 것은 궁극적으로 먹이사슬에서 곰 하위에 있는 모든 종을 보호하는 데도 도움이 된다.

하지만 전 세계의 곰종이 서로 매우 다른데도 불구하고 현재 곰 여덟 종은 모두 한 가지 공통된 특징을 공유하고 있다. 함께 곤경에 빠져 있다.

우리는 한때 가장 가까운 친족으로 여겼던 동물에게 큰 연민을 보이지 않았다. 인구가 급증하는 곳에서 곰 개체수는 대개 감소했다. 2007년 국제자연보전연맹 곰 전문가 그룹은 대단히 심각한 진단을 내렸다.[25] 남아 있는 곰이 겨우 여덟 종에 불과할 뿐만 아니라 그중 여섯 종은 이제 멸종까지 우려되었다. 전 세계 서식 범위에 걸쳐 안전하다고 여겨지는 곰은 미국흑곰

에이트 베어스

뿐이다. 이들은 개체수가 90만 마리에 달해 다른 일곱 종의 곰을 전부 합친 것보다 그 수가 많다. 인정하건대 나는 볼더에 있을 때만 해도 다소 순진했다. 처음에 내 호기심을 자극했던 뒷마당의 미국흑곰들은 해당 개체군이 얼마나 강건해졌는지 보여주는 지표였고, 보전에 실패했다는 증거가 전혀 아니었다. 미국흑곰은 오히려 미국 환경 보전의 성공 사례였으므로 다른 사례를 찾으려면 전 세계를 돌아봐야 했다.

현실 세계에 사는 곰은 내가 상상했던 모습과 사뭇 달랐다. 야생에서 처음 만난 회색곰은 우뚝 솟은 산과 연어가 뛰노는 세찬 개울에 둘러싸여 있지 않았다. 대신 캐나다 횡단 고속도로 옆 공사 현장 근처에서 나무뿌리를 파내고 있었다. 인도의 느림보곰도 카리스마 넘치는 호랑이에게만 보전 자금이 몰리는 땅이 희소한 나라에서 생명을 부지하느라 고전하고 있었다. 북극 근처 캐나다 매니토바주에 위치한 처칠이란 마을에 사는 북극곰들은 배에서 고드름처럼 내려온 흠뻑 젖은 상앗빛 털을 덜렁거리며 부빙 사이를 민첩하게 뛰어넘고 있지 않았다. 그리고 북극곰이 영원히 사라지기 전에 실물을 보고 싶었을 관광객들로 가득 찬 흉물스러운 차량 십여 대에 에워싸여 있었다. 중국의 대왕판다는 비교적 쉽게 만날 수 있었다. 매년 수십 마리의 곰이 사육 시설에서 태어나 복슬복슬한 외교적 뇌물로 세계 각지에 보내지기 때문이다. 베트남에서 만난 반달가슴곰과 태양곰은 우리에 갇혀 있었으며 털이 없는 피부는 주삿바늘 자국으로 망가져 있었다. 어디를 가나 한때 위용을 자랑했던 곰의 흔적은 사라지고 없는 듯했다.

곰이 늘 이렇게 멸시를 받았던 것은 아니다. 여러 문화권에서 곰은 존경스럽고 유능하며 믿음직한 사회의 일원이었다. 이를테면 1,000여 년 전 스코틀랜드 군도를 누비던 바이킹 광전사들berserkers은 전투에 나가 짐승처럼 울부짖고 입에 거품을 문 채 철제 방패를 물어뜯으며 **미친 듯이 날뛸 때** 무아지경의 광포를 곰의 힘에서 끌어냈다고 한다.[26] 베르세르크berserkr라는 단어는 고대 노르드어로 '곰 모피로 만든 상의'라는 뜻이기도 하다.

이미 12세기에 로마니romani 유목민 무리는 길들인 곰을 비잔틴제국 곳곳에 데리고 다녔다. 유목민 무리와 함께 여행하던 동물 조련사는 우르사리ursari라고 알려져 있었다.[27] 새해 전야 직전이면 우르사리는 강력한 마법을 상징한다는 곰을 줄로 매어 끌고 다니며 마을에 들러 춤을 추며 한 해의 악귀를 쫓았다. 우르사리는 많은 수가 오늘날의 루마니아에 정착한 19세기 전까지 수백 년 동안 유럽 전역을 다니며 불곰 공연을 선보였다. 일부가 유목민의 생활 방식을 버린 뒤로도 우르사리는 곰을 계속 이용했다. 아픈 곳이 있으면 부적에 끼워둔 곰의 지방과 털로 다스리는 식이었다. 20세기에 루마니아 정부가 춤추는 곰을 금지하는 법을 제정하기 시작했으나 곰의 춤은 루마니아가 2007년 유럽연합에 가입하고 난 뒤에야 마침내 끝났다. 하지만 곰을 둘러싼 견고한 문화는 사라지지 않았다. 루마니아 사람들과 로마니 공동체는 매년 곰 의상을 걸치고 마을 거리에서 행진을 벌인다.[28] 오랜 행진 끝에는 지정된 '곰 조련사'가 가짜 곰을 칼로 찔러 피를 내며 안에 있던 악귀를 쫓아내고 복을 기원한다.

북극 지방의 이누이트족inuit은 북극곰(이누이트어로 나누크 nanuq)이 사냥의 성패를 관장할 만큼 경외의 대상이라고 말한다.[29] 이들은 죽은 북극곰도 살아 있는 북극곰처럼 예우하려고 노력한다. 부족 원로들은 죽은 곰이 자신을 죽인 사람들로부터 좋은 대우를 받으면 그 소식을 널리 전할 것이고, 이를 들은 다른 곰들도 기꺼이 목숨을 내놓으리라고 믿는다.

많은 토착 설화에서 곰은 인간으로 묘사된다. 곰 가죽을 걸치면 사람도 곰이 될 수 있다. 하이다족haida, 니스가족nisga'a, 침시안족tsimshian, 기트산족gitxsan 등 캐나다 브리티시컬럼비아주 해안에 사는 부족들 사이에는 곰 어머니bear mother에 관한 매우 유명한 전설이 있다.[30] 산딸기를 따는 여자가 적삼나무western red cedar 숲에 사는 곰들에게 무례하게 굴자, 곰들은 여자를 납치해 우두머리 회색곰의 아들과 강제로 결혼시킨다. 시간이 흘러 여자는 사람도 곰도 아닌 잡종으로 보이는 새끼 곰 두 마리를 낳는다. 이는 동물, 특히 곰을 예우하고 존중하는 것이 얼마나 중요한지 강조하는 도덕적 교훈이 담긴 이야기다. 최근 연구에 따르면 브리티시컬럼비아주 중부 해안을 따라 나타나는 회색곰의 유전적 다양성이 토착민의 언어권을 그대로 반영하고 있는 만큼 회색곰과 토착민이 주변 환경에 비슷한 영향을 받으며 나란히 진화했다는 것을 알 수 있다. 캐나다 선주민족 지도자들과 과학자들은 회색곰과 북극곰이 지속적인 복원과 보전을 통해 토착민과 비토착민의 화해를 끌어낼 힘이 있는 문화적 핵심종이라는 주장을 내놓았다.[31]

고대에도 곰은 존중받고 예우받았다. 고대 그리스 아티카의 12개 도시 중 하나인 브라우론brauron에서 이족보행동물이라는 곰의 지위는 천상계와 관련된 영감을 불러일으켰다. 소녀들은 아르크테이아arkteia라고 알려진 통과의례에 참여해 위대한 암곰 아르테미스great she-bear artemis를 기렸다.[32] 곰 가죽을 걸친 사춘기 직전의 소녀들은 곰의 움직임을 흉내 내며 비틀거리듯 느릿느릿 춤을 췄다. 이 전통과 브라우론은 기원전 3세기 무렵 버려졌다. 기원전 146년에는 고대 그리스가 로마인들에게 함락되며 일련의 무자비한 이상이 인간과 야생동물의 상호작용을 지배하게 되었다. 이제 곰은 신성하거나 초자연적이거나 가족 같은 존재가 아니라 피 튀기는 대결에서 맞서 싸워야 할 짐승으로 여겨졌다. 처음에 로마 황제들은 하층민을 위한 오락거리로 검투사들을 뽑아 투기장에서 누군가가 죽을 때까지 서로 싸우게 했다. 그러다 이것도 점차 시들해지자 관중을 흥분시킬 새로운 대상을 찾기 시작했는데, 그렇게 고른 것이 베나토르venator, 즉 '사냥꾼'이었다.

기원전 186년 베나토르 한 명이 흑표범과 사자 무리에 맞붙는 경기가 로마 장군의 주관으로 열렸다. 인간과 짐승이 일대다로 싸우는 것으로는 최초였을 이 경기는 선풍적인 인기를 끌었다. 로마제국은 베나토르 열풍으로 들썩였다. 율리우스 카이사르Julius Caesar는 동물과 혈투를 벌일 특수한 원형 경기장을 건설하기도 했다. 황제들은 로마 고관들을 세계 각지로 파견해 경기에 출전시킬 흥미로운 동물을 잡아 오게 했고, 실로 다양한 야생동물이 로마로 들어왔다. 기록에 따르면 코뿔소, 악어, 사자, 치타, 호랑이, 하마가 모두 로마의 문을 통과했다. 이처럼 카리스마가 매우 넘치는 동물들만이 선별된 가운데, 곰은 얼마 안 되어 인기 있는 투기 선수로 부상했다.

이 피비린내 나는 시기에 등장한 반영웅이 또 있었다. 바로 베스티아리우스bestiarius다.[33] 그들은 대개 베나토르처럼 단련된 싸움꾼이 아니었고, 유죄를 선고받은 범죄자로서 맹수 우리로 던져지는 형벌로 경기에 참여했다. 이렇게 섬뜩한 광경도 없었다. 베스티아리우스는 검투사라 할지라도 오래 살지 못했다. 죄수들은 이처럼 끔찍한 죽음을 맞느니 차라리 경기 전에 자살하는 편을 택하기도 했다. 로마의 연설가 퀸투스 심마쿠스 Quintus Symmachus에 따르면 색슨족 죄수 29명이 경기가 예정된 전날 밤 감옥에서 서로 목을 졸라 죽인 일도 있었다고 할 정도였다.[34]

곰은 이런 싸움에 몇 번이고 계속해서 출전했다. 단 한 번의 경기에 무려 100마리가 나올 때도 있었다. 하지만 로마 황제들은 도리어 곰 때문에 난감해했다. 곰이라고 해서 무조건 싸우려고 드는 것은 아니었기 때문이다. 관중이 야유를 보내든 말든 제자리에 철퍼덕 앉아 제 일에나 신경 쓰는 게으른 곰들도 있었다. 한번은 곰이 우리 밖으로 나오지 않겠다고 버티는 바람에(정말 곰이 할 법한 행동이다) 중간에 표범을 대신 투입하기도 했다.[35] 가장 가까운 곰 서식지인 스코틀랜드 고원이 당시 로마의 지배 아래 있지 않았던 것도 문제였다. 일부 고관들은 수요를 맞추기 위해 북아프리카에 곰 공급을 의지했다.

서기 476년경 로마의 지배가 막을 내렸을 때쯤에는 목숨을 잃은 베나토르와 베스티아리우스가 수천 명에 달했다. 죽어나간 야생동물은 훨씬 더 많았다. 로마가 얼마나 피에 목말라 있었는지 이민족들이 권력을 잡았을 때는 아프리카와 지중해의 일부 지역에는 야생동물이 거의 남아 있지 않을 정도였다. 하마는 나일강 대부분 유역에서 사라졌다. 사자는 메소포타미아에서 종적을 감췄다. 코끼리는 더 이상 북아프리카를 돌아다니지 않았다. 그리고 곰의 숫자는 영국 제도와 북아프리카에서 모두 급감했다. 아우구스투스Augustus 황제는 자신의 치세에만 투기 경기를 26차례나 열어 '아프리카 맹수' 3,500마리를 죽였다고 자랑까지 했다.[36]

　로마제국이 몰락한 뒤로도 곰 학대는 오랫동안 계속되었다. 중세 시대에 기독교 성서가 유럽의 이데올로기를 지배하게 되면서 곰의 지위는 더욱더 추락했다. 교회는 인간이 다른 모든 생명체보다 우월하게 창조되었다는 오늘날까지 이어지는 이 믿음을 전파한 만큼 인간을 동물계의 다른 동물들과 구별하는 일이 중요했다.[37] 인간 같은 자세를 취하는 곰은 인류의 절대 우위를 크게 위협하는 존재였으므로 곰을 숭배하는 행위는 위험했다. 그런 이유로 곰을 권좌에서 신속히 끌어내리고 우둔한 광대의 배역을 새로 맡겼으며 온갖 잔인한 행동으로 굴복시켰다. 영국에서 불곰은 춤추는 곰으로도 훈련되었다. 곰들은 사슬에 묶인 채 이 마을 저 마을로 끌려다니며 재주를 부려보라고 부추기는 군중 앞에서 공연을 펼쳐야 했다.

　곰 괴롭히기bearbaiting는 길거리 공연의 형태로 더욱 큰 성공을 거두었다.[38] 로마 투기장에서 벌어졌던 경기와 마찬가지로 곰 한 마리를 장대에 매어놓고 주로 마스티프나 성질 나쁜 불도그 같은 사나운 개떼를 불쌍한 곰에게 달려들게 하는 방식이었다. 관중은 야유를 퍼부으며 싸움을 구경했고 어느 쪽이 이길지 내기를 걸었다. 곰들은 고대 로마에서처럼 죽을 때까지 싸웠으나, 이는 존엄성을 훨씬 더 훼손하는 경험이었다. 사람들은 이제 곰을 인간의 적수가 될 가치가 없다고 여겼다. 곰 괴롭히기는 평민과 왕족에게 두루 사랑받았다. 왕족들은 곰 책임자까지 두며 런던에서 일어나는 곰에 관한 모든 활동을 감독하고 허가증을 발급해 공연자들에게서 수입을 거두게 하기도 했다.[39] 가장 유명한 곰 정원bear garden*(굉장히 끔찍한 장소에 붙은 이름치고 사랑스럽지 않은가)은 파리 정원paris garden과 헨리 8세Henry Ⅷ의 화이트홀 궁전palace of whitehall에 있었는데, 왕족들은 이곳에 관중석으로 둘러싸인 특별한 투기장들을 건설해놓았다. 16세기 궁중 관리였던 로버트 레넘Robert Laneham은 곰 괴롭히기가 "참으로 유쾌한 오락거리"라며 "곰은 적들이 접근하자 충혈된 눈으로 곁눈질하고, 개는 민첩하게 움직였다가 기다렸다가를 반복하며 공격 기회를 엿본다. 곰은 또 그 공격을 피해내며 힘과 노련함을 보여준다"라고 묘사했다.[40] 엘리자베스 1세Elizabeth I도 곰 괴롭히기를 무척 좋아한 걸로 유명한데, 1585년 의회가 곰 괴롭히기를 금지하려 하자 이를 기각했을 정도였다.

아마도 중세 초기의 한 시점부터 영국 제도에서 불곰이 사라지자 이후로 거리 공연자들은 유럽 내 다른 지역에서 곰을

---

* 16~17세기 영국 런던에서 곰 괴롭히기가 열렸던 시설이다.

공수해야 했다. 시간이 흐르면서 곰 공연의 인기는 떨어졌다. 그런데도 영국 의회는 1835년에 이르러서야 곰 괴롭히기를 금지했다. 춤추는 곰은 1911년까지 용인되었다.

유럽인들은 마침내 자신들의 땅에서 맹수들을 쫓아내는 데 성공하자 대서양을 건너가 북아메리카 대륙에서도 같은 일을 시도했다. 해안에 도착한 식민지 개척자들은 야생동물을 몰살해버리겠다는 열의로 가득했다. 이들은 대륙을 서쪽으로 가로지르며 새로운 환경, 즉 야생 포식자가 더 이상 살 수 없는 환경을 만들었다. 가축과 농장을 보호한다는 명목으로 무시무시한 동물들을 모조리 죽여나갔다. 정착민들이 이처럼 광활한 야생을 직면하며 느꼈을 공포는 회색곰의 라틴어 이름인 학명(*Ursus arctos horribilis*)*에 가장 잘 담겨 있을 것이다. 루이스와 클라크 탐험대Lewis and Clark expedition의 윌리엄 클라크William Clark는 1805년 5월 5일 자 일지에 자신이 본 가장 큰 회색곰을 "엄청나게 크고 끔찍하게 생긴 동물"이며 "죽이기 매우 어렵다"라고 묘사했다.[41] 그래도 죽이기는 했다. 클라크 일행은 총알 열 발을 정확히 조준해 곰을 쓰러뜨렸고 그 뒤로도 회색곰 수십 마리를 죽였다. 이것은 후대들도 마찬가지였다.

정부들은 북아메리카 대륙의 회색곰 5만 마리를 박멸할 목

---

* 무서운horrible 불곰이라는 뜻이다.

적으로 현상금을 걸었다.[42] 곰은 어디에서 발견되든 간에 덫과 총, 독으로 죽임을 당했다. 야생은 점차 정화되어 갔다. 삼림 지대는 마을을 만들기 위해 개간되었다. 마을은 도시로, 그 뒤에는 대도시로 성장했다. 도로는 곰이 사는 굴과 먹이를 찾는 땅을 이리저리 갈라놓았다. 1900년에 이르자 미국 산림 면적은 4억 4515만 헥타르에서 2억 9987만 헥타르 미만으로 감소했다.[43] 아둔한 솟과(Bovidae) 동물 떼가 숲을 베어 만든 목초지를 점점이 수놓았다. 회색곰 개체수는 점점 줄어들었고, 각 주에서 사라져 갔다. 텍사스주에서는 1890년, 뉴멕시코주에서는 1931년, 콜로라도주에서는 1953년에 자취를 감췄다. 20세기 중반에는 미국 본토에서 거의 전멸해 1,000마리도 남지 않았다. 훨씬 덜 '끔찍하게 생긴' 미국흑곰도 여러 지역에서 멸종 직전까지 몰렸다. 미시시피주에는 12마리도 남지 않았고,[44] 플로리다주 내 개체수는 유럽인들이 정착하기 전의 1만 1,000마리에서 1970년 300마리까지 급감했다.[45] 미국흑곰과 불곰은 이렇듯 저위도 지역에서 사라졌으나 캐나다와 알래스카의 광활한 북방림 덕분에 북아메리카 대륙에 근원지를 유지할 수 있었다.

북아메리카와 유럽의 온대림이 식량과 섬유, 연료를 위해 벌채되었다면, 열대림은 20세기 초까지 비교적 잘 보존된 상태였다. 느림보곰은 인도와 부탄, 네팔을 누비며 살고 있었다. 반달가슴곰은 아시아 대륙의 넓은 지역에 걸쳐 개체수가 풍부했

에이트 베어스

다. 태양곰 역시 아시아 지역에 많이 서식했으며 서식 범위가 인도 북동부에서 중국 남서부에 이르렀다. 하지만 인구가 늘면서 삼림 파괴의 속도는 빨라졌다. 아프가니스탄, 방글라데시, 부탄, 인도, 네팔에서는 경작지를 얻기 위해 삼림을 개간하면서 느림보곰과 반달가슴곰이 서식지를 잃고 위험에 노출되었다. 중국에서는 인구수가 5억 4100만 명에 이르렀던 1949년, 산림 면적이 국토 면적의 10퍼센트로 축소되었다.[46] 산림 소실은 대왕판다가 사는 대나무 숲에서 주로 발생했다. 동남아시아에서는 고가의 열대 목재, 팜유, 고무 플랜테이션이 취약한 우림 생태계를 대신하게 되었다.

20세기 미국인들은 주변 곳곳에서 황폐해진 자연과 생기 없는 숲을 목격하고 파괴의 길에서 방향을 틀었다. 존 뮤어, 알도 레오폴드Aldo Leopold 같은 작가들의 시적인 문장은 수많은 사람을 자연 보전 운동으로 이끌며 얼마 남지 않은 야생을 보호하도록 독려했다. 레오폴드는 "무지함의 극치란 동물이나 식물을 향해 '무슨 쓸모가 있는가?' 하고 묻는 것이다"라고 말하며 한탄했다.[47] 그는 자신의 책 《샌드 카운티 연감》에서 에스쿠딜라산에서 죽임을 당한 애리조나주의 마지막 회색곰 올드 빅풋

Old Bigfoot에 관해 이야기했다. 그는 이 웅장한 산이 "변화무쌍한 진화의 (…) 뛰어난 업적"인 회색곰으로 정의된다고 말했다.

회색곰을 잡은 정부의 덫 사냥꾼은 소들을 위해 에스쿠딜라산을 안전하게 만든 줄 알았다. 그는 샛별들이 함께 노래할 때부터 세워지던 대건축물의 첨탑을 무너뜨렸다는 사실을 알지 못했다. (…) 에스쿠딜라산은 여전히 지평선 위에 있지만 더는 산을 봐도 곰이 떠오르지 않는다. 이제는 그저 산일 뿐이다.[48]

미국인들은 야생의 세계와 야생이 품은 모든 생명체를 가치 있게 여기게 되었다. 시어도어 루스벨트Theodore Roosevelt는 미국 대통령 재임 당시 미국산림청United States Forest Service, USFS을 설립하고 국립공원 다섯 개소, 천연기념물 열여덟 개소를 지정하며 총 9308만 헥타르의 공공용지를 보호구역으로 설정했다. 하지만 그의 이름이 오래도록 회자하는 데는 다른 이유가 있다.

1902년 루스벨트는 미시시피주 삼림으로 나흘짜리 곰 사냥 여행을 떠났다. 사냥을 시작한 지 얼마 안 되어 루스벨트가 뒤처진 사이 사냥 안내인은 사냥개들과 앞서 달리며 작은 암컷 미국흑곰을 궁지로 몰았다. 고통스러워하던 곰이 사냥개 한 마리를 공격해 척추를 으스러뜨린 뒤 다른 개에게 달려들자, 안내인은 싸움에 뛰어들어 곰의 머리를 개머리판으로 가격했다.

에이트 베어스

그러고는 맥없이 쓰러진 미국흑곰을 버드나무에 묶어놓고 대통령에게 마지막 한 발을 쏘아달라고 청했다.

마침내 안내인을 따라잡은 가여운 테디 루스벨트는 반쯤 의식을 잃은 곰을 쏘는 것은 스포츠맨 정신에 어긋난다며 거부했다.[49] 땀에 흠뻑 젖은 그는 대신 동행에게 곰을 칼로 죽여 고통스럽지 않게 보내줄 것을 지시했다. 이 미심쩍은 연민의 행동은 얼마 지나지 않아 '미시시피주에서 선을 긋다'*라는 제목을 단 정치 만평으로 신문에 실렸고, 그림 속에는 동그랗고 큰 귀가 달린 작고 허약한 미국흑곰이 등장했다.[50] 이 만평은 최초의 '테디' 베어에 영감을 주었다고 알려져 있다. 1910년 무렵 봉제 곰 인형의 생산량은 100만 개에 달했다.

미국이 여전히 곰 박멸에 한창 열중하고 있을 시기에 테디 베어가 등장하며 상황은 호전되었다. 곰의 인기는 유례를 찾아볼 수 없을 정도로 치솟았다. 부모들은 자녀가 더 바람직한 장난감을 놔두고 복슬복슬한 곰 인형을 고른다며 불평했다. 〈워싱턴 포스트〉는 "세계 곳곳에서 테디 베어를 찾는 수요가 폭발하자 가엾은 인형miss dolly은 자신이 누리던 권력이 사라져 가는 것을 막지도 못하고 그저 크고 둥근 눈으로 이 상황을 서글프게 바라보고만 있다"라고 언급했다.[51] 이런 테디 베어의 인기에

---

* 당시 루스벨트가 미시시피주를 방문한 공식 목적은 미시시피주와 루이지애나주의 경계선을 확정하는 것이었으므로 이중적 의미가 있는 표현이다.

는 성인도 합류하게 된다. 1905년에는 다 큰 여성이 차를 마시러 나가면서 테디 베어를 옆구리에 끼는 일이 흔했다.[52]

한때 숲을 콘크리트와 맞바꾸었던 미국 도시민들은 자연을 찾아 도시를 줄줄이 빠져나왔다. 쌍안경으로 미국흑곰을 들여다보는가 하면, 그러면 안 되는 걸 알면서도 차창 밖 미국흑곰에게 샌드위치를 먹이기도 했다. 수십 년 뒤에는 사라져 가는 무시무시한 회색곰을 멸종위기종보호법으로 보호하며 화해의 손길을 내밀기도 했다.

이제 흑곰과 불곰은 과거 서식지로 서서히 돌아오고 있다. 2021년 미국어류및야생동물관리국United States Fish and Wildlife Service, USFWS 보고서에 따르면 현재 미국 본토 48개 주에서 회색곰은 역사적 서식지의 6퍼센트를 차지하고 있으며(몇십 년 전 수치인 2퍼센트에서 증가했다) 몬태나주, 아이다호주, 와이오밍주, 워싱턴주를 합해 개체수가 2,000마리에 달한다.[53] 주 정부와 연방 정부가 수십 년 동안 보호 정책을 펼친 덕분에 미국흑곰은 이제 미국 남동부를 탈환하고 있다. 텍사스주에서 미시시피주까지 분포하는 미국흑곰의 아종인 루이지애나흑곰louisiana black bear(*Ursus americanus luteolus*)은 보호종 목록에 24년 동안 올라 있다가 개체수를 회복한 것으로 판단되어 2016년 목록에서 제외되었다. 또한 미국흑곰은 지난 수 세기 동안 찾아볼 수 없었던 지역으로도 이주해오고 있다. 워싱턴시 교외를 거쳐 최근에

는 뉴욕시에서 지척에 있는 주거 지역 용커스에 들어와 돌아다니는 모습이 포착되었다.[54]

이런 성공 사례는 세계 어느 곳에서도 재현된 적이 없다. 느림보곰은 개체수가 줄어들고 있으며 방글라데시에 이어 부탄에서도 자취를 감춘 듯하다. 자그마한 태양곰이 집으로 삼는 열대 지방은 매년 약 405만 헥타르의 원시림을 잃어가고 있다.[55] 그 결과 태양곰의 개체수는 겨우 30년 만에 3분의 1이나 감소한 것으로 추정된다. 남아메리카에 사는 겁 많은 안경곰의 미래도 숲의 운명과 밀접히 연관되어 있다. 기후 변화가 나무에 수분을 공급하는 구름을 앗아가기 때문이다. 북극곰은 녹아가는 해빙 때문에 이번 세기말이면 멸종까지는 아니더라도 개체수가 급감할 상황에 직면해 있다. 아시아에서 일어나는 인간의 개입은 훨씬 더 직접적이어서, 수천 마리의 반달가슴곰이 야생에서 끌려 나와 웅담 채취 농장에 볼모로 잡혀 있다.

그래도 희망이 전혀 없지는 않다. 이런 문제 중 일부는 다른 어떤 것보다 극복이 쉬울지도 모른다. 사람들은 가까이에서 살아가는 곰들과 공존하는 법을 배울 수 있을까? 각국 정부들은 아시아의 웅담 채취용 곰 사육이라는 잔인한 관행을 금지하거나 지구를 덥히는 온실가스 배출량을 줄이거나 삼림 파괴의 규모를 줄이기 위해 힘을 모으는 노력을 할까? 전 세계 여덟 종의 곰은 습성과 생활 방식을 바꾸어가며 진정한 야생에서 세기말을 넘어서까지도 살아남을 수 있을까?

이 질문들에 해답을 얻고자 나는 이 책의 첫 배경지인 남아메리카로 건너가 대륙에 생존해 있는 마지막 곰종을 연구하는 과학자들을 만났다. 그런 뒤 아시아로 넘어가 느림보곰과 대왕판다, 반달가슴곰, 태양곰을 멸종으로부터 구하려고 애쓰는 사람들을 만났다. 미국에서는 미국흑곰이 서식지를 침범하는 인간과 보조를 맞추기 위해 취해온 특이한 적응 방식들을 알게되었다. 미국 서부에서는 불곰의 번성으로 인명 피해가 자주 발생하고 있는 상황에 관해 양쪽 정치 진영의 이해관계자들과 이야기를 나누기도 했다. 그리고 마지막으로 전망이 가장 암울한 북극곰에게도 아직 희망이 남아 있다면 그것이 무엇일지 알아보기 위해 작은 아북극 마을인 캐나다 매니토바주 처칠로 향했다.

이 책은 살아남은 곰 여덟 종에 관한 이야기다. 또한 인간의 이야기이기도 하다. 넓은 얼굴에 일자로 이어진 눈썹을 한 **호모 에렉투스**homo erectus가 인류 팽창의 선봉으로서 아프리카의 그레이트리프트밸리를 걸어 나와 유라시아에 들어선 이래 인간은 곰이 이 세상에서 맞이하게 될 운명을 좌우했다. 우리는 곰의 이야기를 써왔고 곰의 신화를 나누어왔다. 우리는 자연을 상대로 전쟁을 벌이는 한편 자연의 왕들을 숭배해왔다.

우리는 대단한 포식자들을 정복하려 노력해왔지만 그들의

용맹에 굴복해야만 했고, 그렇게 곰을 구경거리, 상품, 투사로
전락시켰다. 그러니 이제는 우리가 그들의 미래를 결정해주어
야 할 차례인 것이다.

남아메리카

"곰들이 곧 와서 널 다시 잡아갈 거야."

_안경곰 신화Mito del Oso Anteojo

제1장

구름 위에 살다

EIGHT BEARS

안경곰, 에콰도르와 페루

Spectacled bear, Ecuador & Peru

Tremarctos ornatus

'이 곰을 돌봐주세요'라고 적힌 낯선 이들에게 간청하는 내용의 이름표를 목에 건 채 작은 갈색 여행 가방 하나를 들고 1958년 런던을 찾아온 꼬마 곰 패딩턴은 자신의 고향이 '어둠의 땅 아프리카'라고 주장했다.[1] 물론 아프리카는 온갖 굉장한 맹수로 가득하지만 안타깝게도 곰이 끼어들 자리는 없다.

패딩턴을 만들어낸 작가 마이클 본드Michael Bond는 이 사실을 미처 모른 채 출판사의 하비 우나Harvey Unna에게 원고를 보냈고, 우나는 열정을 담아 신속히 답장하면서도 중요한 사항 한 가지를 지적했다.

선생님의 소설 《내 이름은 패딩턴》을 방금 다 읽었습니다. 충분히 출판할 만한 이야기라는 생각이 들었고, 제 마음에도 쏙

들었지요. 다만 제 정보원들이 말해주기를 아프리카에는 곰이 없다는 사실을 놓치신 것 같더군요. 어둠의 땅이건 아니건 말이죠……. 아이들은 이 사실을 알고 있거나 알아야 하기에 적절히 수정해주십사 원고를 돌려드립니다. 곰은 아시아, 유럽, 아메리카에 많고 증권거래소*에도 꽤 있습니다.[2]

그의 말이 맞았다. 아프리카에는 정말 곰이 살지 않는다. 하지만 늘 그랬던 것은 아니다. 불곰의 아종인 아틀라스불곰atlas bear(*Ursus arctos crowtheri*)이 북아프리카 아틀라스산맥에서 17세기 무렵까지 발견되었으나,[3] 로마제국이 투기 경기를 위해 수 세기 동안 야생동물을 포획하고 거래한 이후로도 사냥이 횡행하면서 그 무렵 야생에서 멸종되고 말았다.[4] 어떤 사료는 모로코 국왕이 1830년에도 여전히 아틀라스불곰 한 마리를 가둬 키우고 있었고 같은 해에 다른 한 마리를 프랑스 마르세유동물원 Zoological Garden of Marseille에 제공하기까지 했다고 주장하나 아직 입증되지 않았다. 패딩턴이 기차역에 도착했을 20세기에 아프리카 곰은 이미 세월 속에서 잊힌 동물이었다.

부끄러운 실수였다. 본드는 이를 바로잡기 위해 이야기의 주인공이 될 만한 다른 곰 후보들을 조사하러 웨스트민스터 공립

---

* 주식시장의 하락장bear market을 곰의 습성에 빗대 묘사한 표현이다.

제1부
남아메리카

도서관을 찾았다.[5] 그다음에는 리젠트공원에 있는 런던 동물원London Zoo으로 향했다. 그는 금으로 도금된 철문을 지나 포장된 길을 따라 돌아다니다 펭귄들이 뒤뚱뒤뚱 걸어 다닐 수 있게 콘크리트 길을 설치한 펭귄 풀penguin pool과 동물원에서 가장 유명한 동물인 가이Guy라는 이름의 서부로랜드고릴라western lowland gorilla를 지나쳤다. 뚱뚱한 회색곰과 브루마스Brumas라는 이름의 북극곰도 만났지만 소설의 주인공이 될 만하지는 못했다. 이 곰들에게는 그가 찾던 매력과 이국적 분위기가 없었다. 오랫동안 고민한 끝에 본드는 도서관의 동물학 서가에서 마주친 수수께끼의 곰을 주인공으로 낙점했다. 바로 **안경곰**이었다. 남아메리카 정글에 살지만 그 개체수가 적다는 점이 딱 들어맞았고, 남아메리카 대륙에서 발견되는 유일한 곰종인데도 알려진 내용이 많지 않았다. 안경곰의 이러한 특징은 소설 속 밀항자인 패딩턴에게 신비로운 느낌을 더해줄 것이 분명했다. 그는 집으로 돌아와 다시 펜을 쥐었다.

"넌 정말 작은 곰이구나. 어디에서 왔니?"

브라운 부인이 물었다. 그러자 곰은 조심스레 주위를 살피더니 대답했다.

"어둠의 땅 페루에서요."

🐾

페루 쿠스코에서 운무림까지는 직선거리로 64킬로미터 정도로 그리 멀지 않았지만 옴짝달싹할 수 없이 비좁은 승합차를 타고 도심을 출발해 어지러운 흙길을 따라 안데스산맥을 달리다 보니 거의 다섯 시간이 걸렸다. 운전기사는 신나게 속도를 내다 급커브가 나올 때면 브레이크를 세게 밟았다. 그럴 때마다 나는 속이 울렁거려서 차가운 유리창에 이마를 기대고 흙이 무너져 내리는 수백 미터의 낭떠러지를 내려다보지 않으려고 눈을 감았다. 이곳에는 산사태가 나기 쉬운 길이 많았다.

내 옆에 끼어 앉은 생물학자 러스 밴혼Russ Van Horn은 이 길을 수십 번은 다녔다고 했다. 그렇다 보니 흘러내리는 흙에도 구불구불한 코너에도 대체로 동요하지 않았다. 미국 미네소타주 출신인 그는 나무 없이 탁 트인 벌판과 아득하게 펼쳐진 하늘을 더 좋아한다고 털어놓았다. 페루의 풍경과 사뭇 다른 설명이었다. 하지만 그는 일할 곳을 알아보다 곰을 연구하는 자리를 발견했고 동남아시아 태양곰이나 남아메리카 안경곰 중하나를 택해야 했다(남아메리카에서 안경곰은 대개 안데스곰andean bear이라고 불린다). 두 종 모두 알려진 것이 거의 없었다. 그러나 태양곰의 경우 팜유 생산을 두고 국가 정치까지 복잡하게 얽혀 있는 반면 남아메리카 안경곰은 그렇지 않다는 생각

제1부
남아메리카

이 들었다고 한다. "과학이 안데스곰을 정말로 도울 수 있을 것 같았죠." 그렇게 그는 겁 많은 연구 대상을 만나려고 몇 년 동안이나 이 길에 올랐다. 밴혼은 현재 샌디에이고동물원야생동물연합San Diego Zoo Wildlife Alliance에서 일하고 있으며 국제자연보전연맹 안데스곰 전문가팀의 공동 수장을 맡고 있다.

나는 전날 밤 아르마스 광장에 있는 쿠스코 대성당 앞 계단에서 그를 만났다. 우리는 광장 북서쪽 모퉁이의 작은 식당에 자리를 잡고 앉아 김이 모락모락 나는 퀴노아 수프와 안데스 사람들이 좋아하는 달콤한 자주색 옥수수 음료인 치차 모라다 chicha morada 위로 몸을 숙인 채 곧 다가올 탐험에 관한 이야기를 나누었다. 밴혼은 안경곰의 행동을 이해하는 데 기준이 되는 정보를 수집하고자 매년 건기에 페루를 찾는다고 했다. 나는 이번 탐험에 동행하겠다고 청했다. 우리의 목표는 해발 610미터에서 3,660미터에 이르는 운무림을 사흘에 걸쳐 수직으로 가로지르며 여러 고도에 설치해놓은 카메라 트랩을 확인하는 것이었다. 그러면 곰이 골짜기 밑바닥부터 산꼭대기까지 숲속을 누비며 자원을 이용하는 모습을 볼 수 있을 터였다.

밴혼이 정말로 알아내고 싶은 것은 페루 남서부 운무림에 사는 곰들이 왜 더는 낮은 고도로 내려오지 않는지였다. 인근 현장의 카메라 트랩에 찍힌 3년 치 사진을 봐도 해발 1,490미터 아래로 이동해 내려오는 곰은 단 한 마리도 없었다. 다른 남아메리카 지역의 운무림에 사는 곰들은 해발 610미터 아래 아마존 저지대로는 거의 움직이지 않았다. 그가 제기한 일련의 과학적 의문은 그 원인이 기후 변화에서 비롯되었다는 것을 더욱 타당하게 만들었다.

연구 결과에 따르면 서반구 운무림은 지구 온난화로 인해 앞으로 25년 뒤면 전체 면적 중 60~80퍼센트가 줄어들고 메마를 것으로 예상된다.[6] 지열의 온도가 오를수록 식어버린 습한 공기가 구름으로 응결되기 위해서는 산비탈을 타고 높은 곳으로 올라가야만 한다. 그렇게 구름이 형성되는 고도 역시 높아진다. 구름이 줄면 그 아래에서 무성하게 군락을 이루며 자라던 기생식물air plant과 관목도 위태로워질 수밖에 없다. 더 덥고 건조해진 저지대 서식지에서 살아갈 수 없다면 곰들은 어디로 가야 할까? 과학자들은 세계에서 가장 많이 연구된 운무림인 코스타리카의 몬테베르데운무림보존지구Monteverde Cloud Forest Reserve에서 극적인 변화를 이미 목격했다. 1990년 파충류학자들은 3.9제곱킬로미터라는 매우 작은 면적의 땅에서 번성하다 멸종된 황금두꺼비golden toad가 기후 변화의 첫 희생자라고 생각했다.[7] 그동안 나는 기후 변화가 전 세계 곰에게 어떤 영향을 미칠지 생각할 때면 녹고 있는 빙하와 곁에서 헤엄치는 북극곰만 떠올린 게 사실이다. 하지만 온실가스 배출량을 줄이지 않으면 지구 서쪽의 운무림 역시 이르면 2060년에는 전체의 90퍼센

제1부
남아메리카

트까지 영향을 받을 것으로 예측하고 있다.[8] 그렇게 되면 우리의 겁 많은 안경곰은 어떤 일들을 겪게 될까?

이제 우리는 조악한 흙집들을 지났다. 외벽에는 지난 선거 때 그린 정치적 상징(옥수수 이삭, 산, 축구공)이 햇볕에 바래가고 있었고 테라코타 지붕에는 도자기로 만든 황소와 십자가 장식이 올라가 있었다. 수백 년 전 잉카 사람들은 풍년을 기원하려고 알파카를 그렸다. 이제 쿠스코 사람들은 집을 지으며 복을 비는 의미로 지붕 꼭대기에 황소를 올린다. 우리 일행이 점심을 먹으려고 노점에 들르자 폴레라pollera라는 무릎길이의 화려하고 풍성한 치마를 입은 여성들이 녹색 허브로 양념한 양고기를 곁들인 지글지글 끓는 면 요리와 감자튀김papas fritas을 하나하나 내왔다. 나는 식사를 하는 대신 포도 맛이 나는 멀미약을 먹었다. 마지막 오르막길에는 희뿌연 안개가 짙게 내려앉아 있었다. 나는 꾸벅꾸벅 졸다가(차는 해발 약 3,050미터에서 앞도 보이지 않는 길을 내달렸고 무서움을 외면하고자 멀미약의 힘을 전략적으로 빌렸다) 운전기사가 승합차의 금속 루프랙에 올렸던 짐을 붉고 축축한 땅 위로 마구 내던지는 소리를 듣고 잠에서 깼다. 옆으로 웨이케차운무림생물학연구기지Wayqecha Cloud Forest Biological Station라는 간판이 보였다.

웨이케차라고 줄여 부르기도 하는 이곳 연구기지는 세계적으로 유명한 페루의 마누국립공원Manu National Park의 남쪽 경계를 따라 볼리비아와 접한 국경으로부터 320킬로미터도 안 되는 곳에 자리 잡고 있다. 관광객들은 짖는원숭이howler monkey와 재규어를 보러 마누의 아마존 저지대로 몰려들지만, 과학자들은 희귀한 운무림을 연구하러 이곳에 온다. 15킬로미터 정도 되는 등산로가 잘 닦여 있어 코스니파타kosñipata(토착어인 케추아어quechua로 '연기가 피어오르는 곳'이라는 뜻으로 온몸을 감싸는 안개에 경의를 담은 이름이다)강 계곡에 수월하게 접근할 수 있다. 무거운 과학 장비를 이고 진 채 숲에 들어가야 하는 연구자들에게 이보다 더 나은 현장도 없어 보였다.

다음 날 아침 우리는 주 등산로를 올랐다. 식물 생태학자들이 물결치듯 일렁이며 숲속을 떠다니는 구름에서 수분을 채취하려고 플라스틱 관과 주사기로 가득 찬 손수레를 밀며 우리를 서둘러 지나쳤다. 고무나무를 타고 자란 브로멜리아드bromeliad*, 난초, 양치식물, 지의류地衣類, lichen**가 만든 푸릇푸릇한 산골짜기를 내려다보고 있는데 어느 순간 숲이 사라졌다. 한기 어린 안개가 내려앉았다. 요동치는 하얀 포말이 몸을 감쌌다. 달콤한 화밀에 취한 푸른귀벌새sparkling violetear와 무지개벌새shining sunbeam가 작은 칼 같은 가느다란 부리로 시계꽃passionflower에 뛰어들며 내는 날갯짓 소리가 안개로 자욱한 공기

---

*   파인애플과 식물의 총칭을 말한다.
**   균류와 조류의 공생체로 나무껍질이나 바위에 붙어 자란다.

를 흔들며 퍼져나갔다.

밴혼은 좁은 길을 따라 터벅터벅 걸었고 그의 고무장화가 쩍쩍 소리를 내는 것으로 보아 지루한 길이 이어지는 듯했다. 숲은 아름다웠지만 빽빽이 우거진 수풀이 고집스레 앞을 가로막았다. 해발 고도가 2,740미터를 넘어서자 저지대 출신인 우리 둘은 숨을 헐떡였다. 나는 연둣빛 지의류로 뒤덮인 가느다란 나무를 넘으며 위로 올라섰다. "톱니 모양 나무고사리tree fern를 조심해요. 쐐기풀보다 더 아프니까요." 그의 당부는 덥수룩한 수염에 묻혀 조그맣게 들렸다. 그는 190센티미터라는 큰 키에도 불구하고 모두 여성인 현지 생물학자, 대학원생, 현장 기술자보다 축축한 숲속을 더욱 천천히 이동해야 했고, 오히려 유연한 페루 사람들이 60센티미터짜리 정글도인 마체테machete로 억센 덩굴을 능숙히 베며 앞서 나갔다. 이들은 희박한 산소에 영향을 받지 않는 듯했다.

밴혼의 당부에도 불구하고 운무림에 자라는 수많은 덩굴식물 사이에서 나무고사리를 구분하기란 어려웠다. 나무껍질 위로 푸르고 푹신한 이끼 덤불, 끝이 분홍빛인 브로멜리아드, 성가신 고사리가 돋아나 표면을 온통 뒤덮고 있었다. 착생식물epiphyte에 속하는 이 식물들은 뿌리를 땅에 내리지 않고 공중에 늘어뜨린 채 다른 식물을 해치지 않으며 그 위로 자라나고 근피velamen라는 해면 조직으로 구름의 수분을 흡수한다. "몇 분만 걸어도 구름이 많아 축축하고 습한 환경에 초목이 아주 잘 적응했다는 걸 알 수 있죠." 숲 생태학자가 말했다. 이런 생태계는 식물군만 놓고 봐도 아마존 저지대보다 다양성이 높을 뿐만 아니라 굉장히 희귀하다. 운무림은 전 세계 열대림의 3퍼센트뿐이다.

저지대 우림에서는 나무가 햇빛을 보려고 하늘을 향해 가늘고 길게 뻗어 자라는 데 비해 이곳의 나무는 좀 더 땅딸막했다. 서로 얼기설기 얽혀 지붕 모양을 이뤘다. 나무 맨꼭대기 줄기인 우듬지에서는 만경목蔓莖木, liana이라고도 하는 긴 덩굴나무가 라푼젤 머리처럼 내려오며 치렁치렁 늘어졌다. 가지에는 마치 크리스마스트리 장식용 반짝이 철사처럼 지의류가 감겼다. 구름 속으로 더 깊숙이 들어서자 동화 속에 나올 법한 아름다운 나뭇잎들이 우리를 감쌌다. 바닥에 떨어진 두껍고 매끄러운 잎들을 비추는 것은 날카로운 햇빛 조각뿐이었다. 패딩턴의 고향은 실제로 매우 어두웠다.

페루에서만 발견되는 조류, 포유류, 양서류 270개 토착종의 3분의 1 이상은 구름에 싸인 숲속에 산다.[9] 과일이나 숟가락 모양의 뾰족뾰족한 브로멜리아드를 실컷 먹으려고 미끄러운 나무를 기어오르는 희귀한 안경곰도 여기에 포함된다(안경곰이 마멀레이드 샌드위치를 먹는다는 기록은 어디에도 없다). "안경곰은 저 위에 나뭇가지를 엉성하게 쌓아 올려요. 둥지처럼 말

제1부
남아메리카

이죠." 밴혼이 지붕 모양으로 얽힌 나무를 올려다보며 설명했다. 안경곰의 이런 특이한 행동은 우리가 오르고 있던 페루 남서부 삼림지대에서는 흔하게 발견되지 않았지만 남아메리카 곳곳의 여러 현장에서 기록되었다. 안경곰은 착생식물의 가지를 부러뜨려 만든 잠자리에서 자주 휴식을 취하며 때에 따라 이틀까지 머물기도 했다.

남반구에 사는 곰은 겨울잠을 자지 않는다. 적도 지방이라 낮 길이가 일정하고 기후가 온화하며 먹이도 풍부한 탓에 항상 기민하게 활동한다. 나는 안경곰의 생체 시계가 모두 똑같이 맞춰져 있고 다들 몸집도 큰 만큼 숲속에서 안경곰을 쉽게 마주칠 수 있으리라고 기대했다. 수컷 안경곰은 무게가 150킬로그램 정도로 덩치가 큰 산맥mountain tapir을 제외하면 열대 안데스에서 가장 큰 동물에 속한다. 하지만 이는 순진한 생각이었다. 밴혼의 설명에 따르면 현장에서 몇 달을 보낸 생물학자도 마주친 적이 드물 정도로 안경곰은 나무 위 침대에 숨어 있지 않을 때도 찾기가 어렵다고 했다. 다가가려고 발을 떼면 안경곰은 불곰처럼 달려들 듯 엄포를 놓기는커녕 매번 도망가기 바빴다. 우리는 숨이 턱턱 막히는 숲속을 계속 헤쳐나갔고, 밴혼이 머리 위로 눌러쓴 카키색 틸리 모자에 나뭇가지가 부딪히며 튕겼다. 그는 말을 이었다. "안경곰의 큰 특징 중 하나는 공격적이지 않다는 겁니다. 안경곰은 절대 사람을 공격하지 않아요."

(그렇게 매력적인 대왕판다도 가끔은 여행객을 무는데 말이다.) 마이클 본드의 마음을 사로잡았던 안경곰의 이런 신비로운 습성 말고도 우리가 업무를 진행하는 데 불리하게 작용한 요인 하나가 더 있었다. 바로 남아 있는 안경곰의 수가 많지 않다는 점이었다.[10]

한때 안경곰은 운무림에서 안데스 고지대 초원, 우림, 건조림, 해안 사막의 관목지대까지 이곳저곳을 누비고 다녔다. 하지만 지난 수 세기 동안 비옥한 안데스계곡에서 인구가 급증하자 안경곰의 서식지는 농경지와 목축지를 위해 파괴되었다. 농부들은 곰이 풀을 뜯는 소를 공격한다고 인식해 학대했다. 살아남은 곰들은 주로 안데스산맥의 등줄기를 따라 뻗은 운무림과 산악지대를 은신처 삼아 피신했다. 오늘날 과학자들은 베네수엘라, 볼리비아, 에콰도르, 콜롬비아, 아르헨티나, 페루에서 발견되는 살아남은 안경곰이 1만 3,000~1만 8,000마리 정도에 불과하며, 이곳 페루에 가장 많은 개체수인 약 3,800마리가 살고 있다고 추산한다.

몇 안 되는 우리 팀은 콩과 쌀로 만든 점심 도시락, 노트, 카메라 배터리, 인스턴트커피 봉지(페루에서 질 좋은 커피는 죄다 수출되었다), 고산병에 도움이 되는 코카잎 사탕으로 가득 찬 작은 배낭을 어깨에 메고 있었다. 밴혼에게 지역 내 코카인 밀매에 관해 묻자, 코카나무는 마누 인근 저지대에서 자라지만 야생동물이 남긴 흔적을 쫓다 보면 수확해 말린 코카잎 뭉치를 발견할 때도 간혹 있다는 대답이 돌아왔다. 코카 재배인이 계곡에서 안데스 고지대 마을까지 코카잎을 운반하기 위해 이 길들을 이용했던 것이다. 밴혼은 그들이 다니는 곳에는 카메라를 설치하지 않으려고 주의한다고 했다.

그는 높낮이가 없는 중서부 억양으로 드문드문 말을 꺼냈고, 스페인어를 할 때도 기운이 비슷했다. 말하는 도중 한참 뜸을 들일 때가 많아서 생각을 다 마친 것인지 아닌지 도무지 알 수 없었다. 나무가 우거진 길이 꺾어지는 지점에서 우리 팀은 고양잇과 동물이 남긴 나선형의 똥 덩어리를 발견했다. 운무림에서 배설물을 발견하는 일은 극히 드물다. 날씨가 습한 데다 게걸스러운 쇠똥구리 무리까지 있어서 포유류의 똥은 순식간에 사라지는 탓이다. 그렇다면 이 배설물은 배출한 지 얼마 안 된 것이 분명했다. 배설물을 많이 보지 못해 특히 답답해한 사람은 우리와 동행하던 페루 리마 출신의 젊은 생물학자 데니세 체로Denisse Chero였다. 그는 안경곰이 배설물에 든 씨를 어떻게 운무림 곳곳에 퍼뜨리며 자연적인 재조림을 돕는지 연구하고 있었다.

"퓨마네요." 체로가 배설물을 보고 추론했다.

재규어도 곰보다 몸집이 호리호리하지만 페루 남동부의 산에서 이렇게 높은 곳까지 올라오지 않는다는 설명이었다. 퓨마는 운무림에 많이 서식했다. 하지만 적도 부근에 사는 퓨마는 북아메리카에 사는 퓨마보다 몸집이 작았다. 나는 야생 고양잇과 동물을 얼마든지 숨겨줄 무성한 나뭇잎들을 돌아보며 이 점이 조금은 안심되었다.

이곳부터는 길이 좁아져서 하천 바닥까지 이어지는 가파른 경사면을 따라 조심스레 발을 디뎌야 했다. 이번에는 페루 생물학자 무리가 강가에 설치한 카메라를 살펴보며 영상에 얼굴을 비친 곰이 있는지 확인하려고 우리 팀에서 갈라져 나갔다. 고도에 완벽히 적응하지 못한 밴혼과 나는 다행히 이들을 따라 가파르고 위험한 길을 가지 않아도 되었다. 그래도 중간중간 길을 막아서는 우거진 나무들과 늘어진 지의류 때문에 진흙 터널을 네발로 엉금엉금 기어가야 했다. 건기가 한창이었지만 구름은 모든 것을 습하게 만들었다. 몇 킬로미터를 지나 우리는 숲 바닥에서 60센티미터 떨어진 곳에 고정해놓은 위장 카메라 다섯 대 중 첫 번째 카메라 앞에 도착했다. 모두 땀과 구름에 흠뻑 젖은 채 장비를 털썩 내려놓았고, 체로는 조그만 노란색 방수 수첩을 꺼내 고도(2,700미터)와 위도, 경도를 휘갈겨 적었다. 우리는 안데스산맥의 들쑥날쑥한 가장자리를 따라 뻗은 운무림의 한계선에 더 가까워지고 있었다.

마체테를 능숙하게 휘두르는 현지 생물학자 카리나 세라노 Karina Serrano가 카메라 상자를 열었다. 그는 촬영된 사진을 확인하기 위해 메모리 카드를 꺼내서 작은 파란색 콤팩트 카메라에 탁 꽂아 넣었다. 5개월 전에 설치한 카메라 트랩이 울창한 숲속에서 그동안 찍은 사진은 1,800장이 넘었다. 나는 사진을 선택하며 한 장 한 장 넘겨 보기 시작했다. 흔들리는 덩굴식물이나 흩어지는 빛에 센서가 반응하며 찍힌 사진이 대부분이었다. 체로가 내 어깨너머로 카메라 LCD 스크린을 응시했다. 3월에는 황갈색 안데스여우culpeo가 어정거리며 지나갔다. 멸종우려 범주에 속하는 작은 유제류ungulate*인 우스꽝스러운 뭉뚝한 뿔을 단 난쟁이마자마사슴dwarf brocket도 보였다. 사진 수백 장을 넘겼을 때 체로가 마침내 소리쳤다. **"아, 여기 있네요!"** 우리가 찾아 헤매던 동물이 눈앞에 있었다.

패딩턴은 세상에서 가장 유명한 안경곰일지 몰라도 전혀 안경곰처럼 생기지 않았다. 우선 안경곰은 누렇지 않고 검으며, 옅은 색의 털이 작고 까만 눈 주위를 고리 모양으로 둘러싸고 있다. 그래서 **안경을 쓴 듯한** 생김새다. 안경곰은 근육질의 짧은 목에 넓은 주둥이와 나무를 재빠르게 오를 수 있을 만큼 튼튼한 다리를 가지고 있다. 카메라 스크린 너머에서 우리를 쳐다보는 곰은 주둥이에 그려진 얇고 옅은 선들이 작고 총명한 눈의 테두리로 이어지고 있었다. 안경곰은 고유한 얼굴 무늬로 구

---

* 소나 말처럼 발굽이 있는 포유류를 말한다.

별할 수 있는 유일한 곰종이다. 어떤 곰들은 털로 감싼 두꺼운 테의 이중 초점 안경을 쓴 것처럼 보여서 얼굴이 까맣기보다 금빛이다. 그런가 하면 어떤 곰들은 눈 위에 작고 옅은 Y자 무늬만 있다. 현장에서 꽤 많은 시간을 보낸 과학자들은 마치 대형 고양잇과를 연구하는 생물학자가 독특한 줄무늬 패턴을 보고 호랑이를 구별하듯이 무늬만 보고도 각각의 곰을 구별해낸다.

밴혼은 이 곰을 전에 본 적이 없었다. 3개월 전 찍힌 첫 사진에서 이 곰은 태평하게 어슬렁대며 카메라 앞을 지나갔다. 뒤에 이어진 사진들에는 찰칵대는 셔터에 놀란 듯 흠칫 뒤를 돌아보더니 낯선 장치를 살피러 다가오는 모습이 포착되었다. 프레임 안으로 가깝게 들어온 흐릿한 검은 귀에서 본 털은 체로가 카메라 상자에서 뽑은 꼬불꼬불한 곰 털 두 가닥과 일치했다. 디지털 메모리에 저장된 모든 동물 중에서 이런 지적 호기심을 보인 것은 이 곰이 유일했다. "여기 나온 곰들은 카메라를 문지르는 정도지만 페루 북동부 곰들은 몇 개를 부쉈어요. 카메라를 잡아당겨서 아예 동강을 내놓죠." 밴혼이 말했다.

해발 2,400미터가 넘는 이곳에서 안경곰을 발견하는 것은 놀라운 일이 아니었다. 우리는 안경곰의 생태학적 안락지대 안으로 깊숙이 들어와 있었다. 안경곰은 파라모páramo라고 알려진 안데스고원 산악 초지 및 관목지에서 땅으로부터 자라나는 커다란 브로멜리아드를 먹으며 살기도 한다. 몇 개월 전 안경곰이 이 지점을 지나갔다는 증거를 찾은 것은 신나는 일이기는 했으나 안심할 수 없는 일이기도 했다. 과학자들은 이번 세기말이면 운무림 기온이 5도 상승하리라고 추정한다. 더위에 대처하기 위해 어떤 식물종들은 더 낮은 기온과 습기를 쫓아 이미 산비탈을 따라 위로 이동하기 시작했다.[11] 하지만 안경곰은 운무림이 침범해오는 안데스 고지대에 이미 살고 있으므로 더는 갈 곳이 없다. 구름이 올라오며 확대된 습한 저지대를 이용하지 못한다면 서식지를 잃게 된다. 패션프루트로 잘 알려진 마라쿠야maracuyá, 바카바bacaba, 아구아헤aguaje fruit*가 풍부한 아마존에서 안경곰은 잘 살아야 **마땅하다**. 그런데 무언가가 곰들을 가로막고 있었다.

"왜 곰들이 아래로 내려오지 않을까 같은 질문은 추상적일지도 모릅니다." 두 번째 카메라에 도착했을 때 밴혼이 말을 꺼냈다. 카메라는 낮게 깔린 뭉게구름 속으로 곧 모습을 감췄다. "기후 온난화로 인한 고온 현상 때문이라면 곰들은 크게 영향을 받을지도 모릅니다. 재규어가 곰의 이동을 막고 있기 때문이라면 기후 변화로 인해 재규어의 서식 범위가 바뀌는 것도 제약 조건이 되겠죠."

후자의 상황은 이미 볼리비아의 안데스 산지에서 일어나고

---

* 각각 바카바야자, 이테야자의 열매를 말한다.

있었다. 밴혼과 함께 국제자연보전연맹 안데스곰 전문가팀의 수장을 맡고 있는 시메나 리엔도Ximena Liendo는 인간 활동과 저지대의 기온 상승 때문에 볼리비아에서 최고 포식자들의 충돌이 급증하고 있다고 했다. "스트레스를 받아 저지대에서 고지대로 올라오는 동물이 늘어나고 있어요. 카피바라가 있으면 안 되는 곳에 카피바라가 나타나죠. 재규어도 뒤를 따르고 있고요." 그는 이런 상황을 집에 비유했다. "퓨마는 맨 위층에, 곰은 중간층에, 재규어는 아래층에 살고 있었어요. 그런데 이제는 이 셋이 함께 사는 구역이 나타나고 있죠. 최상위 포식자 셋이 하나의 생태계 안에서 서식한다는 말입니다. 이건 평형 상태가 아니에요."

안경곰의 미래에 관한 예측은 상충하는 두 가지 과학적 사실에 의존하고 있는 듯했다. 열대생물tropical organism은 견딜 수 있는 온도의 폭이 매우 좁아서 환경이 조금만 달라져도 쉽게 멸종할 수 있다. 반면에 곰은 지구에서 적응력이 뛰어나기로 손꼽히는 동물 중 하나다. 이렇게 환경이 급격하게 변화하는 가운데 살아남을 수 있는 운무림의 생명체가 있다면 그건 바로 안경곰이었다. 밴혼이 말을 이었다. "숲의 한 구역에서만 식량원이 바뀐다면 곰들은 아마 괜찮을 겁니다." 그러고는 잠시 말을 멈추자 노란목도리풍금새golden-collared tanager가 지저귀며 긴 침묵을 채웠다. "안경곰은 몸집이 크지 않으니까요. 불곰 정도 크기였다면 영양학적 측면에서 제약이 더 많았을 겁니다."

　다음 날 아침 우리는 네 번째 카메라 트랩을 확인하러 길을 나섰다. 생물학자 세라노가 선두에서 마체테를 휘두르고, 페루 현장 기술자 네 명과 내가 그 뒤를 멀찍이 따랐다. 우리는 초목으로 뒤덮인 비탈의 가장자리에 난 좁은 길을 한 줄로 걷고 있었다. 밴혼과 체로는 뒤로 처졌다. 모퉁이를 돌자 세차게 흐르는 물소리가 귓전을 울렸다. 오래전 토사가 무너져 내리며 생긴 깊은 협곡에 누군가 낡은 나무판을 이어 만든 다리를 끼워놓은 것이 보였다. 흙이 바스러지는 협곡의 가장자리로 물이 용솟음치며 콸콸 흘렀다. 초목이 무성해서 바닥이 어디쯤인지 분간할 수 없었지만, 수심이 적어도 9미터는 될 것이었다. 우리는 금방이라도 무너질 듯한 구조물을 건너는 것 말고는 다른 도리가 없었다. 현장 기술자 네 명이 한 명씩 먼저 출발했다. 나는 그들보다 내가 (고소공포증의 무게만큼을 더하지 않더라도) 9킬로그램은 더 나가리라고 짐작했다. 내 차례가 되어 걸음을 내디딜 때마다 다리는 흔들거리고 삐걱거렸다. 나는 반대편 비탈에 눈을 고정한 채 천천히 조금씩 움직였다. 장화가 단단한 땅에 닿자 안도의 한숨이 터져 나왔다. 우리는 이제 안전하게 반대

편에 서서 나머지 일행이 따라오기를 기다렸다. 하지만 30분이 지나도 밴혼과 체로는 나타나지 않았다. 협곡 너머로 그들의 이름을 외쳤지만 아무 대답도 돌아오지 않았다. 나는 퓨마의 똥을 떠올렸다.

세라노가 사라진 이들을 찾으러 돌아가기로 했다. 그가 무거운 고무장화 차림으로 나무다리를 다시 건너는데, 마지막 나무판 하나를 남겨놓고 발밑 나무판이 **우지끈** 소리를 내며 부서졌다. 그는 갈라진 틈으로 쿵 떨어졌다. 나는 입 밖에 내지 않던 두려움이 갑자기 무서운 현실이 되었다는 것을 이내 깨달았다. 세라노는 팔뚝으로 나무다리에 매달려서는 엉덩이가 구멍에 낀 채로 오른쪽 다리를 아래로 거세게 차고 있었다. 스케이트를 타던 사람이 빙판이 깨져 물에 빠졌을 때처럼 우리는 다리 위로 달려가 도울 엄두를 감히 내지 못했다. 균형을 거의 잃을 뻔하며 가까스로 구멍을 빠져나온 그가 네발걸음으로 기어 조심스레 우리 무리로 돌아오는데, 마침 모퉁이 저편에서 밴혼과 체로가 멀쩡한 모습으로 곰 이야기를 도란도란 나누며 나타났다. 부서진 다리는 우리의 탐험을 반으로 쪼개놓았다. 밴혼은 세라노보다 두 배가량 더 무거웠고, 다리를 부수는 데는 세라노 혼자로도 충분했다. 우리는 갈라져야 했다. 밴혼과 체로는 왔던 길을 되짚어서 연구기지 본부로 돌아가고, 나는 세라노와 현장 기술자들과 함께 남은 카메라들을 확인하는 일을 계속하기로 했다.

네 번째와 다섯 번째 카메라에는 곰의 모습이 담겨 있지 않았고, 얼마 지나지 않아 우리는 모두 녹초가 되어 웨이케차운무림생물학연구기지 내 식당에 집결했다. 강가로 향했던 이들도 낮은 고도에서 곰을 보지 못한 채 복귀했다. 그래도 운무림 곳곳을 다니며 이 생태계가 지구의 안녕에 얼마나 중요한 역할을 하고 있는지 여실히 느낄 수 있었다. 운무림에 가로막힌 습기는 녹슨 주황빛 색의 계곡을 타고 산비탈을 내려가 아마존강으로 흘러 들어간다. 아마존강은 다시 수천 킬로미터를 흘러 대서양에 이른다. 수백만의 사람과 동물이 아마존강의 물줄기에 의존한다. 불볕더위가 계속되고 운무림을 떠다니는 구름이 줄어들면 취약한 숲뿐만 아니라 훨씬 더 먼 곳의 환경까지 바뀔 것이 분명했다.

웨이케차운무림생물학연구기지에서 전기는 저녁 6시에서 9시 사이에만 들어오기 때문에 해가 지고 나면 우리는 얼마간 어둠 속에서 일해야만 했다. 밴혼은 휴대폰으로 뉴스를 확인했다. "화산 폭발이 있었다는 것 아세요?" 따뜻한 코카잎 차를 홀짝이는데 그가 물었다. "페루 남부에서 일어났답니다. 화산재가 볼리비아에 떨어지고 있대요." 이곳의 환경이 그리고 산과 물과 곰이 서로 얼마나 긴밀히 연결되어 있는지 일깨워 주는 의미심장한 말이었다. 전등이 깜박거리더니 불이 들어왔다. 참새 크기만 한 커다란 나방들이 넓은 유리 통창을 향해 필사적으로 몸을 던졌다.

"저는 안경곰의 미래를 조심스럽게 낙관합니다. 적어도 넓은 서식지가 서로 연결된 곳에서라면 말이죠." 밴혼이 생각에 잠겼고 긴 침묵이 이어졌다. 그가 다시 말을 이었을 때는 목소리에 불확실성이 드리워져 있었다.

"다만 문제는……, 안데스곰에게 어떤 서식지가 좋다 나쁘다 말할 수 있는 정보가 없다는 겁니다. 아주 순진해 빠진 판단이 될 수도 있다는 말이죠."

안데스산맥에 있는 고대 문명 유적인 차빈데우안타르chavín de huántar에는 오래된 신전이 있다. 이 유적은 페루의 열대 저지대와 해안 중간에서 모스나mosna강과 우앙체스카huanchesca강이 합류하는 지점 근처에 있으며 삐죽삐죽 솟은 대산맥 사이에 파묻혀 있다. 윗부분이 평평한 U자형 피라미드의 신전 안으로 들어가면 방 사이에 미로를 이루는 돌로 된 통로가 재규어, 남아메리카수리harpy eagle, 카이만caiman, 아나콘다 같은 산악지대에서는 볼 수 없는 동물들의 모습이 정교하게 담긴 조각으로 뒤덮여 있다. 열성 신도들은 한때 이곳에 와서 신탁을 구하

제1부
남아메리카

고 유혈 의식을 치렀다. 중앙에 위치한 햇빛 한 줄기가 비쳐 드는 십자 형태의 방 한가운데에는 화강암으로 된 4.5미터가량의 거대한 삼각기둥이 바닥과 천장을 이으며 서 있다. 돌기둥에는 한 형상이 아로새겨져 있는데, 툭 불거진 눈이 넓은 주둥이와 둥그런 콧구멍 위에 놓였다. 메두사처럼 뱀 형상의 곱슬곱슬한 머리털로 둘린 얼굴은 으르렁대는 듯한 표정이다. 한 손을 공중에 들어 손바닥을 앞으로 내보이고 있는 모습이 마치 다른 세계로 통행하는 것을 허가하는 듯하다. 다른 한 손은 옆구리 옆에 가지런히 내려져 있다. 발에는 휘어진 발톱 다섯 개가 튀어나와 있어, 숭배자들은 한때 이 위에 호화로운 음식과 도자기를 봉헌했다. 이 신의 이름은 엘 란손El Lanzón이다.

엘 란손은 이 지역에서 기원전 900년부터 기원전 200년 사이에 번성했던 고대 차빈 문명의 최고신이다.[12] 학자들은 차빈 문명이 안데스 문명의 모태일 뿐만 아니라, 세계사의 6대 원시 문명 중 하나로서 이전 문명에서 파생하지 않은 것으로 여겨지는 고유한 문명이라고 본다. 차빈 문명에서 가장 중요한 형상인 엘 란손은 차빈 예술의 핵심 모티브인 재규어를 나타낸다고 알려져 있다.[13] 어떤 인류학자들은 심지어 차빈 문명의 사람들이 재규어 숭배를 창시했으며, 신전을 찾은 사람들이 대형 고양잇과 동물인 재규어의 맹렬한 기상을 숭상했다고 믿는다.[14] 하지만 보존 생물학자 수재나 페이즐리Susanna Paisley는 엘 란손을 볼 때 재규어를 떠올리지 않는다고 했다. 그는 곰을 봤다.

영국은 마멀레이드로 범벅된 패딩턴을 좋아하지만, 놀랍게도 남아메리카의 고대 도상에서는 안경곰을 거의 찾아볼 수 없다. 잉카 문명과 아마존 문명의 유물에서 곰의 부재는 눈에 띌 정도다. 조각품도 도자기 파편도 곰을 닮은 바구니 장식품도 없다. 남아메리카 에콰도르의 도시 키토에 있는 콜럼버스이전예술박물관Museo de Arte Precolombino Casa del Alabado(마침 동물 기획전이 열렸다)과 쿠엥카에 있는 토착문화박물관Museo de las Culturas Aborígenes, 쿠스코에 있는 콜럼버스이전예술박물관Museo de Arte Precolombino Cusco의 전시관을 거닐던 나는 곰을 찾지 못해 크게 낙담했다. 금으로 만든 뱀, 재규어 모양의 파이프, 뚱뚱한 원숭이 모양의 점토 항아리는 있었지만, 전시품 중에 곰은 단 한 마리도 없었다.

웨이케차에서 밴혼에게 곰의 부재를 한탄하자 그는 남아메리카 삼림에서 곰을 수년간 연구한 페이즐리에게 연락해보라고 권했다. 페이즐리는 영국으로 돌아가 야생에서 쌓은 경력을 바탕으로 근사한 직물을 만들고 있었다. 나무에 비스듬히 기대어 브로멜리아드를 우물거리는 안경곰이 패턴에 등장하기도 했다.

페이즐리는 남아메리카에 곰 도상이 드문 것이 우연이 아니라고 생각하며, 원시 시대에 곰은 재규어와 흡사하게 넓디넓

제1부
남아메리카

은 고산지대를 누비며 살았다고 말했다. 지금도 마추픽추 유적을 돌아다니다 보면 안경곰을 발견하기도 하는데, 하늘 높이 우거진 나뭇가지를 타고 넘거나 작물을 먹어 치우는 안경곰을 안데스 사람들이 보지 못했을 리가 없었다. 그의 주장에 따르면 곰을 재현한 유물이 적은 것은 우리 조상이 대형 고양잇과 동물에 비해 곰이 의미가 없다고 여겨서가 아니라, 곰이 초기 차빈 문명에서 **굉장히** 중요했던 만큼 엘 란손 **이외의 대상을** 구체적 형상으로 묘사하는 것을 금기시했기 때문이다.[15]

그는 재규어 서사로 편향된 시각은 아한대 곰종의 숭상이 스칸디나비아 사미족sámi부터 캐나다 이누이트족에 이르는 북반구 문화의 뚜렷한 특징이라고 생각하는 극지 지방의 곰 숭배 전통에 원인이 있다고 본다. 인류학자 리디아 블랙Lydia Black에 따르면 "구석기 시대부터 대부분 곰과 동물은 강력한 의식적 상징의 원천"이었으며 대개 인간이 영적 세계와 소통할 수 있도록 제물로 바쳐졌다.[16] 하지만 열대의 곰은 관심을 받지 못한 채로 남겨졌다. 페이즐리가 전한 말에 따르면 남아메리카인들은 "곰은 그링고gringo*의 것이고 우리에게는 고양잇과 동물이 있다"라는 식의 태도를 보인다고 했다. 페이즐리는 이런 태도가 문화적 맹점으로 이어지지 않았는지 의문을 제기했다. 고고학

---

* 라틴아메리카에서 백인을 이르는 말이다.

자들이 바로 눈앞에 있는 곰을 보지 못했던 것은 아닐까?

눈에 띄지 않는 곰에 관해 곰곰이 생각하던 페이즐리는 번뜩 깨달음을 얻었다. "곰을 재현한 고대 유물이 있는지 그렇게 내내 궁금해하다가 우연히 남아메리카 토착민에 관한 책을 내려다본 거예요. 책 표지에는 엘 란손의 사진이 있었죠. 보자마자 '맙소사! 이거 곰이잖아'라고 생각했어요." 이런 해석을 한 사람은 그뿐만이 아니었다. 밴혼 역시 사진을 본 생물학자들은 엘 란손 조각이 재규어보다 곰을 훨씬 닮았다는 점에 대부분 동의했다고 말했다. 하지만 대형 고양잇과를 열렬히 지지하는 이들은 이미 다 끝난 이야기라고 여겼다.

결국 페이즐리는 엘 란손을 살펴보러 차빈데우안타르로 향했다. 그는 엘 란손이 서 있는 자세에 주목했다. 곰은 뒷다리로 이족보행 할 수 있다는 점에서 꽤 독특한 대형 포유동물이다. 고양잇과 동물은 네 다리를 모두 써야만 숲속을 이동할 수 있는 만큼 재규어의 모습을 담은 미술품에도 대부분 사족보행이 반영되어 있다. 게다가 페이즐리가 보기에 이 돌기둥은 북반구 토착 민족들이 만든 곰 토템을 연상시켰다. 자세를 보면 두 앞발 중에서 한 발은 손바닥을 내보이며 얼굴 옆에 올려 붙였고 한 발은 내렸다. 고고학자들은 이 자세가 고대 문명에서 숭상했던 이원성을 상징한다고 말하지만, 앞발을 흔드는 곰의 모티브와 묘하게 비슷하기도 하다. 물론 재규어를 나타내는지도 모

제1부
남아메리카

르는 튀어나온 송곳니 두 개가 **있기는** 했다. 하지만 극지 지방의 곰 숭배 미술품에서는 송곳니 두 개가 번뜩이도록 곰을 묘사한 경우를 많이 찾아볼 수 있다. 나 역시 엘 란손 조각의 사진과 그림을 살펴보며 곰과의 유사성을 발견할 수 있었다. 이런 해석의 진지함은 무시되어서는 안 되었다. 페이즐리가 고고학 학술지 〈세계 고고학World Archaeology〉에도 썼듯이 "엘 란손은 차빈 문명의 중심 중의 중심에 있다."[17] 그의 가설이 맞다면 안경곰은 열대림의 잊힌 맹수가 아니라 콜럼버스 이전 안데스 문명에서 단연코 가장 중요한 동물임에 틀림없다.

러스 밴혼과 나는 차빈데우안타르에 가지 않았다. 대신 웨이케차에서 돌아오는 길에 페루 남부의 작은 마을 파우카르탐보paucartambo에 들렀다. 녹고 있는 안데스산맥의 빙하 물이 내려오고 세차게 흐르는 강이 가로지르는 이 마을은 길에서 보기에는 특별한 것이 없어 보였다. 쿠스코에서 이동하는 버스 기사들이 요기도 하고 기름도 채우기 위해 정차하는 곳이었다. 그래도 밴혼은 가볼 만한 곳이라고 강하게 주장했다. 마을을 거니는데 짙은 구름이 뾰족뾰족한 산봉우리를 휘감더니 빗방울이 떨어지기 시작했다. 빳빳한 흰색 교복 차림의 아이들이

비를 피하려고 서둘러 달렸다. 우리는 자갈로 만든 낡은 다리를 건너 옅은 색 외벽에 코발트색 덧문과 문을 단 건물들로 둘러싸인 광장에 도착했다. 광장 중앙에는 커다란 황금빛 동상이 서 있었다.

동상의 얼굴은 복면으로 가려져 있었다. 그 사이로 보이는 실처럼 가는 눈은 하늘을 향했고, 무릎을 살짝 굽힌 두 다리는 장식을 위해 배치한 돌무더기와 선인장들 위에 걸쳐져 있었다. 몸은 술이 덥수룩하면서도 어딘가 엉성한 튜닉으로 덮였다. 볼썽사나운 옷에서 튀어나온 근육질의 팔과 핏대 선 목으로는 크기가 더 작은 형상을 꽉 붙들어 등에 메고 있었다. 곱슬곱슬한 머리카락이 조각된 어린 여자아이였다. 아이는 치마가 허벅지 중간까지 말려 올라간 채로 샌들을 신은 발을 뒤로 바둥거리는 모양새였는데, 주먹은 감정 없는 납치범을 금방이라도 내려칠 듯 공중으로 높이 올라가 있었다. 이 동상의 주인공은 다름 아닌 우쿠쿠ukuku였다.

우쿠쿠는 반은 인간이고 반은 안경곰인 신화 속 존재로, 남아메리카의 곰 유물을 둘러싼 어떤 금기 사항도 예외로 만든다.[18] 이 곰 인간은 볼리비아와 페루의 안데스 고지대를 다니며 사회생활을 중재했다고 알려져 있다. 고지대와 저지대, 인간과 동물, 질병과 건강, 질서와 혼돈을 연결해주었다. 좋게 정의하자면 그렇다는 말이다. 케추아어로 곰을 뜻하는 우쿠쿠는 다른 뚜렷한 특징으로 더 잘 알려져 있다. 바로 납치와 강간이다. 페이즐리가 〈세계 고고학〉에서 밝힌 내용에 따르면 잉카 신화에서 곰은 "인간의 생식 능력, 성sexuality과 연관성이 강하며 양치기 소녀들을 데리고 도망가는 것으로 악명 높다."[19] 산악지대에는 곰 인간 또는 인간으로 변장한 곰이 나타나서 젊은 여자를 납치하고 동굴로 끌고 가 겁탈한다는 내용의 전설이 많다. 음탕한 여인이 곰 인간을 신의 화신化神으로 믿고 처녀성을 바친다는 전설도 있다. 이 부자연스러운 결합에서 엄청난 위력을 지닌 잡종 인간이 태어나기도 한다.

나는 안데스에 사는 많은 젊은 여성이 안경곰을 우쿠쿠와 결부해 생각하다 보니 실제 안경곰을 두려워한다는 사실을 알게 되었다. 곰에게 납치되어 강간당하는 끔찍한 이야기를 어린 시절 부모에게서 듣고 자란 탓이다. 마체테를 잘 휘두르는 세라노는 파우카르탐보 인근 고원에 있는 케로족q'ero 원주민 공동체에서 자주 일했는데, 곰에 얽힌 이런 전설 때문에 숲에 혼자 들어가지 않으려는 여성들이 있다는 것을 전해 들었다고 했다. 나는 파우카르탐보 광장에 서 있는 소름 끼치는 모습의 조각상도 한몫하리라고 생각했다.

"맞습니다. 상당히 꺼림칙한 동상이죠." 위풍당당한 호색꾼의 모습을 함께 뜯어보던 밴혼이 인정했다. 비가 주룩주룩 장대처럼 쏟아졌다. 나는 고개를 끄덕이며 대답했다. "네. 연쇄살인마 같아요."

　강간을 일삼는데도 사람들은 우쿠쿠를 나쁘게만 여기지는 않았다. 매년 6월 페루 안데스 지방의 가장 큰 토착 순례 행사인 코이요리티quyllurit'i*가 열리면 축제를 즐기러 온 수만 명의 사람이 고산지대의 웨이케차운무림생물학연구기지에서 남동쪽으로 50킬로미터가량 떨어진 시나카라sinakara계곡으로 이동한다.[20] 이곳에서 사람들은 가톨릭, 잉카, 토착 신앙이 다채롭게 뒤섞인 축제를 열고 추수철이 시작될 때 돌아오는 플레이아데스성단뿐만 아니라 예수 그리스도와 아푸apu, 즉 산신들을 기린다.

　시끌벅적한 축제 현장에서는 특별히 선발된 남성들이 술이 촘촘히 달린 길고 헐렁한 의복을 걸치고 양모로 짠 가면을 뒤집어쓰며 우쿠쿠로 변신한다(이전 화신들은 안경곰 생가죽을 어깨에 둘렀다고 한다). 우쿠쿠들은 다른 순례자들과 계곡 길을 8킬로미터 올라(해발 고도로는 4,800미터가 넘는다) 쿠이키푼쿠qullqip'unqu 빙하로 간다. 빙하 가장자리에 이르면 여기에서부터는 강인한 곰 인간인 우쿠쿠들만이 계속 나아갈 수 있다. 이들은 위험천만한 빙하를 가로지르며 밤샘 기도를 드리고 신들에게 빌며 저주받은 영혼들과 싸운다. 동이 트면 얼음덩이를

---

*　케추아어로 반짝이는 흰 눈bright white snow이라는 뜻이며, 영어로는 눈별 축제snow star festival라고도 불린다.

제1부
남아메리카

깨서 등에 동여매고 재빠르게 하산한다. 기다리던 순례자들은 뛸 듯이 기뻐하며 빙하를 반긴다. 치유의 묘약에 빙하를 섞고 풍년을 기원하며 빙하에 경의를 표한다.

하지만 신화 속 곰 인간도 기후 변화의 파괴적 영향을 피할 수는 없었다.[21] 지난 20년간 페루 빙하의 약 3분의 1이 줄면서 우쿠쿠들은 멀어져 가는 쿠이키푼쿠의 가장자리에 이르기 위해 훨씬 높이 산을 올라야 했다. 그리고 이전에는 얼음을 각자 한 덩이씩 가져왔다면, 2000년부터는 정부가 빙하에 발을 들일 수 있는 우쿠쿠의 수를 제한하며 가져올 수 있는 전체 얼음의 양도 줄기 시작했다.[22] 몇 년 뒤 우쿠쿠들은 취약한 지역 환경의 미래에 우려를 표하고 빙하 소멸에 일조하지 않기를 바란다며 더 이상 얼음을 가져오지 않겠다고 선언했다. 어쨌든 그들의 임무는 산신들을 보호하는 것이었다. 병들어 가는 빙하에서 얼음을 가지고 내려오는 행위는 신들에게 해만 끼칠 것이 분명했다. 이제 우쿠쿠들은 빈손으로 돌아온다.

트럭 좌석에 실은 파인애플 두 개가 프란시스코 카르스테 Francisco Karste와 나 사이에서 덜컹거렸다. 우리는 서부 코르디예라* 끝자락에 있는 에콰도르의 카하스국립공원Parque nacional

Cajas을 향해 달리고 있었다. 285제곱킬로미터의 이 작은 보호 지역에는 안경곰 32마리가 산다고 했다. "곰한테 줄 특식이에요." 그날 아침 카르스테는 내가 묵는 호텔에 뾰족뾰족한 파인애플과 함께 나타나서는 장난스럽게 웃었다. 파인애플도 브로멜리아드에 속하지만, 운무림에 사는 친척과는 닮은 구석이 영 없었다. 그러나 페루에서 안경곰을 한 마리도 보지 못했으니 미끼라도 던져봐야 했다.

우리는 반구형 지붕의 대성당들과 이리저리 뻗은 꽃 시장들이 있는 낭만의 도시 쿠엥카에서 출발해 흙탕물이 흐르는 야눙카이yanuncay강을 따라 구불구불한 골짜기를 지나서 강 상류에 도착했다. 이곳 여성들은 붕 뜬 치마 밑에 큰 고무장화를 신고 비를 피하기 위해 분홍색과 노란색 비닐봉지를 씌운 챙 넓은 높은 모자를 쓰고 있었다. 상사병을 노래하는 라틴 음악이 라디오에서 쾅쾅 울려 퍼졌다. 식당들은 알록달록한 판초를 입고 춤을 추는 기니피그 모습을 간판에 달고 쿠이 아사도cuy asado, 즉 기니피그 구이를 광고했다. 기니피그들의 명랑한 표정을 보니 자신들이 저녁상에 오르게 되리라는 것을 까맣게 모르는 듯했다.

카하스국립공원은 안경곰을 찾기에 최적인 장소는 분명 아

---

* 아메리카 대륙 서부에 줄지어 있는 산맥을 통틀어 이르는 말로 로키산맥, 시에라네바다산맥, 안데스산맥 등을 포함한다.

제1부
남아메리카

니었다. 에콰도르에서 영구적 보호지역으로 지정한 안경곰 서식지에는 3분의 1에 약간 못 미치는 범위였고, 그중에서도 대부분은 동부 산악지대와 구릉지대에 있어 우리가 향했던 키토 서쪽의 운무림에는 해당되지 않았다. 그래서 에콰도르의 곰들은 생존에 훨씬 취약하며, 카하스에 사는 곰들은 더욱더 그렇다. 카하스국립공원 내 개체군은 서부 코르디예라에 사는 다른 곰들과 단절된 채 수십 년간 고립되며 큰 타격을 입었다. 이제는 근친 번식을 하는 곰들도 있다.

카하스국립공원에서 10년 넘게 생물학자로 일한 카르스테는 공원 내 운무림과 바람이 휘몰아치는 파라모를 안내해주겠다고 나섰다. 둥근 얼굴, 거뭇거뭇 올라온 금빛 수염에 옆머리를 짧게 민 헤어스타일의 그는 독일에서 군 조종사로 일했던 지난날을 상기시키는 조종사용 선글라스를 쓴 모습이었다. "제가 생물학자가 된 건 아버지 덕분입니다. 아버지는 쿠엥카대학교 화학과 교수셨지만, 난초를 분류하고 재배하는 일을 아주 좋아하셨죠."

카르스테의 아버지는 어린 아들을 데리고 카하스국립공원이 있는 아수아이azuay주의 꽃 피는 숲으로 희귀한 난초를 찾기 위한 긴 탐험을 다녔다고 했다. 아수아이주는 에콰도르 전역에서 난초가 가장 많이 밀집된 지역으로 전국에서 발견되는 4,000종의 난초 중 2,500종이 자생하는 곳이다.[23] "저는 난초가

지루하다고 생각했지만 아버지는 이름을 익히게 하셨어요. 시간이 지나니 숲속에 있는 게 좋아지더군요. 꽃을 보고 새소리를 듣는 게 말이죠. 아버지를 도와 난초를 그리기도 했습니다." 카르스테는 그 시절 아버지와 함께 홍조 띤 원숭이 얼굴 모양을 한 난초*와 연보랏빛 카틀레야cattleya의 표본을 얼마간 채취하던 일을 회상했다. "아버지가 이름을 붙인 꽃도 꽤 있어요."

결국 젊은 카르스테는 조종사 일에 환멸을 느끼고 생물학자가 되기 위한 교육을 받으러 고향인 에콰도르로 돌아왔다. 이제 그는 영어의 제약만 없다면 ("전 독일어를 훨씬 잘해요!") 난초에 관해 몇 시간이고 이야기할 수 있을 것 같았는데, 옆길로 새기는 했으나 꽃이라는 주제가 아주 동떨어진 이야기는 아니었다. "난초의 알뿌리와 잎은 곰의 식량이기도 해요." 그는 신이 난 채로 덧붙였다.

공원 근처의 높은 지대에 이르자 카르스테가 골짜기 너머 먼 곳을 가리켰다. 저쪽 너머, 땅이 꺾어지는 곳에서 연청빛의 태평양과 푸른빛의 하늘이 어우러졌다. "야자나무들 보이세요? 집들도 보이시죠? 저 마을에 사는 사람이 고작해야 여덟명 아니면 열 명인데 산악지대에서 마을로 이어지는 길을 새로내고 있어요." 마음을 온통 사로잡는 광활한 풍경 속에서 점

---

* 드라큘라 시미아dracula simia를 말한다.

몇 개에 불과해 보이는 집들을 보고 있자니 내가 어디에 있는지 알아차리기 어려울 정도였다. 우리 아래로는 마치 바위로 만든 책등에서 연속으로 솟아오르는 책장처럼 잇달아 평행하게 펼쳐진 습곡 산맥의 산등성이 위로 구름의 그림자가 드리워져 있었다. 수천 미터 아래 골짜기 바닥에는 은빛 줄기가 빠르게 흘렀다. 수천 년 전 녹고 있는 빙하가 융기하는 땅을 꼬집고 밀고 당겨 편자 모양의 좁은 협곡으로 만들면서 빚어낸 풍경이었다. "그리고 이건 채굴의 흔적이죠." 카르스테가 다시 한번 손가락을 공중에 들어 푸른 산에 난 적갈색 상처를 가리키며 말했다.

남발된 신규 광업권은 전국에서 서식지 소실을 부추기며 안경곰의 거처를 압박해오고 있었다. 과거에는 안데스산맥에 넘쳐나는 금, 은, 구리, 아연, 우라늄 매장량에도 불구하고 광업이 에콰도르의 우림과 파라모, 운무림에 미치는 영향이 미미했다. 에콰도르 의회는 좌파 성향의 라파엘 코레아Rafael Correa 전임 대통령의 정권 아래에서 2008년과 2009년 사이 채굴을 근본적으로 제한하는 법안을 가결하기도 했다.[24] 하지만 2016년부터 에콰도르 에너지광업부는 283만 헥타르가 넘는 땅에 탐사권을 허가하는 새로운 규정을 공포했고,[25] 국토의 10퍼센트를 채굴업에 추가 개방했다.[26] 우려스럽게도 대부분 땅이 원주민 거주지, 안경곰이 집으로 삼아 살고 있는 산악지대와 운무림의 보호지역에 해당한다.[27]

2017년 집권한 레닌 모레노Lenín Moreno 전임 대통령은 국가 채무를 상환하고 불확실한 원유 수출에 관한 의존을 끊어내기 위해 에콰도르의 풍부한 광물 매장량을 추가로 수익화하는 정책을 추진했다.[28] 정부가 지정한 보호지역에서는 채굴이 계속 금지되었으나 수십 년 전 민간 단체들이 보전을 이유로 매입한 민간 보호구역은 갑자기 개발하기 좋은 땅이 되었다.

카하스국립공원만큼은 여전히 채굴이 허용되지 않고 있지만, 기업들은 과욕을 부리며 가장자리까지 밀고 들어오고 있었다. 정부 정책의 변화에 따라 에콰도르는 11만 7,760헥타르가 넘는 인근 쿠엥카시cuenca canton* 땅에 광업권을 양허했다.[29] 이 땅은 모두 카하스국립공원의 완충지대에 속한다. 현재 탐사나 개발이 활발히 진행되고 있는 곳은 광업권 설정 지역의 3분의 1에 불과하나, 유효한 광업권을 전부 합하면 쿠엥카시 전체 면적의 70퍼센트에 달한다고 카르스테는 말했다.[30]

채굴은 남아메리카 환경 파괴의 주범이다. 산비탈과 삼림의 나무들은 중장비가 들어올 길을 내기 위해 모조리 베어진다. 이렇게 만들어진 길은 외떨어진 생태계에 외부인이 쉽게 접근할 수 있는 빌미를 제공하고 멸종 위기의 야생동물을 밀렵과 밀거래에 노출시킨다(안경곰의 신체 부위는 남아메리카의 일부

---

* 수도인 쿠엥카를 비롯해 여러 도시와 농촌 지역을 포함하는 행정구역으로 보통의 주province보다는 단위가 작다.

무속 의식에 이용되며,[31] 그중에서도 음경 뼈는 마법의 묘약에 쓰인다고 하여 사람들이 탐내는 부위다). 게다가 길은 숲을 조각내 야생동물을 교란된 가장자리를 따라 살게 하고 연결성을 끊으며 동물들의 유전적 건강을 해친다. 채굴 작업에서 나오는 폐수와 수은은 개울과 강을 오염시키고, 광부들은 동틀 때부터 해 질 때까지 바위를 폭파한다.

"채굴이 점점 더 위험해지고 있어요." 차우차chaucha 광산촌 근처 산비탈의 헐벗은 탐사구역들을 살펴보며 카르스테가 말했다. 헐벗은 범위가 가장 넓은 구역은 산허리 위로 겉흙과 나무가 밀려 베이지색 혹이 아치를 이루는 길쭉한 낙타 모양을 하고 있었다. 이곳에 설정된 광업권은 상대적으로 작았지만 우려가 없지는 않았다. 환경 평가 결과에 따르면 시추용 진흙을 차우차강에 바로 방류할 경우 인근 수원이 심각한 위험에 놓였다. 카하스국립공원의 감시 인력은 공원 관리원인 22명에 불과하다고 말을 덧붙였다.

다음으로 우리는 카르스테가 매우 좋아하는 장소 중 하나인 라스아메리카스 숲bosque de las américas으로 향했다. 모예투로-무요풍고 보호림bosque protector molleturo-mullopungo 내에 있는 100헥타르의 공동체 보호구역으로 국립공원 근처에서 곰 다섯 마리가 살고 있는 곳이기도 했다.[32] 정부의 보호 범위 밖에 있는 모예투로-무요풍고의 땅은 현재 90퍼센트 이상에 광업권이 설정되

어 있었다.[33]

　가는 길에 카르스테가 무언가를 발견한 듯 산 중턱에 자란 덤불을 가리켰다. 나는 순간 가슴이 철렁했다. 드디어 서식지에 사는 안경곰을 만나게 되는 것일까? 나는 덩치 큰 동물이 나뭇잎 뒤에 숨어 있다면 나뭇가지가 바스락거리겠다고 생각하며 숨죽여 기다렸다. 정적이 흘렀다. 카르스테는 쌍안경을 꺼내 들더니 삭막한 풍경에서 불쑥 나타난 노란 꽃 무리에 초점을 맞췄다. 그는 흥분한 기색이 역력했다. 정말이구나, 이제 조금만 있으면 곰을!

　"온시듐(*Oncidium excavatum*)이에요." 카르스테가 의기양양하게 말했다.

　잠깐, 뭐라고?

　나는 카르스테가 곰을 보고 흥분했다고 착각했지만 사실 그는 산비탈에 자라난 희귀한 난초를 발견한 것이었다. 그는 강조했다. "많은 곳에서 멸종되었다고 하는 꽃이에요. 현지인들은 이 노란 난초를 '5월의 꽃flor de mayo'이라고 부릅니다. 이 꽃이 흔했을 때는 가톨릭 축제에서 성모 마리아 성화를 꾸미는 데 사용하기도 했죠. 성당과 마을을 모두 이 난초로 장식할 정도였어요. 하지만 요즘은 자생 식물 자체를 찾아보기 어렵죠."

　나는 실망했지만 딱히 놀랍지도 않았다. 남아메리카에 오면서 야생 곰을, 그것도 사람 주변에서 매우 조심스럽기로 유

제1부
남아메리카

명한 곰을 발견하리라는 기대는 분명 많이 내려놓은 상태였다. 과거에 나는 야생동물과 마주치는 일에는 운이 형편없었던지라 호랑이며 늑대며 금빛원숭이golden snub-nosed monkey며 이런저런 동물을 세계 각지에서 아슬아슬하게 놓쳤다. 이제 안경곰도 그 긴 명단에 이름을 올리게 될 것이었다. 지난 몇 주 동안 남아메리카의 유일한 곰과 우연히 만났다는 온갖 이야기를 들으면서 나는 희망에 부풀었다. 그러나 혼자서 기대를 너무 많이 키운 탓일까. 이제 나는 벌새의 일종인 에콰도르힐스타ecuadorian hillstar, 커다란 나방, 알파카 그리고 온시듐처럼 스스로 모습을 드러낸 종들만을 바라볼 수밖에 없었다.

곰을 찾는 허탈한 작업은 한 시간 뒤에 다시 계속되었다. 라스아메리카스 숲에 도착한 우리는 농가 근처에서 걷기 시작해 곳곳에 널린 쇠똥과 컹컹 짖으며 쫓아오는 작업견들을 이리저리 피하며 비탈진 목축지를 올랐다. 카르스테의 손에는 파인애플 두 개를 담은 비닐봉지가 들려 있었다. 나는 무성한 잎새 사이로 자수정색 꽃을 흐드러지게 피워 올린 나무에 감탄하느라 잠시 걸음을 멈췄다. "티보치나(*Tibouchina urvilleana*)예요. 교란된 삼림의 가장자리에서 발견되는 꽃이죠. 10분만 더 가면 자연림이 나올 겁니다.”

운무림 주변에 가까워졌을 때 우리는 곰이 내는 듯한 거친 숨소리를 듣고 우뚝 멈춰 섰다. 카르스테는 마치 새를 부르듯 코를 킁킁거렸다. 사방은 조용했다. “Vamos(다시 가보시죠)!” 40분 뒤 초원의 가장자리를 지나 그는 아보카도와 같은 과 나무인 커다란 아구아카티요aguacatillo 아래에서 걸음을 멈췄다. 그 틈을 타 모기떼가 살 위로 몰려들었다. “안데스곰이 좋아하는 나무예요. 여기에서 잠을 자기도 하죠.” 그는 몸을 굽혀 두껍게 깔린 나뭇잎 더미를 뒤지더니 기다란 브로멜리아드 잎 몇 장을 뽑아 들었다. “곰의 흔적이 보이기 시작하네요. 여기 보시면 긁혀 있죠!” 그가 들어 올린 잎의 밑부분에는 발톱 자국이 길게 남아 있었다. “이 숲에서 곰이 지나간 흔적을 찾는 건 쉬운 일이 아닙니다. 바닥에 떨어진 나뭇잎 때문에 발자국이 남지 않거든요. 하지만 잎을 보면 시간이 지나 자연스럽게 떨어진 건지 아닌지 알 수 있죠.” 할퀸 자국이 있는 잎은 곰이 잡아 뜯은 것이라고 설명했다.

마이클 본드의 캐릭터 선정은 탁월했다. 한 달 동안 페루와 에콰도르를 이곳저곳 돌아다녀 보았지만 겁 많은 안경곰은 여전히 숲속의 수수께끼였다. 카르스테도 대부분 카메라 트랩을 통해서만 곰을 목격한다고 했다. 다만, 라스아메리카스 숲에서 암곰 한 마리와 마주친 일은 잊을 수 없는 경험이었다고 전했다. "절 향해 돌진하다가 나무를 타고 올라가더니 거친 숨소리를 내며 이런 나뭇잎들을 던지더군요." 그는 할퀸 자국이 있는 잎을 공중에 던지며 당시 상황을 재현해 보였다. 그리고 암곰에게 숲 이름을 따서 아메리코Americo라는 별명을 붙여주었다고 했는데, 나중에 카메라 트랩에 찍힌 사진들을 살펴보던 그는 아메리코를 금방 알아보았다. 얼굴의 절반 이상을 덮고 있는 무늬는 지문과도 같았다. 그 암곰은 자기 아버지와 짝짓기를 하고 있었다.

카르스테는 가느다란 나무에 고정해둔 카메라 트랩 앞에서 긴 칼을 꺼냈다. 그러고는 파인애플 하나를 깎더니 셔터 앞에 놓았다(결국 곰이 아닌 주머니쥐가 이 맛있는 특식을 발견할 것이고, 곰은 일주일 뒤에야 나타나 코를 킁킁댈 것이었다). "이 카메라에 잡힌 곰이 한 마리 더 있습니다." 그가 입을 떼자 곧 근처 완충지대에서 광부들이 폭파를 시작했다. "다이너마이트가 터지자 달아나더군요. 광산 근처 카메라에도 잡혔어요. 얼마 지나지 않아서 훨씬 멀리 떨어진 카메라에도 찍혔고요. 이곳에서 멀리멀리 도망쳤습니다." 이후로는 그 수곰을 다시 보지 못했다고 말하며, 광산 인부들은 대개 엽총을 들고 다닌다고 음울하게 덧붙였다. 모예투로-무요풍고 보호림과 카하스국립공원의 경계지대에 채굴이 늘어나기 시작하면 과연 곰들은 어떻게 될까?

나는 패딩턴이 파란 더플코트를 말쑥하게 차려입고 축 처진 빨간 모자를 쓴 채 기차역에 서 있던 모습을 머릿속에 그려 보았다. 마이클 본드는 2017년 세상을 떠나기 전 〈가디언〉과의 인터뷰에서 유럽이 폭격당하던 제2차 세계대전 중에 레딩역 역사를 터덜터덜 돌아다니던 피난민 아이들을 보고 영감을 얻어 패딩턴을 만들었다고 언급했다.[34] 아이들의 손에는 저마다 자신이 가장 아끼는 물건을 담은 작은 여행 가방이 유일하게 들려 있었다. 한 세계를 뒤로하고 영원히 떠나온 아이들은 곧 다른 세계로의 진입을 목전에 둔 차였다. 본드는 "피난민들의 모습보다 더 슬픈 광경은 없다고 생각한다"라고 말을 이었다. 나는 나뭇가지를 얼기설기 쌓아 올려 만든 운무림의 지붕에서 휴식을 취하는 안경곰을 떠올렸다. 그다음에는 사라져 가는 구름을, 안경곰의 보금자리를 뒤흔드는 광산의 폭발음을 떠올렸다. 본드의 손에서 재탄생한 안경곰의 이야기는 곧 수많은 피난민이 마주한 곤경과 전쟁 비용에 관한 우화였다. 이제 안경곰은 이야기 속 패딩턴의 삶을 현실에서도 살아가고 있었다. 삼림 파괴를 막지 못한다면 안경곰도 머지않아 고향에서 내쫓긴 피난민 신세가 되어 영영 우리 곁에 돌아오지 못할지도 모르겠다.

제1부
남아메리카

제2부

아시아

"나는 인생의 비결이 뻔하다고 생각한다.
지금 여기에 존재하고,
인생 전체가 달린 것처럼 사랑하고,
평생 할 일을 발견하고,
대왕판다를 찾아보는 것이다."

_앤 라모트Anne LaMott, 소설가

제2장

사선을 넘나들다

E I G H T   B E A R S

느림보곰, 인도

Sloth bear, India

Melursus ursinus

반다브가르국립공원Bandhavgarh National Park에 어둠이 내려앉고 있었다.[1] 태양은 대지에 매여 있기라도 한 듯 붉은 인도 땅의 지평선 위를 맴돌았다. 덩굴처럼 뻗은 주황빛 마리골드marigold 와 자줏빛 사프란이 하늘 곳곳에 꽃잎을 펼쳤다. 공원 출입구에서 13킬로미터 떨어진 마을 파타우르pataur를 찾았을 때 핑키 바이가Pinky Baiga는 여동생 아홉 명, 막내 남동생과 함께 사는 작은 진흙 벽돌집 밖에 서 있었다. 동생 몇몇은 양말 차림으로 플라스틱 샌들에 욱여넣은 소녀의 발 주변에 쭈그리고 앉았고, 나머지는 양철 지붕 위에서 호기심에 찬 눈빛을 보냈다.

넓은 얼굴에 가느다란 콧수염을 기른 중년 남성 하렌드라 바르갈리Harendra Bargali가 흙길에서 바이가에게 다가가 목소리를 낮춰 힌디어로 몇 가지 질문을 던졌다. 소녀는 이야기를 해도 될지 가늠하려는 듯 까만 눈으로 잘 차려입은 낯선 남자를 위아래로 뜯어보았다. 희미한 소 울음소리가 긴장감 어린 침묵을 채웠다. 남자들이 진흙투성이 소들을 들판에서 집으로 몰고 있었다. 야행성 맹수들이 곧 움직이기 시작할 터였다. 소녀는 해진 빨간색 스웨터를 잡아당겨 매무새를 가다듬더니 머리에 쓴 흰색 스카프를 걷어 젖혔다. 바짝 깎은 검은색 머리 사이로 깊게 할퀸 상처가 드러났다.

바이가를 공격한 것은 느림보곰이었다. 소녀는 두 달 전 집에서 몇 킬로미터 떨어진 곳에서 부모님과 땔감을 모으고 있었다. 아카시아나무 뒤로 해가 떨어질 무렵, 머리에 땔감을 이고 먼지가 자욱한 길을 따라 집으로 향했다. 막다른 골목에서 모퉁이를 돈 아이는 거대한 곰과 정면으로 마주쳤다. 손으로 나무를 감싸고 있었던 탓에 놀란 곰의 공격으로부터 자신을 보호할 수 없었다. 소녀의 부모는 필사적으로 소리를 지르며 겁을 주어 곰을 쫓았다. 하지만 곰은 소녀의 머리 가죽을 벗겨놓다시피 했다.

여동생 한 명이 집 안으로 후닥닥 뛰어 들어가더니 진단서를 들고 와 바르갈리에게 건넸다. 그는 손에 들린 구깃구깃한 흰 종이를 훑었다. 대략 이런 내용이었다. '진단: 곰에게 물림. 여러 바늘을 꿰맴.' 바이가는 카트니 정부 병원에서 열흘 동안 치료를 받았다. 갈고리 모양의 상처가 오른쪽 눈 아래까지 내려와 있었다. 소녀는 시선을 의식했는지 굳은 표정으로 스카프를 다시 추어올리며 아직도 안정을 취하고 있다고 말했다. 열일곱 살이면 결혼을 하고 남편의 집에서 제 가정을 꾸릴 나이였지만 집 밖으로도 잘 나오지 못하고 있었다. 소녀는 말했다.

"전 곰이 정말 싫어요."

안경곰이 세상에서 가장 평화적인 곰이라면 느림보곰은 상반된 성격으로 대비를 이룬다. 느림보곰은 다른 일곱 종의 곰보다 인명 사고를 많이 내는 곰이지만, 인도 아대륙 밖에서는 이 생명체에 관해 들어본 사람조차 없는 듯하다. 아시아 야생에 남아 있는 느림보곰은 2만 마리가 채 안 되지만,[2] 이 성질 급한 곰들로부터 공격받는 사람은 매년 100명이 넘는다.[3] 이 중 다수는 끔찍한 부상으로 사망에까지 이르기도 한다. 반면 불곰은 세 개 대륙에 걸쳐 20만 마리가 넘게 사는데도 사망 사고는 매년 여섯 건뿐이다.[4]

느림보곰에게 죽임을 당하는 사람의 수가 많은 이유는 지리적 요인으로도 설명할 수 있다. 불곰과 북극곰은 평균 몸무게가 113킬로그램인 느림보곰보다 두 배 이상 크지만 대개 사람이 드문 광활한 야생에 서식한다. 반면 인도는 전 세계에서 농촌 인구가 가장 많고 생태계 다양성이 매우 높은 나라다. 코끼리, 호랑이, 표범, 코뿔소부터 불곰, 반달가슴곰, 태양곰에 이르기까지 공존이 쉽지 않은 이웃이 수많은 사람과 함께 살아간다. (인도에 서식하는 곰종은 어느 나라보다도 그 수가 많다.[5]) 느림보곰은 이 매력적인 동물들 사이에서도 공격성이 단연 두드러진다. 인도 태생의 영국인 사냥꾼 케네스 앤더슨Kenneth Anderson은 1957년 자신의 책 《식인동물들과 정글의 살인마들Man-Eaters and Jungle Killers》에서 다음처럼 묘사하기도 했다. "이 동물(느림보곰)은 잠을 자거나 먹이를 먹거나 그냥 어슬렁거리다가도 사람이 어쩌다 가까이 지나가기라도 하면 별다른 이유 없이 공격하는 것으로 유명하다. 그래서 현지인들은 느림보곰과 멀찍이 거리를 둔다. 코끼리와 더불어 느림보곰은 정글에 사는 사람들에게 대단히 존중받는 동물이다."[6]

2021년 〈미국국립과학원회보Proceedings of the National Academy of Sciences〉에 실린 연구는 관찰을 기반으로 한 앤더슨의 진술을 뒷받침한다. 인도 카르나타카주, 마디아프라데시주, 마하라슈트라주, 라자스탄주 내의 보호지역 주변 완충지대에 사는 5,000여 가구를 대상으로 설문조사를 실시한 결과, 1년 동안 사람을 가장 많이 죽인 동물은 코끼리였으나 가장 심각한 상해를 입힌 동물은 느림보곰이었다.[7] 느림보곰과 마주치는 일이 드물기는 해도 "실제로 마주치면 다칠 가능성이 다른 종보다

제2부
아시아

훨씬 더 높았다."[8] 오늘날 생물학자들은 느림보곰을 "인도에서 가장 위험한 야생동물"로 여긴다.[9]

느림보곰의 포악한 성격을 과장하기란 오히려 어려운 일이다. 2020년 12월에는 느림보곰 한 마리가 숲에서 식량을 채집해 돌아가던 사람 네 명을 죽이고 세 명을 다치게 한 사건도 있었다.[10] 친구들이 죽임을 당하는 모습을 목격해야 했던 생존자는 나중에 〈힌두스탄 타임스Hindustan Times〉와의 인터뷰에서 이렇게 말했다. "저는 오후 4시쯤 나무에 올라갔고 곰이 제가 내려오기를 기다리며 나무 주변을 서성대는 것을 보았습니다.[11] 안가우차angaucha(수건)로 나무 몸통에 몸을 묶고 도움을 기다렸어요. 다섯 시간 뒤에 구조대가 도착했습니다."

매연이 가득한 델리의 거리에 도착하기 전, 나는 세계에서 몇 안 되는 느림보곰 전문가이자 인도의 야생동물 보전 비영리 기관인 코벳재단Corbett Foundation의 부단장인 바르갈리에게 연락을 취했다. 그가 이끄는 팀은 카나-펜치 통로kanha-pench corridor라는 인간과 느림보곰의 충돌이 심한 지역에서 일하고 있었다. 이 지역은 티크teak가 자라는 1만 5,540제곱킬로미터 규모의 열대 건조림으로 인도 중부 마디아프라데시주에 있는 같은 이름의 호랑이 보호구역 두 개소를 연결한다. 지역 내에는 곤드족gond과 바이가족baiga이 거주하는 442개 마을이 있으며,[12] 사람들은 생활에 필요한 식량과 땔감을 구하러 아침마다 숲으로 들어간다. 생계를 위해 채집 활동을 하려면 야생의 파편화된 가장자리에 주로 사는 영역동물인 느림보곰이 다니는 길을 지날 수밖에 없다. 코벳재단이 2004년부터 2016년까지 카나-펜치 통로에서 기록한 느림보곰의 공격 건수는 255건에 달한다.[13]

느림보곰이라는 이름은 동물계에서 매우 잘못 붙인 이름에 속한다. 느림보곰은 웬만한 사람보다 빨리 달릴 정도로 느리지도 않고 게으르지도 않다.[14] 느림보곰은 나무늘보도 아니다. 초기 유럽 탐험가들이 아시아의 우거진 숲에서 지저분한 털과 손가락처럼 긴 발톱을 달고 거꾸로 매달려 있는 특이한 생명체를 발견하고 남아메리카의 나무늘보와 관련이 있으리라고 추론했다. 1791년 영국 동물학자 조지 쇼George Shaw는 이 신비로운 동물에게 곰 같은 나무늘보(bradypus ursinus)라는 뜻의 잘못된 이름을 부여했다.[15] 느림보곰은 곰치고는 작은 축에 들지 모르나 어느 현생 나무늘보종과 비교해도 어마어마하게 컸을 것이다. 분류학자들이 느림보곰과 신세계* 사이에 관련이 없다는 것을 깨닫고 나서야 분류 오류가 해결되었고, 향명common name도 '느림보곰'으로 수정되었다. 하지만 더 정확한 이름은 '개미핥기곰'이었을 것이다.

느림보곰은 개미를 먹는myrmecophagous 동물이다. 흰개미와

---

* 신대륙, 특히 아메리카 대륙을 가리킨다.

개미가 주식이라는 뜻이다. 천산갑, 아르마딜로armadillo, 가시두 더지short-beaked echidna도 이 범주에 속하지만 다른 곰은 그렇지 않다. 느림보곰은 위턱 첫 번째 앞니가 없는 대신 툭 튀어나온 늘어진 입술과 유연한 주둥이, 높고 길쭉한 입천장이 있어 벌레를 후루룩 빨아들이기에 안성맞춤이다. 흙먼지를 함께 마시지 않기 위해 콧구멍을 닫을 수도 있다. 남아메리카 운무림에서 끝내 발견하지 못했던 안경곰에 비해 느림보곰을 마주치는 일은 쉬울 듯했다. 느림보곰은 이곳저곳을 진공청소기처럼 빨아들이며 눈에 띌 정도로 시끄럽게 숲속을 돌아다니고, 먹을 때 내는 불쾌한 소리는 꽤 먼 곳까지도 들린다.[16]

느림보곰은 곰의 세계에서 행색이 추레한 편에 든다. 갈기처럼 길고 덥수룩한 머리털이 인도식 홍차인 차이를 태운 듯한 색의 구슬 같은 눈을 둘러싸고 있다. 몸에 난 굵고 검은 털은 사방으로 뻗쳤다. 축 늘어진 입술 때문인지 입에 거품을 물 때가 많다. 흐느적대는 긴 다리에 커다란 발과 누런 발톱까지 더하면 느림보곰의 제멋대로인 외모가 완성된다. 폭력을 좋아한다는 점에 비춰볼 때 느림보곰의 가장 사랑스러운 특성은 자식을 애지중지한다는 점이다. 어미 느림보곰은 호랑이와 표범에게서 자식을 보호하려고 새끼 곰을 한 번에 한 마리에서 세 마리까지 등에 난 긴 털 속에 폭 파묻어 나른다. 이런 생존 전략은 인도 안에서도 호랑이 개체수가 가장 많고 인구 또한 8000만 명이 넘는 마디아프라데시주 같은 지역에서 특히 요긴하다.

　마디아프라데시주는 인도에서 다섯 번째로 인구가 많지만, 우타르프라데시주, 카르나타카주, 서벵골주 같은 큰 도심지에 비하면 상대적으로 개발이 덜 된 곳이다. 이 지역의 넓은 논과 농지는 국립공원 아홉 개소, 호랑이 보호구역 여섯 개소와 접해 있다. 곤드족과 바이가족은 공원의 완충지대이자 문명과 야생의 접점인 이곳을 일상적으로 지나다니며 버섯과 땔감, 텐두 tendu* 잎, 달콤한 마후아mahua 꽃을 모은다. 이렇다 보니 마디아프라데시주는 인간과 야생동물이 경쟁을 벌이는 공간이 되었다. 2월의 어느 저녁 바르갈리와 함께 바이가의 집에 도착했을 때, 나는 소들로 막히는 길을 며칠 동안 다니며 열댓 명에 이르는 피해 주민을 만난 상태였다. 주민들은 으스러진 손에서 흉터 난 허벅지까지 온갖 상처를 자랑스레 내보였다. 어떤 남성은 느림보곰이 물고 늘어졌던 엉덩이의 상처를 보여준다며 바지를 내리기도 했다.

　하지만 길에서 본 마디아프라데시주는 혼잡한 델리에 비해 무척 평화로웠다. 보이지 않는 곳에서 인간과 맹수가 치열한 전쟁을 벌이고 있다는 기미는 조금도 느껴지지 않았다. 눈앞으로는 따뜻한 적갈색의 땅이 펼쳐졌고 머리 위로는 잿빛 스모그

* 　동인도 흑단coromandel ebony을 말한다.

제2부
아시아

기둥이 아닌 진짜 구름이 떠다녔다. 햇볕을 많이 쬐어 얼굴에 주름이 자글자글한 여인들이 보석 빛깔의 사리 차림으로 말 안 듣는 물소 위에서 몸을 들썩이며 나무 쟁기로 땅을 갈거나 (연료로 쓰는) 마른 쇠똥을 머리에 이고 걸음을 옮겼다. 공기는 쇠똥 태우는 냄새와 꽃나무 향기가 섞인 사향 냄새로 진동했다. 들판과 숲이 만나는 어슴푸레한 지평선을 향해 달리는데, 화려한 꽃무늬로 옆면을 칠한 트럭들이 지나가며 인사의 의미로 경적을 울렸다.

20세기 초 느림보곰은 인도에서 네팔, 방글라데시, 부탄, 스리랑카까지 남아시아 각지에 서식했다. 영국의 식민지 통치 아래에 있었던 1850~1920년 인도에서는 무려 3280만 헥타르의 삼림이 벌채되었다. 영국 통치 기간의 남획으로 인해 인도의 야생동물 개체군은 더욱 급감했다. 1875~1925년 죽임을 당한 호랑이 수는 8만 마리에 달했다. 1947년 독립 이후 인도의 삼림 파괴는 다시 증가했다. 인구가 급증하면서 느림보곰 개체수가 줄어들자 1990년 국제자연보전연맹은 느림보곰을 멸종우려종 적색목록IUCN Red List에 '취약VULNERABLE, VU' 등급으로 등재했다. 이처럼 느림보곰이 방글라데시에 이어 부탄에서도 멸종했으리라는 점이 확인되었는데도 느림보곰의 공식적 지위는 오늘날까지 바뀌지 않고 있다. 인도는 느림보곰의 마지막 보루로 남아 있다. 느림보곰은 인도 주와 연방 직할지 36곳 중 19곳에 살고 있다.

인도 주 정부들은 멸종 위기에 놓인 동물에 관한 불관용을 해소하기 위해 야생동물에게 공격받아 다친 피해자에게 보상금을 지급하고 있다. 따라서 느림보곰의 공격으로 인해 사망 사고가 일어나면 유족에게는 보상금이 돌아간다. 하지만 야생동물의 치명적 공격에 관한 전국 평균 보상액은 피해자당 3,234달러에 불과하다.[17] 앞서 언급한 〈미국국립과학원회보〉의 연구에 의하면 느림보곰의 경우 "사상자에게 주어지는 국가 보상금이 치료와 부상에 따르는 실제 비용을 충당하기에 불충분하다는 피해자가 대부분이다." 그래서 그들은 직접 복수에 나선다.

보복을 위해 느림보곰을 죽이는 일은 충돌이 반복되는 지역에서 급증하고 있다.[18] 현지 신문사들은 느림보곰을 돌로 치거나 감전시키거나 독을 먹여 죽이는 주민들의 사례를 보도한다. 인도 서부 마하라슈트라주에서는 남성 여덟 명이 숲속을 걷다가 새끼 느림보곰 두 마리와 맞닥뜨린 일이 있었다. 공포에 질린 남성들은 새끼 곰들을 도끼로 죽였다.[19] 당연히 이 행동은 근처에 있던 어미 곰의 노여움을 샀고, 어미 곰은 남성 두 명을 즉시 해치웠다. 다른 기사에는 카르나타카주에 사는 쉰여덟 살의 여성이 가족이 운영하는 베틀후추betel piper 잎 플랜테이션으로 가던 길에 빽빽이 심긴 옥수수 모종 사이에서 새끼 곰과 함께 불쑥 나타난 느림보곰에게 얼굴을 잡아 뜯겼다는 이야기가

제2부
아시아

실렸다.[20] 이내 몰려든 주민들은 어미 곰을 쫓아내고 새끼 곰을 잡아 마을 사원 안에 가두었다. 이들은 산림부가 '야생동물의 마을 침입 문제를 해결하기' 전에는 울부짖는 새끼 곰을 풀어주지 않겠다고 나섰다. 동부 오디샤주 정부는 2014~2018년 사이에 느림보곰이 사람을 공격한 사례가 무려 716건에 이른다고 밝혔다.[21] 같은 기간 죽은 곰의 수는 87마리로 기록되었다. 바이가의 집을 떠나왔을 때 바르갈리는 반려동물이나 소를 보호하려고 육식동물을 죽이는 서양인보다는 인도인이 야생동물에 훨씬 관대한 편이지만 "충돌을 막기 위한 시의적절한 조치가 취해지지 않는다면 5년 뒤에는 지역사회가 더 이상 관용을 베풀지 않을 것이며 느림보곰은 죽임을 당할 것"이라고 말했다.[22]

인도 정부는 10년 전 곰 토착종 네 종의 복지와 보전을 위한 국가 차원의 실행 계획을 발표했다. 하지만 바르갈리에 따르면 그 뒤로 진척이 없는 것이나 다름없었고 느림보곰의 지위 역시 개선되지 않았다. 바르갈리와 동료들은 2016년 진행한 느림보곰 상태 평가에서 서식지 손실을 빠르게 해결하지 못한다면 느림보곰 개체수가 향후 30년 동안 30퍼센트 이상 감소할 것으로 전망했다.[23]

인도 인구는 앞으로 수십 년 동안 급증할 전망이다. 2023년 인도는 중국을 제치고 세계에서 인구가 가장 많은 나라가 되었다. 좁은 땅덩이를 두고 정부와 기업, 기업과 농촌 주민, 농촌 주민과 동물 간의 충돌이 곳곳에서 빈발한다. 그나마 남아 있는 부족한 삼림 자원을 두고 압력이 높아지는 가운데 인간이 증오스러운 느림보곰에게 식량이나 물, 서식지를 베푸는 자비를 보일 가능성은 작다. 느림보곰 일가는 곰의 가계도에서도 천덕꾸러기 신세다. 불곰이나 북극곰처럼 신체적 기량으로 존경받기에는 털이 너무 덥수룩하고 움직임도 매우 어설프다. 대왕판다나 태양곰처럼 꼭 껴안고 싶은 부류도 못 된다. 게다가 느림보곰의 급한 성질은 인간과 야생동물의 공존이라는 정신에 극복하기 힘든 어려움을 안겨준다. 세상에서 가장 평화적인 곰인 안경곰도 사라질 위험에 처했는데, 세상에서 가장 위험한 곰이 어떻게 인구와 황폐한 삼림이 함께 급증하는 환경에서 살아남을 수 있겠는가? 느림보곰이 인도에서 미래를 보장받으려면 얼마 안 되는 자연 보전 옹호자들의 다정한 심성과 굳은 결의에 의지해야만 할 것이다.

1894년 흑표범과 엄마 늑대, 인도호랑이bengal tiger가 동화의 세계로 걸어 들어와 인도의 야생에 관한 서양인의 관념을 영원히 바꿔놓았다. 인간 새끼인 모글리와 숲속 친구들의 이야기

제2부
아시아

를 담은 조지프 러디어드 키플링Joseph Rudyard Kipling의 《정글북》
은 잡지 연재분을 책으로 출간하면서 그 즉시 엄청난 돌풍을
일으켰다. 키플링은 1907년 노벨문학상을 받으며 당대 유명 아
동문학가의 반열에 올랐다. 《정글북》은 호랑이 시어 칸, 흑표범
바기라, 엄마 늑대 라크샤와 함께 또 하나의 잊지 못할 캐릭터
를 소개했다. "발루Baloo는 새끼 늑대들에게 정글의 법칙을 가르
치는 잠 많은 불곰으로 견과와 뿌리, 꿀만 먹기 때문에 어디든
마음대로 오고 갈 수 있었다."[24]

'정글의 법칙'에 따르면 "모든 짐승은 새끼들에게 사냥법을
가르칠 때 인간을 죽일 때를 제외하고는 잡아먹는 것을 금지시
켰으며, 사냥도 인간 무리나 부족의 사냥터 밖에서 하도록 했
다. (…) 짐승들이 자기들끼리 이렇게 말한 이유는 인간이 모든
생명체 중에서 가장 연약하고 방어 능력이 없으므로 인간을
건드리는 일은 정정당당하지 못해서였다." 보아하니 느림보곰
은 이 말을 전해 듣지 못한 것이 분명했다.

봄베이* 태생의 영국인 키플링은 대영제국의 가장 매력적
인 식민지였던 인도가 아닌 본국의 기숙사에서 어린 시절을 보
냈다. 열일곱 살 때 배를 타고 인도로 돌아와 라호르(현재 파키
스탄의 일부)에서 신문사 편집자로 한동안 일했다. 그는 돌아오

---

* 인도 뭄바이의 예전 이름이다.

자마자 기고만장한 글을 남겼다. "나의 사람들이 사는 라호르까지는 기차로 사나흘이 더 걸렸다.[25] 내가 영국에서 보낸 시간은 그 뒤로 서서히 사라져서 온전히 돌아오지 않은 듯하다." 하지만 키플링은 7년 만에 인도를 다시 떠나 영영 돌아오지 않았다. 그가 모글리에 관한 유명한 이야기를 집필한 것은 눈 내리는 미국 버몬트주에서였다.[26]

그는 《정글북》의 배경이 되었다고 하는 많은 장소를 단 한 번도 가보지 않았는데, 펜치호랑이보호구역Pench Tiger Reserve이나 카나국립공원Kanha National Park이 있는 마디아프라데시주의 세오니 지역 주변 역시 마찬가지였다. 어떤 이들은 키플링이 정글 자체보다 인도인 유모에게 들은 옛날이야기에서 소설의 영감을 받았다는 이론을 제기한다.[27] 키플링의 끔찍한 느림보곰 묘사는 이 이론에 어느 정도 신빙성을 준다. 그는 발루(인도 북부에서는 'Bhalu'라고 쓴다)를 불곰으로 묘사하지만, 지리적으로만 따져봐도 발루는 느림보곰이 틀림없다. 마디아프라데시주 숲에는 다른 곰종이 살지 않기 때문이다. 발루가 하는 행동도 느림보곰과 일치하지 않았다. 발루는 흰개미나 마후아 꽃을 먹지 견과나 뿌리는 먹지 않았을 것이다. 또한 모글리에게 정글의 법칙을 가르쳐주기는커녕 배부터 가르려 했을 것이다.

나는 자무니아jamunia강이 유유히 흐르는 카나국립공원 가장자리에서 지날 바즈린카르Zeenal Vajrinkar를 처음 만났다. 향기

제2부
아시아

로운 재스민 꽃잎이 우리 발치로 나풀나풀 떨어지며 발밑 땅을 별이 총총 뜬 하늘로 바꿔놓았다. 우타라칸드주에 볼 일이 있었던 바르갈리는 내가 마하라슈트라주에서 온 젊고 열정 넘치는 생물학자 바즈린카르와 함께 카나-펜치 통로를 여행하도록 주선해주었다. 그는 도시의 일터라기보다 숲속 야영지에 가까운 코벳재단의 카나 현장 사무소에서 일하며 지내고 있어서 모글리처럼 삶의 일부는 정글에 속해 있는 듯했고 지역의 야생동물에도 매우 정통했다.

"아침에 회색랑구르gray langur 울음소리를 들었어요." 여명이 하늘을 따뜻하게 물들이던 때 그가 안경 아래로 눈을 비비며 말했다. 염부나무java plum가 차가운 바람에 몸을 떨었다. 우리는 작은 토기 잔에 따른 부드러운 차이를 홀짝이며 몸을 녹였다. "표범을 조심하라고 경고하는 소리였어요. '웁웁whoop whoop' 이런 소리죠." 나는 회색랑구르 울음소리를 내 휴대폰 알림 소리로 착각했다는 것을 깨달았다.

우리는 앞으로 며칠 동안 발라가트와 세오니 지역의 마을들 그리고 이제는 악명 높은 카나-펜치 통로를 방문해 곰에게 공격당한 피해자들과 이야기를 나눌 계획이었다. 그는 내가 마음의 준비를 할 수 있도록 곰 때문에 얼굴 일부가 함몰된 남성의 사진을 휴대폰으로 보여주었다. 흡사 유령의 것처럼 한쪽 눈이 내려와서는 안 될 곳까지 늘어져 있었다.

"보시면 코도 없죠?"

바즈린카르가 귀띔했다. 과연 그랬다.

"숨은 어디로 쉬나요?"

"여기 코 옆에 깊게 패인 상처로요. 보이세요?"

이번에도 과연 그랬다.

그는 나를 안심시키려는 의도로 카나 근처 삼림 지역에서는 이런 부상을 더 많이 보게 될 거라고 장담했다. 천장 있는 지프차를 타고 건조림의 가장자리를 지나던 길에 그가 햇빛이 아롱진 사라수sal tree 사이를 활공하는 큰라켓꼬리바람까마귀 greater racket-tailed drongo들을 반갑게 가리켰다. "소리를 흉내 내는 고약한 새예요! 관광객의 카메라 셔터 소리도 따라 할 수 있죠. 하지만 무척 아름다워요." 새의 몸 뒤로 쭉 뻗은 기다란 꽁지깃 끝에는 쉼표 모양의 검고 앙증맞은 깃털 두 개가 달려 있었다. 주변에 있는 사라수는 발라가트에서 매우 풍부한 수종 중 하나였다. 가느다란 몸통 주변에 커다란 흰개미 둔덕이 무리 지어 있었지만, 목질이 단단해서 나무를 갉는 흰개미들에도 끄떡없었다. 흰개미 둔덕은 인도 삼림에서 단연 가장 눈에 띄는 특징이었고 어떤 둔덕은 내 허리보다 높이 올라와 있는 것이 마치 흙으로 만든 마천루 같았다. 느림보곰은 과일 철이 아닐 때는 대부분 곤충으로 연명하는데, 한 끼에 먹어 치우는 흰개미나 개미의 양은 약 1리터, 대략 1만 마리나 된다.

제2부
아시아

"여기 발라가트 산림보호원 한 명도 심하게 물어뜯겼어요."
바즈린카르는 공격당한 사람들의 일화를 줄줄이 쏟아냈다. "이
제 그 사람은 머리에 민감한 나머지 숲에 갈 때마다 헬멧을 쓰
죠." 사라수가 숲을 이룬 가운데 우아한 마후아나무와 텐두나
무도 자라고 있었다. 텐두 잎은 비디bidis라는 저가 담배를 말 때
쓰이며 생산량이 가장 많은 마디아프라데시주에서는 100만 명
이 넘는 사람들이 푼돈을 받고 종이처럼 얇은 텐두 잎을 딴다.
또한 부족민들은 포도알과 크기와 무게가 비슷한 통통한 연노
란색 마후아 꽃을 수확해 독주를 담그거나 감미료로 쓴다.

하지만 이런 임산물을 얻으려면 엄청난 대가를 치러야 한
다. 달콤한 마후아 꽃은 느림보곰에게도 매우 귀중한 양식이라
서, 이른 아침에 마후아 꽃과 텐두 잎을 모은다고 몸을 굽힌 채
숲 바닥에 시선을 고정하고 있다가는 느림보곰에게 공격당할
수 있다. 바르갈리와 동료들은 카나-펜치 통로에 관한 연구에
서 느림보곰 공격의 약 3분의 1은 텐두 잎 채취, 5분의 1은 마후
아 꽃 수확 중에 일어난다고 밝혔다.[28]

벨톨라beltola 마을 진입로에는 총리 나렌드라 모디Narendra
Modi의 '전 국민에게 전기 공급'이라는 운동의 일환으로 세워진
새 전봇대가 늘어서 있었다. 흙으로 지은 오두막집마다 하나씩
달린 전구도 불빛을 비췄다. 호리호리한 남성 두 명이 야외에
서 마후아 꽃 술을 담그며 보글보글 끓는 가마솥 주위를 맴돌

앉다. 마을에는 꽃이 한창 피기 시작했고, 개화기는 4월 말까지 계속될 것이었다. 옛 정취가 느껴지는 집들은 35채뿐이었지만 모두 울타리가 없는 작은 뜰이자 마구간인 안건aangan을 중심으로 지어져 있었다. 바로 너머에는 밀림이 발달해 있었다. 우리가 처음 들른 곳은 광대뼈가 튀어나온 수척한 40대 후반 남성 마하싱 메라비Mahasingh Meravi의 집이었다. 그는 해진 흰색 셔츠를 잠가 입고 올 풀린 반바지를 걸친 차림이었다. 발바닥에는 신발 대신 두꺼운 회색 진흙이 들러붙어 있었다. 나는 인사를 나눈 뒤 안건에 자리한 끈을 엮어 만든 부서진 간이침대의 가장자리에 걸터앉았다. 메라비는 두 다리를 이쑤시개처럼 앞으로 뻗으며 높이가 30센티미터도 안 되는 나무 의자에 앉았다. 닭들이 흙을 쪼았다. 그가 말을 시작했다.

6년 전 메라비는 우기가 한창일 때 버섯을 따러 숲으로 나섰다가 새끼 곰 두 마리를 데리고 자고 있던 어미 느림보곰과 마주쳤다. 그는 달아나려 했지만 곰은 심장이 덜컹 내려앉을 정도로 으르렁 소리를 내며 뒷발로 일어섰다. 그러더니 그의 허벅지 위쪽을 꽉 잡고 뼈가 보일 정도로 물어뜯었다. 그는 가까스로 탈출해 근처 나무에 허둥지둥 기어올랐다. 너덜너덜해진 다리를 타고 따뜻한 피가 흘러내렸다. 곰은 나무 아래에서 몇 시간이나 기다리다가 마침내 포기하고 돌아갔다. 메라비는 절뚝거리며 조심조심 집으로 향했다. "가족들이 제 상처를 보고 울더군요. 상처를 씻어내고 약초를 올려주었어요. 다음 날에는 병원에 갔습니다." 두 달 동안 그는 거의 걷지 못했고, 일을 한다는 것은 불가능했다. 그가 반바지를 치켜올리자 가무잡잡한 허벅지를 따라 난 갈퀴 모양의 옅은 상처가 드러났다.

느림보곰은 식인동물이 아니다. 공격적이기는 하나 죽인 동물의 살을 먹는 일은 드물다. 배를 채우려던 것이 아니라면 곰은 왜 그를 물어뜯었을까? 야생생물학자들은 느림보곰이 쉽게 공격성을 드러내는 이유를 설명하는 여러 이론을 내놓았다. 느림보곰이 도망 대신 싸움을 선택하는 이유는 긴 발톱이 땅에서 곤충을 파내는 데는 적격이지만, 나무를 오르는 데는 유용하지 않기 때문이라고 추측하기도 한다. 성체 느림보곰은 안전을 위해 새끼를 업어 나무 위로 나를 때가 있기는 해도 위협을 피하려고 나무를 타지는 않는다.

느림보곰의 공격성에 관한 다른 일반적인 설명은 느림보곰과 포식자의 상호작용을 원인으로 꼽는다. 느림보곰은 인도 아대륙에 사는 호랑이, 표범과 맞서 싸워야만 한다. 불곰과 북극곰은 각각 먹이사슬의 꼭대기에 있다. 성체 대왕판다는 포식자가 거의 없다. 안경곰은 나무 위에 숨으면 된다. 반면 느림보곰은 위협받을 때 재빨리 털과 발톱을 세우고 뭉뚝한 이빨을 드러내며 폭발하는 것밖에 달리 방법이 없다. 시력과 청력이 좋지 않아 부족민과 대형 고양잇과 동물을 구별하지 못해 줄무늬가 있는 적에게 해야 할 필사적이고 난폭한 행동을 인간에게 보이는 것일 수도 있다.

우타르프라데시주에 위치한 알리가르모슬렘대학교Aligarh Muslim University의 야생생물학자 타르 라테르Tahir Rather는 인도의 동물 보전 우선순위가 충돌을 격화한다고 본다. 인간의 개입이 없었다면 호랑이와 느림보곰은 가까운 이웃으로 살기를 선택하지 않았을 것이라고 그는 설명했다. 대형 고양잇과 동물은 느림보곰과 새끼 곰을 괴롭히며 때로는 죽이기도 한다는 것이다. 바르갈리도 "호랑이가 같은 서식지에 있으면 어미 곰은 새끼 곰 때문에 안심하지 못할 것"이라며 동의했다. 하지만 놀라운 속도로 증가한 인도 인구는 공존할 수 없는 종들을 좁아진 숲으로 내몰았다. 라테르는 반다브가르국립공원 주변에 사는 호랑이와 느림보곰의 관계를 연구한 결과, 이곳 호랑이들이 느림보곰을 실제로 죽였다는 기록은 많지 않으나 괴롭힘 끝에 느림보곰 보호지역 내 파편화된 가장자리이면서 동시에 인간 거주지와 가까운 완충지대로 몰아넣었다는 사실을 확인했다. 게다가 바르갈리에 따르면 인도 정부는 대개 카리스마 넘치는 호랑이의 서식지를 우선시하고 느림보곰의 필요에는 관심을 충분히 기울이지 않았다. 요컨대 호랑이가 보호구역 중심에서 잘 살아가고 있는 것은 더 열악한 숲 가장자리로 밀려나 불가피하게 인간과 충돌하게 된 딱한 느림보곰이 있었기 때문이다.

다음 날 아침 우리는 카나-펜치 통로로 향했다. 바즈린카르는 피해자들의 이름과 주소 등 기본 개인 정보가 적힌 목록을 들고 있었다. 카나-펜치 통로에 사는 느림보곰 개체군(개체수가 얼마나 되는지는 아무도 모른다)에게 공격당한 사람은 250명이 넘었는데, 그는 그중에서도 몇 년 전 폴바투르polbattur 마을 주변에서 곰에게 물어뜯긴 여성을 인터뷰할 수 있기를 바랐다. 바즈린카르는 경계의 눈초리로 주위를 살폈다. 이 지역에서는 최근 낙살라이트naxalite*의 활동이 증가했고 인도 공산당의 무장 당원들이 인근 차티스가르주에서 경계를 넘어오고 있었다. 정치적 긴장은 여전히 팽배했고, 언제라도 폭동이 일어날 수 있었다.

이동 중에 우리는 진회색 셔츠를 입고 낙살라이트처럼 새빨간 두건을 두른 젊은 남자를 마주쳤다. 바즈린카르는 지프차 창문 밖으로 조심스럽게 얼굴을 내밀고는 곰에게 공격당한 주민을 아는지 물었다.

"댁에 계시나요?"

남자는 한낮의 뜨거운 햇볕에 얼굴을 찌푸리더니 고개를 내저었다.

"곰에게 공격당한 사람이요? 아니요, 집에 없습니다. 아직

---

*　마오쩌둥毛澤東 사상을 추종하는 인도의 반군 세력이다.

발라가트 병원에 있어요."

우리가 찾는 여성은 분명 몇 년 전에 공격당한 사람이었다. 그런데 왜 아직 병원에 있다는 말인가? 우리는 잠시 혼란스러 웠지만 몇 가지 질문을 더 해보고 나서 느림보곰의 공격이 겨 우 이틀 전 **또 한번** 일어났다는 사실을 추론해냈다. 이 피해자 의 가족은 인근 제푸리jaitpuri 마을에 살고 있었다. 젊은 남자는 마을로 가는 길을 알려주었다.

피해자의 집에 이르자 주황색 룽기lungi, 즉 사롱sarong을 허 리에 두른 중년 남자가 집 밖으로 황급히 걸어 나왔다. 무슨 일 이 있었는지 묻자 남자는 양손으로 이마를 감싸고 괴로워하며 땅바닥에 주저앉았다. 우리가 나누는 대화를 지켜보려고 주민 몇몇이 모여들었다. 사고가 있었던 그날 늦은 오후, 남자는 자 신을 포함해 다섯 명이 대나무를 자르고 있었다고 했다. 제푸 리로 돌아오는 길은 아내 자반티바이 우이키Javantibai Uikey가 앞 장섰다. 그런데 난데없이 비명이 들려왔다. 나무 뒤에서 튀어나 온 느림보곰이 아내의 엉덩이에 이빨을 찔러넣은 것이다. 아내 의 빨간 사리sari에는 피가 배어 나왔다. 일행이 달려갔을 때도 아내는 곰의 입에 꽉 붙들려 있는 상태였다. 바즈린카르가 통 역해주는 가운데 남자는 힌디어로 느림보곰을 뜻하는 단어인 리치reech를 중간중간 내뱉으며 북받치는 울분을 억누른 채 말 을 이었다. 그들은 곰을 쫓아내고 상처를 동여맨 뒤 그를 둘러

제2부
아시아

업고 어두운 숲속을 세 시간 넘게 걸어 마을로 돌아왔고, 다음 날 아침 이웃 주민의 도움으로 오토바이에 태워 현재 입원 중인 병원으로 데려갔다. 남자는 아내가 이틀 안에 퇴원할 수 있기를 바라고 있었다.

북아메리카에서 곰에게 공격당하는 일은 벼락을 맞을 확률과 비슷하다. 캠프파이어를 하면서 잠을 쫓으려고 꺼내는 이야기에나 나오는 일이다. 하지만 인도에서 느림보곰은 악몽에나 등장하는 추상적인 맹수가 아니다. 곰에게 공격당할지도 모른다는 공포는 수많은 농촌 주민이 겪고 있는 현실이다. 이런 동물을 우화 속 주인공이나 야생의 위엄 있는 권위자나 껴안고 싶은 만화 캐릭터로 상상하는 것은 사치였다. 인도의 많은 지역에서 느림보곰은 강력한 파괴자일 뿐이다. 사람들은 남편과 아내, 어머니와 아버지, 형제와 자매를 곰에게 잃었다. 지역에 계속 출몰하는 느림보곰 때문에 감정적, 신체적 비용을 감당하고 있는 벨톨라나 제푸리 같은 마을 주민들에게 느림보곰의 보전을 지지해달라고 설득하는 일은 어려울 것이었다. 심지어 동물을 사랑하는 쾌활한 바즈린카르마저도 느림보곰의 화를 돋운 적이 있다고 했다.

그날 저녁 카나 현장 사무소 밖에 모닥불을 피워놓고 타닥거리는 불 앞에 서서 하루 동안 진행했던 인터뷰에 관해 이야기를 나누던 중 그는 타도바-안다리호랑이보호구역Tadoba-Andhari

Tiger Reserve 근처에서 배설물을 조사하다가 곰에게 습격당한 일화를 들려주었다. 당시 그는 휘청거리다 바닥에 나동그라졌고, 산림보호원 두 명이 뛰쳐나와 곰을 나뭇가지로 때려 쫓았다고 회상했다. 하지만 곰이 어찌나 가까이 있었는지 날카로운 발톱의 곡면까지 자세히 보일 정도였다고 한다. 대나무살모사bamboo pit viper에게 물려 타는 듯한 통증이 있기는 했지만 (**팔이 시퍼렇게 변하더라니까요!**) 제때 해독제를 맞았다며 웃어 넘기던 것과 비교하면 느림보곰은 차원이 달랐다.

"그 뒤로 일주일 동안 일을 못 했어요."

가우렐라gaurella라고도 불리는 펜드라 로드pendra road는 그 지역 기차역에서 이름을 따온 차티스가르주의 작은 도시다. 대부분 사람이 펜드라 로드를 알아야 할 이유는 이것이 전부다. 이곳에는 여행객의 발걸음을 이끌 만한 타지마할도 아그라 요새도 초목이 무성한 내륙 수로도 없다. 인도의 많은 도시가 그렇듯 금속 셔터를 올린 가게들이 산더미같이 쌓인 폐전자제품을 팔고, 파니푸리pani puri라는 튀긴 퍼프 페이스트리puff pastry 볼을 파는 이들이 카트를 끌고, 우스꽝스러운 혹을 단 브라만종 소들이 차 사이를 무턱대고 비틀비틀 걸어 다니는 곳이다. 하지

제2부
아시아

만 하렌드라 바르갈리에게 펜드라 로드는 잊기 어려운 곳이었다. 그는 인도에서 느림보곰 연구에 집중한 초창기 생물학자 중한 명으로 1990년대 후반 이곳에서 여러 해를 머물며 인근 회색 바위언덕에 굴을 짓고 사는 곰 250여 마리를 연구했다. 새끼 느림보곰이 고아가 되자 모니카 르윈스키Monica Lewinsky의 이름을 따 모니카라고 부르며 키우기도 했다.

하지만 이곳은 바르갈리가 느림보곰을 처음 접한 장소가 아니었다. 인도 북부 빔탈bhimtal에서 자란 그에게 그의 어린 시절 세계는 먼지가 자욱한 거리와 달콤한 잘레비jalebi*와 군고구마를 파는 상인들, 은색 수통을 짊어지고 차이를 파는 노점상들이 내지르는 고함으로 한정되어 있었다. 저 너머 숲에 사는 야생생물에 관해서는 아는 것이 거의 없었다. 그러던 어느 날 아홉 살이었던 바르갈리는 형과 옥상에서 놀다가 커다란 짐승을 끌고 좁은 골목길을 누비는 이상한 남자를 발견했다. 바르갈리는 쭈그리고 앉아 그들을 지켜보았다. 시장에 도착하자 털이 덥수룩한 동물은 궁둥이를 땅에 붙이더니 곧 일어섰고 주인이 녹슨 사슬을 잡아당기면 춤을 추듯 발을 좌우로 흔들었다. 그러더니 돌연 사납게 으르렁거렸다. 어린 바르갈리는 겁에 질렸다. "저는 2킬로미터 되는 거리를 헐레벌떡 달려 집으로 갔어

---

* 밀가루 반죽을 소용돌이 모양으로 튀긴 뒤 설탕 시럽에 담가 만드는 디저트다.

요. 엄마는 '그건 춤추는 곰이야'라고 말해주었고 형은 별걸 다 무서워한다며 놀렸죠." 그는 20년에 가까운 시간이 흐른 뒤에야 야생에 사는 느림보곰을 처음으로 보게 될 것이었다.

내가 그의 연구에 관해 물으려고 처음 연락했을 때, 바르갈리는 예전 연구 현장으로 돌아갈 구실을 어떻게든 찾아내려 하고 있었다. 그는 10년도 더 전에 다녀온 하루짜리 짧은 나들이를 제외하고는 2000년대 초 이후로 현장을 다시 찾은 적이 없던 터라 그동안, 특히 인도 인구가 약 10억에서 14억에 가깝도록 증가하는 동안 그 지역이 어떻게 변했는지 무척 보고 싶어 했다. "삼림의 질이 어떤지 꼭 확인해보고 싶습니다." 반다브가르에서 다섯 시간이 걸리는 여정의 중간쯤에 그가 말했다. 들뜬 그는 아내와 어린 두 딸을 데려왔다. 셋은 밴 뒷좌석에 쌓여 있는 팔레지Parle-G 비스킷과 마살라masala 칩 더미를 위쪽으로 치우고 간신히 자리에 끼어 앉았다. 바르갈리는 바위로 된 마이칼maikal언덕의 험준하면서도 향수를 일으키는 아름다움과 연구자의 삶을 시작할 수 있게 도와준 느림보곰을 가족에게 보여주고 싶어 했다. 주저하는 마음도 남아 있었다. 펜드라로드가 기억 속 모습과 비슷하기는 할까?

그곳에 가까워지자 울퉁불퉁하던 흙길이 매끄러운 포장도로로 바뀌었고, 우리는 증기를 내뿜는 탑과 배관이 만든 수직 미로를 지났다. 큰 발전소였다. 수많은 불빛이 라벤더색 어스름

제2부
아시아

을 뚫고 비쳤다. 바르갈리는 크게 실망한 듯했다. 숲은 사라지고 없었다. 한때 우아한 마후아나무들이 자라던 곳에는 베이지색 아파트 단지가 들어섰다. 아만 호텔이라는 간판이 붙은 생긴 지 얼마 안 된 남색 건물이 스쳐 지나갔다.

"이렇게나 변했군요." 바르갈리가 바뀌고 있는 풍경을 눈에 담으며 침울하게 말했다. 그렇다면 곰들에게는 무슨 일이 있었던 것일까?

인도 중부의 펜드라 로드 지역 사람들은 마디아프라데시주의 이웃 주민들과 문화적 정체성이 다르다는 주장을 오랫동안 해왔다. 이들은 철광석, 백운석, 석탄, 보크사이트bauxite 같은 광물자원 증대에 힘입어 기존의 주에서 떨어져 나와 그들만의 주, 즉 차티스가르주를 만들기로 2000년 투표했다.[29] 지금은 농업 기반의 마디아프라데시주에 비해 총생산이 뒤처졌지만, 채굴은 차티스가르주의 야생을 완전히 바꿔놓았다. 땅에서 캐낸 약탈품을 실은 기차들이 펜드라 로드로 가는 길을 가로막았다. 나는 오토바이를 탄 젊은 남자들이 달려와 기차 앞을 질주하며 아슬아슬하게 선로를 건너는 모습을 보고 움찔했다. 도시가 성장하면서 펜드라 로드의 곰 개체수가 40퍼센트는 줄었으리라고 추측했던 바르갈리는 지금에서야 깨달았지만 "정부는 이 지역을 느림보곰 보호구역, 즉 생츄어리sanctuary*로 만들었어야 했다"라며 한숨지으며 말했다.

인구 증가는 야생동물 보전 분야에서 일하는 많은 이에게 가장 중요한 동시에 다루기 어렵고 민감한 쟁점이었다. 인도 인구는 1980년대 이래 두 배 가까이 뛰었고 평균 인구 밀도는 제곱킬로미터당 400명을 넘어섰다. 바르갈리는 세계에서 가장 큰 민주주의 국가에 "인구 정책 하나 없다"라며 개탄했다. 높은 출생률을 완화시킬 검증된 방법 중 하나인 여성 교육의 전국적 확대가 분명 가장 좋은 방향이었지만, 이런 변화가 많은 멸종우려종threatened species**을 구할 수 있을 만큼 빠르게 일어날 리는 만무했다. "최선을 다해도 2060년까지는 인구가 줄지 않을 겁니다. 큰 문제가 되겠죠."

다음 날 아침 나는 바르갈리 가족과 함께 바위언덕으로 향했다. 느림보곰은 안경곰을 비롯해 적도 부근에 사는 다른 곰들과 마찬가지로 겨울잠을 자지 않는다. 대신 더위를 피해 시원한 동굴에서 자주 눈을 붙인다. 우리는 32도의 기온에 메마른 들판을 걸었다. 코끼리만 한 바위들 일부는 60미터 높이까지 쌓여 있었다. 농부들은 주변 삼림을 개간해 땔나무를 생산하는 플랜테이션과 이리저리 뻗은 고추밭으로 바꿔놓았다. 언덕

---

* 야생동물 보호시설을 뜻한다.
** 국제자연보전연맹의 적색목록을 기준으로 심각한 위기CRITICALLY ENDANGERED, CR, 멸종위기ENDANGERED, EN, 취약VULNERABLE, VU 세 개 지표 중 하나로 분류되는 동식물종을 멸종우려종이라고 한다.

제2부
아시아

에서 굴려다 놓은 작은 바위들로 자갈길을 깔아 구획을 지어놓은 곳도 보였다. 곰 굴은 그들만을 위한 전용 채석장이었다.

"올라가 보겠어요?" 바르갈리가 바위언덕 한편을 가리키며 물었다. 나는 그의 말이 농담인지 진담인지 아리송했다. 아까 그는 표범들도 낮이면 크레바스처럼 갈라진 바위틈에서 잠을 청한다고 대수롭지 않게 말했다. 나는 눈을 가늘게 뜨고 생기 없는 언덕을 올려다보며 카나-펜치 통로에서 본 끔찍한 부상들과 근처에 응급 진료 시설이 없다는 점과 펜드라 로드에서 묵고 있는 지저분한 호텔 방을 번갈아 떠올렸다.

"곰이나 표범과 마주칠 가능성은 얼마나 되죠?"

"반반 정도죠."

바르갈리는 이것이 높은 확률이라고 생각하는 듯 태연히 말했다. 그의 아내는 남편이 보지 못하는 곳에서 고개를 절레절레 내저었다. 그는 곰들이 아직 이곳에 사는지도 확신하지 못했다. 바르갈리가 쾌활하게 말을 이었다.

"이런 지역에는 너럭바위가 너무 가파르고 미끄러워서 발이 빠지면 나올 수 없는 곳도 있어요. 하지만 전 젊었을 때 이 언덕들을 모두 꼭대기까지 올랐죠!"

나는 잠시 생각한 끝에 정중히 거절하고 대신 곰 활동의 흔적을 찾아 바위 주변을 돌아보기로 했다. 두꺼운 적갈색 가지로 하늘을 뒤덮은 커다란 마후아나무 아래에서 나는 똥 덩어리 하나를 발견했다. 바르갈리가 잰걸음으로 다가와 배설물을 나뭇가지로 절개했다. 딱딱한 바깥층이 바스러지며 드러난 축축한 층에 소화가 덜 된 대추 씨가 보였다. 대추는 느림보곰이 매우 좋아하는 먹이였다. 바르갈리는 숨을 깊게 들이마셨다. 꿀처럼 달콤한 냄새가 풍겼다. 그는 의기양양하게 외쳤다.

"느림보곰 똥이네요. 게다가 하루도 채 안 된 겁니다!"

우리는 몸을 돌려 거대한 바위들을 돌아보았다. 느림보곰은 분명 아직 이곳에 있었다.

아그라시 위로 안개가 낮게 깔리자 타지마할이 그저 환영처럼 보였다. 기차가 지연되고 있었다. 작지만 단단한 체구의 남자들이 콜리플라워와 가지를 가득 실은 나무 카트를 밀며 시장으로 이어지는 꽉 막힌 거리를 지나고 있었다. 거리는 신성한 소들 때문에 더욱더 혼잡했다. 안개가 자욱해 앞이 보이지 않아도 평온한 소들과 달리 신앙의 힘이 약한 오토릭샤atuorickshaw 기사는 바퀴 자국이 깊이 팬 길에서 경적을 빵빵 울려대며 난폭하게 방향을 틀었다.

나는 눈앞에 펼쳐진 번잡한 풍경에서 얼른 벗어나기를 바라며 타지마할 기념품 시장 근처에서 택시를 잡아타고 외곽으로 나가는 19번 국도에 올랐다. 아그라시를 빠져나와서는 수르사로바르새보호구역Soor Sarovar Bird Sanctuary 방향 출구를 가리켰다. 나무가 늘어선 길을 달리다 만난 말라버린 습지에는 홍대머리황새painted stork들이 균형을 잡고 서 있었는데 그 모습이 마치 파수꾼의 망령 같았다. 안개가 바냔나무banyan tree의 억센 뿌리를 휘감았다. 택시 기사는 시각 장애인 학교를 지나 콘크리트 블록으로 지은 작은 초소 앞에 나를 내려주었다. 이상하고도 신비로운 장소였다. 성스러운 숲에 모여 공부하는 사제들의 비밀 회합이 떠올랐다. 남자 두 명이 인도의 전형적인 관료적 절차에 따라 작성해야 할 서류 뭉치를 바로 건네더니 이내 큰 철문 쪽으로 가라고 손짓했다.

느림보곰은 400년이 넘도록 인도 사람들에게 '춤추는 곰'으로 더 유명했다.

16~19세기 인도 북부와 파키스탄 일대를 전전했던 무슬림 유목민족인 칼란다리야족qalandariyyah은 느림보곰을 잡아 무굴제국과 라지푸트왕국의 궁중 광대로 부렸다. 커다란 털북숭이 곰은 굵은 밧줄이나 사슬에 묶여 뒷발로 선 채 주인이 줄을 잡아당길 때마다 양옆으로 몸을 흔들고 고개를 까닥이며 춤을 추는 듯한 동작을 취했다. 이 매혹적인 볼거리는 칼란다리야족이 순회공연을 다니게 되면서 궁궐 담장 밖으로 퍼져나갔다. 거리의 관중은 극심한 고통 속에서 넋을 잃고 몸부림치는 곰

앞에 모여들어 야유를 보내며 바구니 속에 은화를 던져 넣었다.[30] 1990년대에 델리-아그라 고속도로에서 춤추는 곰을 마주쳤다는 이야기도 전해진다.

"칼란다리야족은 암곰을 관광객 차량 앞에서 공연하게 했고, 암곰은 주인이 줄을 잡아당기며 회초리로 때릴 때마다 고통스러워하며 펄쩍펄쩍 뛰었다. 연약한 발밑에 깔린 뜨거운 아스팔트는 고통을 더할 뿐이었다."[31]

칼란다리야족 공연단은 곰을 구하기 위해 부족 밀렵꾼들을 대동했다. 이들은 어미 곰이 먹이를 찾으러 나가고 없을 때 횃불을 들고 굴로 쳐들어가 생후 몇 주밖에 안 된 무력한 새끼 곰들을 몰래 훔쳤다. 너무 일찍 돌아온 어미 곰은 대개 죽임을 당했다. 그래도 위험을 감수할 만큼 보상이 컸다. 어린 느림보 곰은 그 값이 1,200루피 또는 22달러까지 나갔고 구매자 역시 투자 수익을 많이 남겼다.[32] 곰 한 마리만 있으면 농촌 관중을 상대로 매달 1,500루피가량을 벌어들이며 열 명에서 열두 명 남짓인 식구들을 모두 부양할 수 있었다. 외국 관광객들은 값을 두 배로 치렀다. 가장 낮은 계급의 카스트 사람들은 곰 공연을 보려고 채소와 곡물을 가져오기도 했다.

새끼 곰의 포획과 거래는 수 세기 동안 곰종을 향한 매우 큰 위협 중 하나였다. 야생에서 붙잡힌 느림보곰만 해도 수천 마리였다. 1972년 인디라 간디Indira Gandhi가 인도야생동물보호

제2부
아시아

법을 획기적으로 도입했을 때 칼란다리야족은 매년 100마리가 넘는 새끼 느림보곰을 잡아들이고 있었다.[33] 간디의 법은 보호 야생동물 사냥을 금지했고 여기에는 꾀죄죄한 느림보곰도 포함되었지만, 인도의 춤추는 곰 1,200마리가 처음으로 풀려나기까지는 30년이 넘는 세월이 걸릴 것이었다.

와일드라이프Wildlife SOS의 아그라곰구조시설Agra Bear Rescue Facility은 학대에 시달리며 쇠약해진 춤추는 곰들을 칼란다리야족 공동체에게 양도받아 거처를 마련해주기 위해 1999년 설립되었다. 오늘날 시설은 우타르프라데시주의 군용지였던 67헥타르가량의 땅을 차지하고 있으며 인도야생동물보호법의 목표를 달성하는 일을 돕고 있다.

"저희는 2002년에 처음으로 춤추는 곰을 구조했어요. 라니Rani라는 수곰인데 아직 여기에 살고 있죠."

검은 곱슬머리에 캐러멜색의 선한 눈을 한 콜카타 출신의 젊은 남성인 리시크 굽타Rishik Gupta가 부지 안으로 함께 들어서며 말했다. 와일드라이프 SOS가 운영하는 느림보곰구조센터는 인도 전역에 네 곳이 있으며 지금까지 구조한 춤추는 곰은 총 600마리가 넘었다. 아그라곰구조시설은 그중에서도 규모가 가장 컸다.

"지금은 179마리가 있습니다. 260마리까지 있었던 적도 있죠. 이제는 고령으로 하나둘 세상을 떠나고 있어요."

아그라곰구조시설의 은퇴한 춤추는 곰들은 대부분 10년 이상을 이곳에 머물렀다. 인간에게 너무 길든 데다 정신적 충격과 타격이 심해서 야생으로 돌려보낼 수 없었다. 와일드라이프 SOS의 목표는 그저 곰들이 자신을 조롱하는 군중에게서 벗어나 평화롭게 여생을 보낼 수 있도록 하는 것이었다.

보호시설의 구불구불한 흙길 위로는 미무숍스속(Mimusops) 나무들이 가지를 드리우고 있었다. 길 양옆에 있는 울타리 너머로 고무공들이 물웅덩이 위를 떠다니고 꿀로 가득 찬 나무통들이 나무 축대에 매달려 있는 모습이 보였다. 나는 혹시 느림보곰이 보일까 싶어 철조망 사이로 안을 유심히 살폈다. 직접 본 적도 없는 느림보곰을 야생에서 마주친다고 생각하니 약간 긴장되었다. 수목으로 뒤덮인 이 보호시설은 곰들이 인간의 시야에서 완전히 사라질 수 있을 정도로 커서 오랫동안 주목받는 삶을 살았던 곰들이 마땅히 누렸어야 할 사생활을 보장해주고 있었다.

그때 갑자기 내 오른쪽으로 곰 세 마리가 나타났다. 곰들은 덥수룩한 머리를 숙이고 철조망을 따라 코를 킁킁대며 숨을 깊게 쉬었다. 거품 투성이의 침이 입꼬리에 고였다. 우리의 냄새를 맡은 것이었다. 모두 십 대 중반의 나이인 로샨Roshan과 아룬Arun 그리고 바룬Varun은 10년도 전에 와일드라이프 SOS에 넘겨졌다. 보통 단독 생활을 하는 곰들이지만 이들은 집단 트라우마를 이겨내기 위해 친밀한 우정을 키워왔다. 나는 이제 우리 쪽을 넘겨다보고 있는 호기심 어린 얼굴들을 찬찬히 살폈다. 마디아프라데시주에서 만난 가엾은 부족민들처럼 곰들에게는 깊은 상처가 남아 있었다. 하얀 주둥이에 새겨진 가느다란 S자 모양의 선들이 보기 흉했다.

느림보곰은 보통 과일을 따려고 발을 뻗거나 호랑이와 싸울 때 이족보행을 한다. **춤**을 추는 일은 없다. 칼란다리야족은 곰의 야성을 길들이려고 대개는 뜨거운 쇠꼬챙이로 곰의 코를 뚫고 피와 고름이 흐르는 상처에 밧줄이나 사슬을 고리 모양으로 끼웠다.[34] 그런 다음 발톱을 뽑고 이빨을 부쉈으며 못이 가득 박힌 재갈을 주둥이에 물리기도 했다. 이들은 뒷발을 번갈아 매질하며 땅에서 발을 떼게 하는 방식으로 새끼 곰을 훈련시켰다. 굶기고 때리는 잔혹한 요법을 거친 곰은 자연히 조련사에게 복종하게 되었고 나중에는 주인이 회초리로 땅을 치기만 해도 박자에 맞춰 발을 들어 올렸다. 공포와 절망의 춤은 즐거움이라는 환상을 일으켰다.

"인도 남부에서는 밧줄 대신 금속 고리를 썼어요."

곰들의 망가진 얼굴을 바라보는 내 시선을 눈치채고 굽타가 말했다.

"그걸 제거하는 수술이 특히 까다로웠죠. 주둥이 상태가 엉망이었거든요. 여기에도 그런 곰 한 마리가 있는데, 카스투리

Kasthuri는 주둥이가 말 그대로 덜렁거려요."

아그라의 곰들은 인간의 즐거움을 위해 엄청난 고통을 겪었다. 구조된 춤추는 곰들은 진화 과정에서 없어진 위턱 앞니에 송곳니까지 없는 상태였다. 관절염 때문에 뼈마디가 욱신대서 몸을 움직이지도 못했다. 뒷다리로 춤을 췄던 지난 시간을 보여주는 서글픈 증거였다. 발이 잘려나간 것은 칼란다리야족이 놓은 덫을 밟았던 새끼 때의 일일 것이다. 그래도 20년 전 약 2만 마리였던 야생 느림보곰 중에 춤추는 곰으로 알려진 인도곰의 수가 1,200마리에 불과하다면 칼란다리야족이 야생 곰 개체수에 실제로 얼마나 영향을 미칠 수 있었겠나 싶은 의심이 들었다. 내가 이런 의문을 제기하자 굽타는 설명했다.

"춤추는 곰 1,200마리만의 문제가 아니었어요. 칼란다리야족은 그 1,200마리를 구하려고 어미 곰들을 죽였어요. 게다가 잡혀온 새끼 곰들도 12개월 안에 40퍼센트나 죽었죠. 1년 동안 주둥이가 뚫리고 이빨이 뽑히는 고문을 당했으니 버텨내지 못한 겁니다."

1997년 춤추는 곰에 관한 산업을 분석한 결과에 따르면 "새끼 곰은 시장에서 판매될 때부터 사망률이 높았다.[35] 열 마리 중 약 두 마리는 어미 곰과 분리된 충격을 이기지 못하고 그저 '시름시름 앓다가' 죽어버린다." 근본적으로 "느림보곰은 2년이나 2.5년에 한 번 한배에 (평균) 두 마리 새끼만을 낳고 인간이

제2부
아시아

침입하면 제 새끼를 죽이는 일도 매우 흔해서 개체수가 아주 빠르게 감소하고 있다. 이처럼 느린 번식 속도는 무분별하게 이루어지고 있는 밀렵 탓에 중대한 결과를 초래한다." 그러니 공연용 동물의 존재가 야생 느림보곰 개체군에 미친 피해는 1990년대 인도 거리에서 얻은 정보로 파악할 수 있었던 것보다 훨씬 막대했다.

"다른 곰도 아니고 왜 하필 느림보곰을 춤추는 곰으로 선택했을까요?"

"구하기 쉬우니까요. 반달가슴곰과 불곰은 고지대에서만 발견되고, 태양곰은 북동부에서만 사니까요."

로샨과 아룬 그리고 바룬은 우리가 간식을 하나도 가져오지 않았다고 생각했는지 우리의 존재에 싫증을 냈다. 언짢아진 곰들은 곤충을 찾아 땅을 발로 헤쳤다. 직원들이 매일 두 번씩 걸쭉한 죽을 듬뿍 먹인다지만 자연스러운 본능까지는 어쩔 수 없을 테다. 우리는 곰들에게 작별 인사를 하고 부지를 계속 거닐었다. 이곳에는 갠지스강 지류 중 두 번째로 큰 야무나yamuna강이 흘렀다. 펀트punt*가 우리를 강 건너로 실어다 주었다. 우리는 올가미에 앞발을 잃은 로즈Rose라는 어린 곰을 만났다. 굽타는 2008년 인도 동북부의 서벵골주 칼란다리야 부락에서 아

* 삿대를 저어서 움직이는 작은 배로 바닥이 평평하고 양 끝이 사각형이다.

그라곰구조시설로 왔다는 유난히 작은 곰 게일Gail을 가리켰다. 영양실조 탓에 발육이 부진한 모습이었다. 털이 덥수룩하고 성격이 온순한 엘비스Elvis도 있었다. 2015년, 겨우 생후 3개월이던 때 인도 밖으로 밀수출될 뻔했다가 밀렵꾼들에게서 구조된 곰이었다.

라주Raju라는 이름의 곰은 인도에서 구조된 마지막 춤추는 곰으로 널리 알려졌다.[36] 와일드라이프 SOS가 이 곰을 구조한 것은 2009년이었다. 그 뒤로도 비공식적으로 많은 춤추는 곰이 구조되었다. 세계동물보호단체World Animal Protection, WAP의 조사에 따르면 춤추는 곰을 착취하는 관행은 인도에서 2010년대까지 이어졌으며 한 해에 포획된 느림보곰 수는 28마리로 기록되었다. 지금도 새로운 춤추는 곰이 주인 뒤를 따라 붉은 흙길을 터덜터덜 걷는 모습이 목격되곤 한다.

와일드라이프 SOS의 설립자들은 칼란다리야족에게 새로운 사업을 시작할 5만 루피(약 1,000달러)의 자금이나 구조센터 일자리를 제안하며 춤추는 곰을 넘기도록 설득했고,[37] 상당수가 제안에 응했다. 현재 일부 구조시설의 와일드라이프 SOS 직원은 절반 이상이 칼란다리야족이다. 남성들은 시설 주방에서 수박이나 망고를 잘게 썰며 먹이를 손질하고, 여성들은 기념품점에서 파는 상품을 만든다.

"곰에게 굉장히 잔인하게 굴었던 사람들이 지금은 아주 잘

어울려 지내기도 해요. 곰들이 행복해하는 모습을 보고 싶어 하죠." 대개는 예전에 데리고 있던 곰을 멀리서 지켜본다고 했다. 하지만 반대로 새로운 삶의 방식을 받아들이고 싶어 하지 않는 사람들도 있었다. 이들은 대신 인도와 네팔의 접경지대가 있는 북쪽으로 곰들을 끌고 달아났다.

굽타는 낮은 시멘트 경사로를 따라 녹색 철문이 있는 높은 황갈색 건물로 나를 안내했다. 문에서는 페인트가 벗겨지고 있었다. 나는 분홍색 살균제로 가득 찬 고무통에 발을 디뎠다. 문 위로 **분리 및 격리 병동**이라고 적힌 작은 종이 표지판이 보였다. 안으로 들어서자 열아홉 살 된 수곰 랑길라Rangila가 모습을 드러냈다.[38] 랑길라는 누군가가 오는 소리를 엿듣고 기대감에 차서 털투성이 몸을 우리 창살에 밀쳐대고 있었다. 타일 통로를 따라 놓인 십여 개의 우리가 동물 보호소를 연상시켰다. 10년 전만 해도 모든 우리가 곰들로 차 있었을 테지만 이제 이곳에는 랑길라뿐이었다. 랑길라는 2017년 네팔 남동부의 곰 공연단으로부터 구조되었다. 함께 구조된 열일곱 살짜리 암곰 스리데비Sridevi는 이후 카트만두중앙동물원Central Zoo of Kathmandu의 관리 아래 세상을 떠났다. 결국 랑길라는 965킬로미터 이상을 이동해 아그라로 왔다.

와일드라이프 SOS의 수의사들은 구조된 곰을 모두 90일간 격리해 질병이 있는지 검진하고 상처를 치료했다. 그런 뒤 야외 시설로 옮겨 다른 곰들과 어울릴 수 있게 했다. 하지만 랑길라는 이곳에서만 6개월을 보냈다. 짝꿍을 잃은 랑길라는 주변 환경에 적응하는 데 어려움을 겪었다. 밖에서 보았던 십 대 중반의 곰 세 마리와 달리 랑길라는 우리와 눈도 마주치지 않았다. 땅을 향해 머리를 푹 숙이고 고개를 앞뒤로 단조롭게 흔들었다. 야생 느림보곰의 수명은 서른 살을 넘기는 일이 드물다. 아그라의 곰들은 대부분 열 살 이전에 구조되었는데, 랑길라는 생애 전부를 칼란다리야족과 보냈다. 굽타가 한숨을 내쉬며 말했다.

"춤추는 곰으로 살기에 19년은 정말 긴 시간이죠."

랑길라가 세상 밖으로 나올 만큼 용감해지기까지는 8개월이 더 걸릴 것이었다. 그해 9월, 아그라에 온 지 1년이 더 되었을 때 랑길라는 마침내 콘크리트 방을 떠났다. 태어나서 처음으로 밧줄 없이 세상을 탐험했다. 진흙 구덩이를 파고 시원한 흙 속에서 검은 털이 갈색이 될 때까지 낮잠을 잤다. 꿀이 든 통나무를 발로 툭툭 치기도 하고, 해먹을 갈기갈기 찢어놓는 바람에 사육사들에게 "수법이 어찌나 창의적인지 랑길라 구역에 있는 해먹은 다른 해먹보다 더 자주 교체해야 한다"라는 원성도 들었다. 수박을 빨아먹고 부드러운 꿀 죽과 으깬 바나나를 게걸스레 삼켰다. 사람이 곁에 있는 것을 여전히 좋아하지 않지만 매일 방문하는 사육사들은 진득하게 기다렸다. 몸무게가 늘었고 주둥이도 나았으며 상처는 희미해졌다. 다른 곰들도 만났다. 랑길라는 모든 곰이 그래야 하듯, 이제 인간이 아닌 대지에 매여 있었다.

🐾

자유의 몸이 된 춤추는 곰들과 아그라에서 보낸 시간은 고무적이었지만, 무력한 공연용 동물을 잔인한 착취의 삶에서 구해낸다고 해서 종 자체가 야생에서 멸종하는 것까지 막지는 못할 것이 분명했다. 불쌍한 포로를 위해 싸우는 일은 날뛰는 살인마를 보호하자고 나서는 일보다 훨씬 쉬웠다. 인도 아대륙에서 느림보곰이 송곳니부터 발톱까지 모두 성한 상태로 살아남으려면 새로운 해결책이 시급했다. 그래서 나는 인도에 도착한 지 5주가 되던 때에 서쪽으로 향했다.

파키스탄과 아라비아해 사이에 끼어 있는 구자라트주는 호랑이 보호구역이 일곱 개소나 되는 마디아프라데시주와 정반대인 곳이다. 호랑이가 없는 구자라트주의 산림부는 다른 멸종 우려종들에 투자하며 야생동물 보호구역 20여 개소를 조성했다. 표범, 홍학, 닐가이영양nilgai 모두 주 정부의 보호를 받을 가치가 있는 동물로 여겨졌다. 더 중요한 것은 그중 두 개소를 느림보곰을 위한 필요성을 염두에 두고 관리한다는 점이었다.

바르갈리와 함께 국제자연보전연맹 느림보곰 전문가팀의 수장을 맡고 있는 야생생물학자 니시트 다라이야Nishith Dharaiya는 자부심과 열정이 넘치는 구자라트주 출신 남성이었다. 그를 만나기 위해 찾은 헴찬드라차리아노스구자라트대학교Hemchandracharya North Gujarat University 연구실 벽은 전 세계의 각종 곰 관련 콘퍼런스에서 보전 업적으로 받은 상과 배지로 도배되어 있었다. 그는 내가 캐묻지 않았는데도 인도 환경 보전 분야에서 세운 업적을 열거하기 시작했다. 희끗희끗한 턱수염이 올라온 마흔넷의 그에게서는 권위가 느껴졌다. 그는 그간의 이력을 이야기하며 성냥으로 불을 붙인 담배를 무심히 피웠다.

우리는 파탄patan에 있는 대학교 캠퍼스에서 차를 타고 북쪽으로 두 시간 거리에 있는 제소르느림보곰보호구역Jessore Sloth Bear Sanctuary의 건조 관목지대를 돌아볼 계획이었다. 인도의 아라발리산맥에 있는 180제곱킬로미터 규모의 이 보호구역과 인근 발라람암바지야생동물보호구역Balaram Ambaji Wildlife Sanctuary은 표범, 줄무늬하이에나, 산미치광이porcupine, 벌꿀오소리honey badger, 정글살쾡이jungle cat뿐만 아니라 느림보곰 350마리가 살고 있는 보금자리였다. 다라이야는 대부분 현장 연구를 이곳에서 수행했다. 그런데 공교롭게도 그 역시 이론적으로는 느림보곰 때문에 얼마 전 해를 입은 상태였다.

아마다바드에 도착하기 몇 달 전, 그는 메일로 나쁜 소식을 전해왔다. 인도 북동부에서 몇몇 팀원과 함께 느림보곰과 태양곰, 반달가슴곰이 공존한다고 생각되는 지역에 카메라 트랩을 설치하다가 가파른 절벽에서 세찬 강물로 떨어지며 바위 사이에 다리가 끼인 것이다. 그 바람에 전방십자인대가 파열되었고 지금은 의사의 지시에 따라 안정을 취하고 있다고 했다. 구자라트주에서 처음 만났을 때 그는 다리를 심하게 절뚝였다. 다친 다리는 부목으로 단단히 고정했고 담배를 한 모금 빨 때마다 임시방편으로 마련한 지팡이에 몸을 기댔다. 그는 사고 이후로 숲에 돌아가지 못했다며 닭장에 갇힌 수탉이 된 느낌마저 든다고 불평했다. 그래도 제소르의 시설에 갈 정도의 상태는 된다는 것이 그의 주장이었다. 다라이야가 제시한 해결책은 그와 함께 인간과 느림보곰의 충돌을 줄이는 방안을 연구하고 있는 박사과정의 대학원생 아르주 말릭Arzoo Malik을 데려가는 것으로, 자신은 차 안에서 주요 현장을 보여주고 말릭이 숲속에서 길을 안내할 예정이었다.

느림보곰이 그려진 큰 그림이 제소르느림보곰보호구역의 방문객들을 맞이했다. 이곳은 아라발리산맥 끝자락에 서식하는 건재한 곰과 표범 개체군을 보호하기 위해 1978년 조성되었다. 정문에서 차로 조금 더 들어가니 우리가 며칠 동안 묵을 아담한 산장 두 채가 나타났다. 작은 창문으로는 구자라트주에서 두 번째로 높은 산인 제소르언덕과 남자들이 물소를 끌고 더

위를 식히러 오는 얕은 갈색 호수가 내다보였다. 우리가 도착했을 때 근처 묘목밭에서는 푸시아색과 귤색 사리를 입은 한 무리의 여자들이 비닐에 쌓인 묘목들에 물을 주고 있었다. 그들은 웃으며 구자라트어로 인사말을 외쳤다. "Tame kemp cho(안녕하세요)!"

"곰에게 먹일 것을 기르고 있는 겁니다. 대추나무, 카시아나무, 무화과나무죠."

다라이야가 설명했다. 이런 묘목밭 열 곳이 보호구역 곳곳에 흩어져 야생에 옮겨 심을 다양한 나무를 길러내고 있었다. 산림부는 다라이야의 요청에 따라 느림보곰이 가장 좋아하는 수종의 나무들을 심기 시작했고, 인부들은 숲속에 인공 곰 굴을 짓고 흰개미들을 보호구역으로 이동시켜 흙 둔덕을 만들었다.

구자라트주에서 기록된 느림보곰 공격 건수는 마디아프라데시주나 차티스가르주에 비해 훨씬 적다. 보호지역 근처에 사는 사람이 더 적기 때문이기도 하다. 제소르와 접한 지역에 있는 부족 마을은 손에 꼽을 정도다. 하지만 느림보곰도 배가 고프거나 목이 마르지 않은 한 보호지역 밖으로 나서는 것을 대체로 삼간다. 보호구역 내에서 필요한 것들이 충족되고 있다면 곰들도 멀리 돌아다닐 이유가 없다고 다라이야는 말했다. 느림보곰의 먹이를 보장하는 산림부의 전략은 의도한 효과를 거두고 있는 듯했다. 하지만 물 또는 물 부족이 시급한 문제로 떠오르고 있었다. 구자라트주에는 가뭄철이 빠르게 다가오고 있었다.

가뭄은 인간과 야생동물의 충돌을 악화한다고 알려져 있다. 1980년대 후반 가뭄이 극심했던 때 구자라트주에서 발생한 야생동물 공격 건수는 100건이 넘었고 사망자 수는 20명이었다.[39] 최근에 다라이야는 수년간의 느림보곰 공격 데이터를 샅샅이 살폈다. 그는 구자라트주 북부에서 기록된 연평균 공격 건수가 1960~1999년 사이 한 건 미만에서 2009년 이후 약 아홉 건으로 증가했다는 것을 발견했다.[40] 공격은 대부분 덥고 건조한 여름에 일어났다. 물은 이제 느림보곰을 인간이 점유하고 있는 지역으로 내모는 주요한 요인이었다.

우리는 제소르 인근의 한 마을에 들러 가라시아족garasia 남성 여럿과 이야기를 나누었다. 그들은 느림보곰이 최근 4년 동안 강이 말라붙은 여름이면 마을 근처로 오고 있다고 했다. 한 남성의 남동생은 인근 밭에서 일하다가 곰 세 마리에게 심하게 물어뜯겼다고도 했다. "도끼가 있었으면 죽여버렸을 겁니다." 그가 성난 목소리로 말했다. 남동생은 병원에서 2주 이상을 보냈고 상처를 봉합하느라 80바늘을 꿰매야 했다. "곰이 또 마을로 들어오면 숨통을 끊어놓을 겁니다!" 다른 이들이 동의한다는 듯 고개를 끄덕였다. 그들은 마을 주위에는 울타리가, 곰들에게는 물이 더 필요하다고 했다. "인내심이 거의 바닥났네요.

작년 우기에 비가 충분히 내리지 않은 탓이죠." 다리를 절뚝이며 차로 돌아가던 다라이야가 결론지었다.

다음 날, 동이 트기 전 나는 아르주 말릭과 함께 오랜 세월 침식되어 온 건조한 아라발리산맥으로 향했다. 다친 다리를 살펴야 했던 다라이야는 마지못해 산장에 남았다. 말릭은 델리에서 식물학을 공부했으며 원래는 농약 사용이 지역 내 습지에 미치는 영향을 조사하러 구자라트주에 왔다고 했다. 그는 자기 생각을 서슴지 않고 말하며, 남성 동료들과 일하는 현장에서 자신의 능력을 증명해 보이려는 의지가 강한 뚝심 있는 여성이었다. "느림보곰에게 필요한 물의 양을 아는 사람이 아무도 없어요." 산장을 나와 말라버린 강을 지나며 그가 말했다. 그는 이 상황을 바꾸고 싶어 했다.

우리는 두 시간이 넘도록 산속을 걸었으나 바짝 마른 개울에는 졸졸 흐르는 물줄기도 똑똑 떨어지는 물방울도 보이지 않았다. 물이 흘러야 할 곳에는 뾰족뾰족한 메스키트mesquite나무들이 자리를 차지하고 자라고 있었다. 산림부는 탱크 트럭이나 배수로를 통해 흘러든 빗물로 물을 공급하는 콘크리트 우물과 웅덩이인 인공 수원을 삼림 곳곳에 여러 개 설치했다. 느림보곰이 자주 나타난다고 알려진 구역에 전략적으로 배치한 것이다. 하지만 가뭄이 심해지면서 곰과 인간의 충돌을 막기 위한 대책이 추가로 필요해졌다. 내가 방문하기 전해에 남서 계절풍이

제2부
아시아

우세한 우기인 몬순철의 평균 강우량은 예년에 비해 76퍼센트나 줄어들었다. 그래서 다라이야와 말릭은 제소르 전역의 자연 수원을 살펴보며 가뭄철 토양의 수분 보유량을 높이는 방법을 찾아내는 중이었다.

몇 킬로미터를 지나 말릭이 우뚝우뚝 솟은 무화과나무 그늘에 있는 얕은 갈색 물웅덩이 근처에 멈춰 섰다. 기온이 떨어진 것을 피부로 느낄 수 있었다. 그는 지리정보시스템Global Information System, GIS으로 숲속에 물이 있는 곳이 고작 다섯 군데라는 것을 확인했고, 각각의 장소에 따른 곰들의 방문 빈도를 알아내기 위해 발자국과 배설물, 땅을 판 흔적을 기록하고 있었다. "일단 느림보곰에게 필요한 물의 기준량을 확인하고 나면 자연적으로 물을 보유할 수 있는 환경을 설계해보려고 해요." 그가 말했다. 곰들이 보호구역을 나와 떠돌다 마을로 내려오는 것을 막기 위한 대단히 중요한 일이었다. "여름이 되면 산속에 물이 남아 있지 않을 거예요."

그날 밤 말릭과 나는 한낮의 더위에 지쳐 산장에 놓인 간이 침대에 축 늘어져 있었다. 산들바람이라도 불까 싶어 문을 활짝 열어놓았지만 바람은 조금도 불지 않았다. 공기는 덥고 탁

했다. 도마뱀들이 벽 위를 잽싸게 가로질렀다. 다라이야는 밖에 서서 별을 올려다보며 몇 달 만에 자연으로 돌아온 기분을 만끽하고 있었다. 그의 손에 들린 담뱃불이 어둠을 뚫고 반짝였다. 침대에 기대 낮에 있었던 일을 휘갈기며 정리하고 있는데 숨죽인 소리가 들려왔다.

"나와봐요! 얼른!"

밖을 살폈지만 보이는 것은 없었다. 다라이야는 최대한 소리를 내지 않으려 애쓰며 우리의 주의를 끌려고 손가락을 튕기기 시작했다. 이번에는 아작아작 씹는 소리, 코를 킁킁대고 힝힝대는 소리, 침을 질질 흘리는 소리가 만든 불협화음이 귀에 들어왔다. 느림보곰이 와 있었다.

말릭과 나는 손전등을 집어 들고 까치발로 살금살금 걸어 문밖으로 나갔다. "묘목밭 가장자리에 어미 곰 하나와 새끼 곰 둘이 있어요." 다라이야가 다급히 속삭였다. 우리는 묘목을 향해 불을 비췄다. 곰들이 기다란 카시아나무 꼬투리를 씹고 있었다. 느림보곰은 야행성이 아니지만 주변에 사람이 있으면 해가 지고 나서 왕성히 활동하는 경향이 있다. 손전등을 처음 비추었을 때 보인 것은 곰들의 빛나는 눈뿐이었다. 작은 점 여섯 개가 번뜩였다. 구조된 춤추는 곰들의 생김새를 바탕으로 나머지 몸통을 머릿속에 그려보았다. 곰들은 9미터 정도 거리에서 땅에 떨어진 꼬투리를 정신없이 주워 먹고 있었다. 가느다란 손전등 불빛으로는 곰 세 마리를 한 번에 지켜볼 수 없었다. 다라이야는 산장 앞에 주차된 밴으로 따라오라고 손짓했다. 그는 운전자석 문을 최대한 조용히 열었고 우리는 문을 방패 삼아 옹기종기 모였다. 시동 장치에 열쇠를 꽂고 살짝 돌리자 헤드라이트가 딸깍하고 켜지면서 카시아나무를 빛으로 휩쌌다. 심야 뷔페를 게걸스럽게 즐기는 곰들은 형체를 알아볼 수 없는 커다란 털북숭이 같았다. 포악한 살인자와 비참한 연기자라는 느림보곰의 상반된 모습을 모두 받아들인 내 앞에 곰들이 올리는 세 번째이자 마지막 막이 펼쳐지고 있었다. 야생 느림보곰은 인간에도 사슬에도 매이지 않은 채 새끼들에게 정글의 법칙을 가르쳐주고 있었다.

제3장

소프트 파워

EIGHT BEARS

대왕판다, 중국

Giant panda, China

Ailuropoda melanoleuca

어느 봄날, 나는 오래된 그늘막 시설 안에 서서 기다란 대나무를 쪼개질 때까지 바닥에 내리치고 있었다. 조각난 섬유질이 돌바닥에 비처럼 쏟아졌다. 아침에 작업한 대나무만 벌써 15개였는데 해는 이제야 칭청산의 거대한 36개 봉우리 위로 떠오르고 있었다. 내가 대왕판다 사육사 일일 체험을 신청하면서 기대했던 일은 이런 것이 아니었다. 사육장에 있는 대왕판다들이 직접 하면 안 되는 것인지, 대왕판다 대신 대나무를 쪼개겠다고 자원한 외국인이 또 왜 이렇게 많은지 모를 일이었다. 나는 그저 대왕판다들이 기운을 너무 많이 써서 쓰러져 멸종하는 일을 우리가 약속한 노동이 막아주는 모양이라고 짐작할 뿐이었다.

그날 아침 8시 나는 쓰촨성에 있는 두장옌중화대왕판다원

都江堰中华大熊猫苑으로도 잘 알려진 중국대왕판다보호연구센터 中国大熊猫保护研究中心 두장옌기지都江堰基地로 출근했다. 회색 벽돌로 된 본부 건물과 40개의 대왕판다 방사장이 칭청산의 구불구불한 산자락을 따라 지어져 있었다. 칭청산은 도교의 발원지로 여겨지며 현대 중국에서 여전히 매우 중요한 도교 중심지 중 하나지만, 오늘날에는 대왕판다로 더 큰 인기를 끌고 있는 듯했다. 그날 아침, 기지에 거주하는 대왕판다들을 돌보겠다며 돈을 내고 나타난 자원 활동가는 약 30명이었다. 문밖에서 나는 갖가지 흑백색 물건을 팔러 다니는 수십 명의 행상과 마주쳤다. 이들이 어지러울 정도로 현란한 자본주의적 동작으로 얼굴 앞에 들이미는 물건에는 대왕판다 얼굴이 그려진 야구모자, 작은 귀가 달린 대왕판다 머리띠, 대왕판다 인형, 대왕판다 브랜드 담배, 대왕판다 똥으로 키운 차가 있었다. (나는 차를 조금 샀다.) 문 안으로 들어서니 직원들이 체온을 재고(아픈 사람은 대왕판다 근처에 갈 수 없다) 건강한 자원 활동가들을 여러 그룹으로 나눈 뒤 녹색 셔틀버스에 태워 51헥타르 규모의 기지 곳곳으로 실어 보냈다. 내가 속한 그룹은 남쪽 외곽에 있는 방사장으로 보내졌다. 네 마리의 뚱뚱한 대왕판다가 살고 있는 이 방사장은 왕성한 번식력으로 유명했던 수곰의 이름을 따서 판판 동산이라고 불렸다. 2016년 서른한 살의 나이로 세상을 떠난 판판盼盼에게는 적어도 130마리의 자손이 있는 것으로 추

제2부
아시아

정된다.[1] 판판의 튼튼한 유전자는 전 세계 사육 대왕판다 개체수의 5분의 1 가까이에 살아남아 있다.[2]

판판 동산에 있는 작업장에서 나는 형편없는 투창 선수처럼 그다음 대나무를 땅에 맥없이 내리쳤고 반동이 느껴질 때마다 움찔거렸다. 우리의 감독관은 양 갈래로 단단히 땋은 검은 머리에 벙거지를 눌러 쓴 젊은 여성이었다. 그는 고래고래 소리를 지르며 지시를 내렸다. **"더 빨리요! 더 가늘게요! 잘 좀 해보세요!"** 우리 다섯 명은 다발로 묶여 있는 대나무를 평상형 트럭에서 끄집어 내리며 철책이 쳐진 방사장 안을 느릿느릿 움직였다. 저마다 벙벙한 남색 점프슈트를 입은 모습이 마치 수감 중인 스머프 같았다. 가슴에 달린 주머니에는 '대왕판다 관리 교육생'이라고 수놓은 녹색 자수 배지가 붙어 있었다. 미국 샌타바버라카운티에서 온 은퇴한 부부가 내 옆에 서서 지친 기색으로 12번째 대나무를 내리쳤다. 눈이 마주친 우리는 함께 얼굴을 찌푸렸다.

대왕판다는 식성이 까다롭기로 악명 높다. 식단은 99퍼센트가 대나무 순과 잎, 줄기다.[3] 중국에는 약 500종의 대나무가 자라지만 대왕판다가 먹는 것은 60종에 불과하고, 그중에서도 세 가지 종을 특히 좋아한다. 문제는 대나무가 단백질 함량이 높기는 해도 영양가는 **그다지** 많지 않다는 점이다. 과학자들은 대왕판다가 대나무를 먹는 유일한 이유를 대나무가 풍부한 데다가 아무 동물도 원하지 않기 때문이라고 본다. 동물계에서 매우 게으른 축에 든다고 알려진 대왕판다는 굳이 다른 종들과 싸워가면서까지 열량을 얻고 싶어 하지 않는다. 그래서 살아남기 위해 매일 대나무를 최대 18킬로그램씩 섭취한다. 하지만 이런 제한적인 식단은 중국 서부 전역에서 농업이 확대되고 대나무 숲이 사라지면서 취약한 대왕판다 개체군에 해가 되는 것으로 드러나고 있다.

야생 대왕판다는 한때 17개 성에서 발견되었으나 현재는 간쑤성, 산시성, 쓰촨성 세 곳에서만 살고 있다. 이 중 쓰촨성이 대왕판다의 주요 서식지다. 중국 남서부에 위치한 쓰촨성은 대부분 성보다 산림 면적이 넓다. 세속적 한족 문화가 드넓은 땅을 지배하고 있기도 한데, 비취색 언덕이 티베트고원의 황토색 바윗장을 마주하는 곳부터는 대왕판다가 야크yak와 관련된 모든 것에 권력을 내준다. 티베트 자치구의 수도인 라싸는 색이 바랜 너덜너덜한 기도 깃발들이 휘날리는 구불구불한 길을 따라 1,930킬로미터 정도 떨어진 곳에 있다. 쓰촨성에서는 천상의 신들에게 이르는 관문인 성스러운 산들이 하늘을 찌르고, 화려하게 장식된 사원들이 무너져 내리는 절벽 위에 균형을 잡고 서 있다. 양쯔강이 진흙투성이 뱀처럼 계단식 논을 휘감아 흐르며 지나는 골짜기에서는 여자 남자 할 것 없이 향신료와 노보카인novocaine*의 중간쯤 되는 강력한 영약인 얼얼한 맛의

제2부
아시아

초피椒皮 열매를 바구니에 가득 채우러 다닌다.

중국에 야생 대왕판다가 남아 있다는 것은 실로 경이로운 일이다. 반세기 전 중국 과학자 3,000명이 대왕판다가 서식한다고 알려진 지역을 샅샅이 뒤져 개체수를 조사했을 때 야생 대왕판다는 단 여섯 개 산맥에 겨우 1,000마리가 남은 것으로 추정되었다.[4] 실망스러운 결과를 받아 든 중국 정부는 대왕판다를 멸종 직전에서 되살리기 위한 보전 계획에 신속히 착수했다. 중앙정부가 1983년까지 설정한 대왕판다 보호구역 12개소에는 야생 대왕판다 개체군의 절반 남짓이 서식했다.[5] 그래도 대왕판다는 2000년대 초반까지 고전을 면치 못했다. 오늘날 중국은 야생 대왕판다 개체수가 1,864마리** 라고 (의심스러울 정도로 정확하게) 공표하고 있다.[6]

그런가 하면 사육 시설에 살고 있는 대왕판다도 많다. 중국 정부는 40년가량 대왕판다를 사육해왔고, 현재 세계 각지의 동물원과 연구센터에는 600마리가 넘는 대왕판다가 살고 있다. 내가 자원 활동을 한 중국대왕판다보호연구센터 두장옌 기지에는 그중 40마리 정도가 있었다. 이곳은 중국 국경 내에 있는 정부 출연 사육 센터 여섯 곳 중 하나로 전 세계 동물원에서

---

* 국소 마취제의 하나다.
** 2015년 국가임업초원国家林业和草原局이 발표한 수치로 1.5세 미만의 어린 대왕판다는 제외하였다.

수십 년 동안 일한 노령의 곰들을 돌보는 양로원도 겸하고 있다. 워싱턴에 있는 미국국립동물원Smithsonian National Zoological Park에서 태어난 (그리고 살아남은) 첫 번째 대왕판다인 타이샨泰山은 2010년 중국에 반환되었다. 십 대가 된 타이샨은 이제 기지에서 빈둥거리며 하루하루를 보냈고, 아침이면 대왕판다 사육사 프로그램에 참여하는 자원활동가들이 쪼갠 대나무를 외바퀴 손수레로 타이샨의 우리까지 실어 날랐다.

두장옌에는 파란만장하게 살아온 나이 지긋한 곰이 많았다. 몸이 뻣뻣한 스물일곱 살 암곰 잉잉英英은 판판 동산 방사장에서 나를 처음으로 맞이한 대왕판다였다. 잉잉은 몇십 년 전 쓰촨성 워룽현의 야생에서 포획되어 나중에 이곳으로 옮겨졌다. 사육 대왕판다의 수명은 서른 살 정도로 알려져 있는데 최장수 기록은 서른여덟 살이다. 오스트리아 쇤브룬동물원Schönbrunn Zoo에서 태어난 땅딸막한 다섯 살배기 수곰 푸바오福豹*도 이곳에 살았다. 방사장 안의 다른 대왕판다들은 워룽자연보호구역臥龙国家级自然保护区管理局에 있는 사육 기지에서 태어났다. 스물세 살 페이페이妃妃와 생후 9개월 된 페이페이의 아기는 야생에 발을 들여본 적이 한 번도 없었다. 두장옌에 살던 곰 중 많은 수는 7만여 명의 사망자를 낸 2008년 쓰촨성 대지진

---

* 한국 최초로 자연 번식에 성공해 태어난 대왕판다의 이름도 푸바오지만 중국어 이름은 福宝로 다르다.

제2부
아시아

이후에 이곳으로 옮겨졌다. 규모 8.0의 강진은 워룽자연보호구역 내 중국대왕판다보호연구센터 워룽허타오핑기지卧龙核桃坪基地를 무너뜨렸고 대왕판다 한 마리가 방사장에서 떨어진 돌덩이에 깔려 죽는 안타까운 일도 있었다(이후 워룽자연보호구역에는 워룽중화대왕판다원卧龙中华大熊猫苑으로도 알려진 중국대왕판다보호연구센터 워룽신수핑기지卧龙神樹坪基地를 새롭게 설립했다. 이후 재건을 마친 워룽허타오핑기지는 허타오핑야생화훈련기지核桃坪野化培训基地로서 대왕판다의 야생화 훈련을 전문적으로 하고 있다).[7] 중국대왕판다보호연구센터 두장옌기지는 집을 잃은 곰들에게 거처를 제공하고 지역의 회복을 돕기 위해 참사 직후 건설되었다. 지진의 진원지는 이곳에서 80킬로미터 거리에 불과했다.

우리가 대나무를 다 쪼개자 직원들은 신나는 일을 또 맡겼다. 이번에는 대왕판다의 배설물을 쓸어 담을 차례였다. 자원활동가들은 대왕판다가 있는 동안에는 숲이 우거진 방사장에 들어갈 수 없다. 대왕판다는 관광객들에게 대개 친절하지만, 너무 가까이 다가오면 공격한다고 알려져 있다. 2006년 술에 취한 남성이 대왕판다를 안아보고 싶다며 베이징동물원北京动物园의 대왕판다 우리에 뛰어든 일이 있었다. 우리 안에 있던 대왕판다 구구古古는 그를 안아주는 대신 달려들어 다리를 찢어놓았다.[8] 남성은 이후 언론 인터뷰에서 난폭한 공격을 막아보려고 대왕판다의 등을 물었지만 "털이 너무 두꺼웠다"라고 말했다. 1년 뒤에는 십 대 남자아이가 구구의 우리에 뛰어들었고 구구는 아이의 다리도 물어뜯었다.

감독관은 나뭇가지 사이에 몸을 끼운 채 졸고 있는 페이페이의 아기만 남겨두고 잘 속는 대왕판다들을 길쭉한 당근 조각으로 꾀어 방사장 밖으로 내보냈다. 우리는 삽과 양철 양동이를 들고 슬며시 안으로 들어갔다. 감독관이 바닥을 가리켰다. "오래된 대나무를 쓸어 담으세요." 우리는 대나무 조각을 쓸었다. "똥을 치우세요." 우리는 양동이에 배설물을 주워 모았다. 방사장은 하루 지난 똥으로 넘쳐났다. 다행히 대왕판다는 소화기관이 좋지 않아서 배설물은 그들이 마지막으로 먹은 끼니와 매우 비슷했다. 각각의 똥은 곤죽이 된 대나무가 뭉쳐지며 연탄같이 굳은 노란색 덩이에 불과했다. 사실 대왕판다의 대장을 거치고도 대나무가 온전한 경우가 많아서, 과학자들은 배설된 대나무 조각에 난 대왕판다의 고유한 잇자국 크기를 분석해 야생 대왕판다 개체수를 추정할 수 있다.

오전 11시가 되자 직원들은 마침내 고된 노동을 잠시 멈출 수 있는 시간을 주었다. 일정표에 '판다에게 예의를 갖춰 먹이 주기'라고 적혀 있는 활동 시간이었다. 개중에 상냥한 직원 하나가 안내하는 대로 시멘트가 발린 작은 곰사로 들어가니 바로 뒤쪽에 녹색 야외 우리가 보였다. 그 안에는 페이페이가 앉아 있었다. 페이페이는 나를 (아니, 사실은 내 손에 들린 간식을) 보자마자 창살 근처로 엉덩이를 바짝 당겨오더니 명상 중인 배불뚝이 부처처럼 가만히 앉아 기다렸다. 나는 차가운 콘크리트 바닥에 책상다리로 앉아 페이페이를 마주 보았다. 점프슈트 차림 때문인지 교도소에서 면회하는 느낌이 들었다. 페이페이는 까만 털로 뒤덮인 앞발을 머리 위로 올려 문에 달린 회색 쇠 빗장을 붙잡더니 우리 사이에 놓인 철책 사이로 주둥이를 내밀었다. 나는 페이페이가 벌린 입에 사과 조각 하나를 올려놓았다. 청회색 눈은 커다란 안대 모양의 까만 털에 묻혀 잘 보이지 않았다. 페이페이가 입맛을 쩝쩝 다셨고, 나는 당근 하나를 주었다. 이렇게 하기를 몇 차례 반복하다 보니 몇 분 만에 먹이가 동나버렸다. 흥미를 잃은 페이페이는 나를 두고 떠났다. 정말 '예의를 갖춘' 행동이 아닐 수 없었다. 이내 감독관이 곰사로 들어오더니 160달러만 더 내면 다른 대왕판다와도 껴안고 사진을 찍을 수 있다고 말해왔다. 나는 사양했다.

구내식당에 가니 족발과 찐 버섯을 고추기름에 양념한 점심 식사가 우리를 기다리고 있었다. 꿈에만 그리던 대왕판다를 안아본 자원 활동가들은 서로 부둥켜안고 흐느꼈다. 젊은 독일 여성은 감격에 북받친 듯 남자친구의 가슴에 얼굴을 파묻고 울음을 쏟아냈다. 대왕판다가 사람들에게 미치는 영향은 확실히 대단했다.

그날 오후 두장옌을 떠나던 내게 강하게 남은 인상은 야생 대왕판다의 개체수가 얼마나 적든 간에 대왕판다가 가까운 장래에 멸종할 가능성은 작으리라는 것이었다. 대왕판다는 안데스산맥과 인도에서 접한 곰들과 근본적으로 달랐다. 대왕판다는 안경곰 같은 관심 밖의 존재도 느림보곰 같은 두려운 존재도 아니었다. 어디에서나 사랑받았다. 대왕판다의 존속은 경제 전반에 깊이 관계되어 있었다. 대왕판다의 '세계적 문화 가치'가 거둬들이는 연간 수익은 7억 900만 달러로 추산된다.[9] 나 역시 대왕판다와 포옹하는 일에 함부로 돈을 쓰지 않았는데도 그날 아침 두장옌기지에 도착했을 때보다 주머니 사정이 훨씬 나빠졌다. 대왕판다의 온갖 요구를 들어주는 데만 700위안, 그러니까 대략 100달러라는 거금이 들어갔다. 하지만 대왕판다의 경제적 파급력을 떠나서라도 그들의 지속적 생존은 다른 모든 멸종우려종을 위한 희망의 등대였다.

대왕판다가 중국 내에서도 전 세계에서도 문화적 정점에 올랐다는 사실은 부인하기 어렵다. 베이징사범대학교문화혁신커뮤니케이션연구소北京师范大学文化创新与传播研究院가 문화적 상징과 관련해 최근 실시한 설문조사 결과에 따르면 대왕판다는 공

제2부
아시아

자와 쿵푸, 녹차를 제치고 전 세계에서 중국 문화의 상징으로 가장 널리 여겨지는 것으로 나타났다.

세계자연기금World Wildlife Fund, WWF은 1961년 대왕판다를 기관의 상징으로 채택했으며, 널리 알려진 이 대왕판다 로고를 최초로 그린 저명한 환경 보호 활동가 피터 스콧 경Sir Peter Scott 은 "아름답지만 멸종 위기에 처해 있으며, 매력적인 특징 덕분에 세계적으로 많은 사람에게 사랑받는 동물을 원했다"라고 언급했다.[10] 대왕판다의 멸종을 막기 위해 들이는 돈과 시간은 다른 어떤 동물의 경우보다 많다.

하지만 현대에 누리고 있는 명성에도 불구하고 흑백 털의 대왕판다는 20세기까지 중국 사람에게 대체로 뒷전인 존재였다. "전통적으로 대왕판다는 쓸모없는 동물에 가까웠습니다." 베이징대학교의 대왕판다 전문가 왕다쥔王大军이 말했다. "지역에 따라서는 대왕판다의 존재 자체를 모르는 사람들도 많았어요." 그는 친링산맥에서는 1960년대까지 대왕판다가 발견되지 않았다고 했다. "사람들은 쓰촨성에 대왕판다가 있다는 것은 알았지만 가까운 산시성에도 사는지는 몰랐던 거죠." 중국 남부에서 자란 그는 1990년대에 산시성을 돌아다니며 현지 주민들에게 대왕판다에 관해 묻다가 잘못 찾아왔다는 답을 들은 기억이 있다고 했다. "'쓰촨성으로 가세요. 여기에는 없어요'라고 하더군요. 대왕판다가 해를 끼치지 않으니 신경 쓰지 않았던 거죠." 대왕판다는 온순한 기질 때문에 사람들의 기억에 잘 남지 않았다.

중국이 종이를 발명했을지는 몰라도 고대에 판다를 묘사한 기록을 찾아보기는 어렵다. 2,000년 하고도 훨씬 전에 십이지가 만들어졌을 때 판다는 당혹스럽게도 제외되었다. 심지어 쥐와 상상 속 동물인 용도 명단에 올랐는데 말이다. 하지만 판다는 다른 곳에서 나타나기도 했다. 기원전 155년 사망한 효문태후는 2,000여 년 뒤 능을 발굴했을 때 판다 두개골과 함께 매장되어 있었다.[11] 기원전 3세기에 쓰인 고전 《산해경》은 550여 개의 산을 묘사하며 선진 시대의 신화적 장소와 환상적 동물을 탐구한다. 그중에는 현대 대왕판다와 놀라울 정도로 유사한 충라이산맥의 생명체도 언급되어 있다. 어떤 이들은 이 동물을 '맥貘, mò'이라고 부르며 구리와 철을 먹는다고 주장했다. 고대 농촌에는 금속을 먹는 괴물들이 산에서 내려와 구리와 철을 찾아 세간살이를 뒤진다는 괴담이 돌기도 했다. 쓰촨 지역 부족들은 냄새가 고약한 판다 오줌을 마시면 삼킨 바늘을 녹일 수 있다고 믿었다. 그래도 왕다쥔의 말에 따르면 판다를 전통 약재로 쓰려고 노리는 일은 드물었다고 한다. 대신 사냥꾼들이 털가죽을 구하려고 판다를 죽이는 경우가 있기는 했는데, 굵고 거친 판다 털 위에서 잠을 자면 악귀를 쫓고 미래를 예언할 수 있다는 소문 때문이었다. 서양에서 판다를 알게 된 것

제2부
아시아

도 사냥을 통해서였다.

1869년 3월 프랑스 라자리스트회 선교사 아르망 다비드 Armand David 신부는 쓰촨성 중부 바오싱현을 여행하던 중 성당으로 향하던 지역 지주를 만나 다과를 대접받았다.[12] 다비드 신부는 이씨 성을 가진 이 남자의 고풍스러운 저택에서 흑백의 털로 뒤덮인 가죽을 발견했다. 이씨는 사냥꾼들이 내일 또 한 마리를 잡으러 나가기로 했으니 이 동물을 금방 볼 수 있으리라고 말했다. 12일 뒤 다비드 신부는 갓 죽인 어린 대왕판다를 받았다는 기록을 일지에 남겼다. 4월 초에 사냥꾼들이 반듯이 누운 성체 대왕판다를 가지고 돌아온 것이다. "새로운 **곰종**인 것이 틀림없다. 색깔도 그렇지만 털이 수북한 발바닥이나 다른 특징들을 봐도 매우 신기한 생김새다." 그는 흑백 곰이라는 뜻의 이름(Ursus melanoleucus)을 제안했다.

유럽의 과학 기관들은 대왕판다에 관해 들었을 때쯤 다른 일곱 종의 곰에 관한 정보를 이미 접한 상태였다. 느림보곰은 1791년 문헌에 등장했고 반달가슴곰과 태양곰 그리고 안경곰도 1825년까지는 모두 묘사되었다. 다비드 신부의 설명은 우리가 아는 곰 가계도를 완성했다. 하지만 오늘날의 국제적 명성과 달리 대왕판다는 그 뒤로도 60년 동안이나 세상에 알려지지 않았다. 다비드 신부가 이씨 집을 방문한 뒤로 수십 년이 지나도록 서양인들은 다른 판다를 발견하지 못했다. 1936년 〈뉴욕

타임스〉는 "대왕판다는 유니콘이나 용 같은 전설 속 동물로 여겨지게 되었다"라고 보도했다.[13]

같은 해 뉴욕시의 의상 디자이너이자 사교계 명사인 루스 하크네스Ruth Harkness는 작고한 남편의 마지막 소원을 이뤄주겠다는 일념으로 상하이에 도착했다.[14] 그의 남편은 생전에 대왕판다를 최초로 생포한 사람이 되고 싶어 했다. 하크네스는 줄어드는 남편의 유산으로 자금을 마련해 원정대를 꾸려 세계적으로 매우 진귀한 동물 중 하나를 손에 넣을 수 있으리라는 희망을 품었다. 그는 영어를 유창하게 구사하는 잘생긴 중국 청년 쿠엔틴 영Quentin Young을 고용했다. 저널리스트 비키 크로크Vicki Croke가 하크네스의 모험을 연대순으로 기록한 책《여인과 판다The Lady and the Panda》에서 밝혔듯이 "그는 물론 성별 면에서 불리했고 경험도 부족했다.[15] 영은 아주 풋내기는 아니었으나 중국인이었고 십 대를 겨우 지난 나이였다. 두 사람 모두 부유하고 유명한 모험가들의 엘리트 집단과 매우 동떨어져 있어서 〈뉴욕 타임스〉가 '몹시 조롱받은 탐험'이라고 표현한 그들의 모험은 이 지체 높은 남성들이 서로의 일에 보이는 종류의 관심을 끌 만하지도 못했다."

하크네스는 사람들이 생각하는 결점에 굴하지 않았다. 하크네스와 이후 그가 애인으로 삼은 영은 상하이에서 쓰촨으로 이동해 안개에 싸인 산속을 오르며 대왕판다를 찾아 헤맸다.

제2부
아시아

그가 새끼 대왕판다를 정확히 어떻게 손에 넣게 되었는지는 설명이 불분명한데 아마도 의도적이었을 것이다. 11월 9일 이른 아침, 하크네스와 영은 남자 네 명과 함께 숲을 올랐다. 어린 나무에 묶어놓은 철사 올가미를 확인하러 가는 길이었다. 크로크는 빽빽한 대나무 숲을 지나던 당시의 여정을 이렇게 묘사했다. "시야가 확보되지 않아 1미터 앞도 내다볼 수 없는 상황이었다. 앞쪽에서 고함이 들리더니 이내 머스켓 총성이 울려 퍼졌다. 그야말로 혼란 그 자체였다. 하크네스가 영에게 다가갔을 때 영은 중국어로 소리치고 있었다. 그가 헐떡이며 '무슨 일이죠?' 하고 묻자 영은 '백곰*'이에요'라고 대답했다."[16]

하크네스와 영은 이 아기 대왕판다의 대리 부모가 될 것이었다. 세련된 상속녀는 생후 2개월 된 수곰의 이름을 '매우 귀엽고 자그맣다'라는 뜻에서 '수린蘇琳'으로 지었고, 낑낑거리는 새끼 곰을 나무 바구니에 넣어 중국 이곳저곳으로 실어 날랐다.[17] 그가 수린에게 먹인 음식은 자두 주스와 우유, 대구간유, 거버Gerber 사에서 나온 채소 수프, 오트밀이었고 조각난 대나무 순은 하나도 찾아볼 수 없었다. 비행기를 타고 상하이로 돌아왔을 때 하크네스의 얼굴은 환하게 빛나고 있었다. 〈차이나 프레스China Press〉는 이렇게 보도했다.

---

* 당시 중국에서 대왕판다를 부르던 말이다.

지난 반세기 동안 과학자들과 탐험가들이 세계에서 가장 드물고 그만큼 잡기 힘들어 값나간다는 대왕판다를 찾아 헤맸으나 성과가 없었는데, 그간의 노력이 오늘 아침 상하이에서 마침내 결실을 거두었다. 대왕판다로서는 최초로 포획되었다는 점에서 특별한 이 생후 5주 된 동물은 **러시아여제호**에 실려 미국으로 떠났다.[18]

새끼 대왕판다를 중국 밖으로 데리고 나가는 것은 야생에서 데리고 나오는 것보다 더 만만치 않은 일이었다. 하크네스는 탐험을 위한 과학적 허가 절차를 무시했고 수출 허가도 신청하지 않았다. 하크네스가 러시아여제호에 오르기로 한 날 중국 관세국 직원들은 그와 수린을 구금했다. 밀실에서 은밀한 협상이 벌어졌다. 아마 돈이 오갔을 것이다. 며칠 뒤 그는 온갖 악조건에도 불구하고 대왕판다와 함께 미국으로 돌아가도록 허가받았다. 증기선에 오르던 그의 손에는 바구니에 숨긴 대왕판다와 '개 한 마리, 20달러'라고 적힌 증명서가 들려 있었다.[19]

수린은 미국에 도착하자마자 선풍적인 인기를 끌었다. 이렇게 사랑스러운 동물은 아무도 본 적이 없었다. 하크네스는 호화로운 수달 모피를 걸치고 뉴욕과 시카고를 돌아다니며 가냘프게 우는 새끼 대왕판다를 선전했고,[20] 카메라 플래시 세례에 자세를 취하며 자신이 운이 좋았고 영도 용감했으며 다음 원정

제2부
아시아

에서는 대왕판다를 더 잡아 오리라고 기자들을 향해 떠들어댔다. 1937년 4월 20일 수린은 시카고의 브룩필드동물원Brookfield Zoo에서 대중 앞에 첫선을 보였다.[21] 전시된 대왕판다를 보러 방문한 사람은 석 달 동안 30만 명이 넘었다. 영화배우 셜리 템플Shirley Temple, 정치가이자 사회운동가인 엘리너 루스벨트Eleanor Roosevelt,[22] 사회사업가 헬렌 켈러Helen Keller도 수린을 맞이하러 들렀다.[23]

미국은 대왕판다 한 마리로 채울 수 없는 흑백 열정에 사로 잡혀 있었다. 얼마 지나지 않아 동물원 간에 대왕판다 경쟁이 벌어졌다. 동물원 과학소장들은 더 많은 곰을 입수하기 위해 더 많은 원정대를 파견했다. 수린이 첫선을 보인 뒤 10년 동안 14마리의 대왕판다가 사적 전시 용도로 중국에서 반출되었다. 더 많은 수는 미국 트로피 사냥꾼들에게 죽임을 당했다. 1946년 참다못한 중국이 행동에 나섰다. 중국 정부는 자국의 사랑받아 마땅한 곰을 외국인들이 제멋대로 착취하는 것을 금지하며 대왕판다와 외부 세계가 맺는 관계의 새로운 시대를 알렸다.

수린은 1938년 폐렴으로 세상을 떠났다.[24] 쓰촨의 대나무 숲에서 빼돌려진 지 2년도 지나지 않아서였다. 현재 수린의 몸은 시카고 필드박물관Field Museum의 유리 진열장 안에 전시되어 호기심 강한 구경꾼들을 여전히 끌어모으고 있다.[25] 하지만 수린의 유산은 동물원 동물들을 훨씬 넘어선다. 수린의 이야기는 입소문을 타고 퍼지는 대왕판다 영상과 봉제 인형, 사육 대왕판다 하나하나에 살아 숨 쉬고 있다. 대왕판다로서는 처음으로 전 세계를 여행한 수린은 어떤 곰 형태의 기념물보다 훨씬 큰 존재가 되었다. 수린은 문화 혁명을 촉발했다.

20세기 중반 이후 대왕판다는 중국 사회에서 높은 지위에 올랐다. 공산당 지도부는 문화 권력 거래에 관한 한 대왕판다가 중국의 몇 안 되는 자산 중 하나라는 사실을 고려하지 않을 수 없었다. 미국에는 야자수가 늘어선 할리우드 대로를 달리는 컨버터블과 미국프로농구 NBA, 페퍼로니 피자가 있었다. 중국은 참새가 눈에 띄게 부족할 뿐이었다.[26]* 베이징에 도착한 외국 사절들이 간절히 보고 싶어 했던 것은 만리장성이 아니라 대왕판다였다. 하지만 대왕판다 그리고 대왕판다와 관련된 문화적 영향력은 정부의 도움이 없으면 사라질 운명이었다.

1940년대에 외국인 사냥꾼의 밀렵과 살아 있는 대왕판다의 수출이 금지되었는데도 개체수는 삼림 파괴로 인해 계속 감소했다.[27] 그래서 마오쩌둥이 이끄는 공산당은 1960년대에 야

---

* 1958년 대약진운동 때 마오쩌둥이 참새를 유해동물로 지목하고 박멸을 지시해 그해에만 2억여 마리의 참새가 죽은 일을 가리킨다.

제2부
아시아

생 대왕판다 보호구역 네 개소를 지정하고 중국 내 대왕판다 사냥을 전면 금지했다. 대왕판다를 밀렵하다 잡힌 사람에게는 징역형이 선고되었고 사안이 중대하면 사형까지도 내려졌다. 1993년 중국 남부 법원은 대왕판다 세 마리의 생가죽을 밀거래한 죄로 남성 두 명을 사형에 처했다.[28] 몇 년 뒤에는 중국 남서부에 사는 농부가 대왕판다를 죽이고 생가죽을 판 죄로 징역 20년을 선고받은 일도 있었다.[29] (2017년 중국은 대왕판다 밀렵과 밀수에 관한 최대 형량을 '무기 또는 10년 이상의 징역과 재산 몰수'로 변경했다.[30])

마오쩌둥의 초기 노력은 대왕판다 개체수 감소를 막는 데는 거의 도움이 되지 않았다. 야생생물학자들은 정부가 지정한 보호구역을 두고 공식 문서상에 개략적 내용만 나와 있을 뿐 현장에서는 보호와 집행이 거의 이루어지지 않는 서류상 공원에 불과하다고 비판했다. 게다가 사냥이 대왕판다를 가장 위협하는 요인이었던 적은 한 번도 없었다.

그 뒤로 수십 년 동안 중국 중앙정부는 대왕판다 보호를 위한 새로운 야생동물법을 통과시키는 한편 무자비하면서도 때로는 어설픈 방법을 쓰며 대왕판다를 구하기 위한 현장의 노력을 강화했다. 대나무로 한정된 식단을 위험하다고 여기는 이유는 대나무가 꽃을 피운 뒤 곧 죽어버리는 식물의 성질 때문이다. 대나무종 대부분은 60년이라는 수명 주기 중에 딱 한 번

꽃을 피우지만, 꽃이 피었다 하면 굶어 죽는 곰이 으레 나온다. 1970~1980년대 중국 서부에서는 대규모 개화가 **두 차례** 일어났고 방대한 대나무 숲이 고사했다. 과학자들은 쓰촨성 민산 산맥과 충라이산맥에서 각각 대왕판다 138마리, 141마리의 사체를 발견했다.[31] 대왕판다들은 생산성이 더 높은 서식지로 이주해 대나무 고사를 이겨낼 수 있어야 했다. 하지만 당시 낮은 고도에 살고 있던 수백만 명의 인간들로 인해 갈 곳이 없었다. 이 기간에 피해가 가장 컸던 지역에서는 무려 대왕판다의 80퍼센트가 목숨을 잃었다.[32] 이에 대응해 정부 관계자들은 굶주린 대왕판다들을 구조하러 산으로 향했다. 대왕판다를 찾으면 모두 포획했다.[33] 건강이 회복된 곰들은 야생으로 일부를 돌려보냈고, 나이가 너무 많거나 약하다고 생각되는 곰들은 워룽 내 판다기지에 머물게 했다. '구조된' 곰 중에는 홀로 있던 새끼 곰이 30마리가 넘었는데,[34] 이 곰들이 포획된 것은 어미가 이들을 버렸거나 죽었다는 잘못된 믿음 때문이었다. 당시 야생생물학자들은 어린 새끼를 네 시간에서 여덟 시간가량 나무에 놓아두고 다른 곳에서 먹이를 찾는 것이 어미 대왕판다의 전형적인 행동이라는 사실을 몰랐다.[35] (어미와 새끼가 가장 오래 떨어져 있었던 시간은 52시간으로 기록되어 있다.[36]) 정부의 구조 작전은 의도는 좋았으나 사실상 대량 유괴였다.

실제로 중국 당국은 대왕판다에 관해 대체로 아는 것이 없었다. 생물학자들은 대왕판다가 곰인지도 확신하지 못했다. 곰속에 속하는 것 같다는 다비드 신부의 예리한 의견은 신중한 과학계에서 영향력이 그리 크지 않았다. 과학계는 대왕판다의 특이한 행동에 마냥 당혹스러워했다. 이 동물은 겨울잠을 자지 않았다. 으르렁거리는 대신 매에 하고 울었다. 과학자들은 안대 모양의 얼룩을 고려할 때 이 동물이 아메리카너구릿과(*Procyonidae*)에 속할지도 **모른다는** 의견을 내놓았다. 일반 대중도 혼란스러워하기는 마찬가지였다. 표준 중국어로 판다를 뜻하는 단어인 '熊猫xiong mao'는 **곰고양이**로 번역된다. 1980년대가 되어서야 과학자들은 믿을 만한 분자 실험을 거친 뒤 마침내 합의에 이르렀다. 대왕판다는 분명 곰이었다.[37]

대왕판다의 생태와 보전에 관한 이해가 크게 증진되었던 시기 중 하나는 아마 중국이 세계자연기금의 과학 사절인 영장류학자 조지 샬러George Schaller의 방문을 마지못해 받아들였을 때였을 것이다. 샬러는 서양 과학자로서는 최초로 중국에서 현장 연구를 수행할 예정이었다. 1978년 중국은 농업과 공업, 국방, 과학기술에 중점을 둔 4대 현대화 계획을 발표했다. 샬러는 이 결정에 관해 "실용주의가 쇄국을 향한 중국의 요구를 이겼다. 중국인들은 수십 세기 동안 누려온 번영에 관한 긍지로 똘똘 뭉쳐 있어 주변국의 문화를 미개해 보인다는 이유로 오랫동안 멀리했다. 하지만 이제는 기술이 필요했다"라고 말을 남겼다.[38] 1980년 5월 15일 그는 대왕판다가 서식하는 숲속에 처음으로 올랐다. 이번이 마지막도 아닐 것이었다.

샬러의 연구는 오늘날 우리가 대왕판다에 관해 아는 것의 기초를 이룬다. 그는 주로 쓰촨의 워룽자연보호구역과 당자허자연보호구역唐家河国家级自然保护区에 머물며 중국에서 5년가량을 더 보냈다. 그는 대왕판다가 번성하는 데 필요한 생태적 조건을 연구했다. 대왕판다가 대나무의 어느 부분을 먹으며, 계절마다 먹는 부분이 어떻게 바뀌는지 기록했다. 실험실에서 대나무의 영양 성분을 분석했다. 그리고 이 커다란 곰이 용 꼬리처럼 꼬불꼬불한 능선을 따라 전나무 숲과 자작나무 숲을 뒤뚱대며 가로지르는 모습에 경탄했다. 그는 자신의 책 《마지막 판다The Last Panda》에 이렇게 기록하기도 했다.

산속 서식지를 초월해 세계 시민이 된 대왕판다는 환경을 보호하려는 우리의 노력을 대변하는 상징적 동물이다. 땅딸막하고 곰같이 생겼지만 몸에 그려진 무늬가 어찌나 창의적인 붓놀림을 보여주는지, 또 어찌나 예술적으로 완벽한지, 숭고한 목적을 위해 진화한 것처럼 보일 정도다. (…) 게다가 대왕판다는 희귀하다. 죽거나 다친 대왕판다보다 살아남은 대왕판다를 보는 일이 어쩐지 더 가슴 아프다. 여기에 다른 특성들이 더해지며 전설과 현실이 합쳐진 종, 살아 숨 쉬는 신화적인 생명체

제2부
아시아

가 탄생했다.[39]

1985년을 끝으로 샬러는 대왕판다 프로젝트를 떠났다. 4년 뒤 세계자연기금과 중국 임업부(지금의 산림부)가 실시한 조사 결과, 쓰촨성의 판다 서식지 규모는 1974년 이래 거의 절반으로 줄어든 것으로 나타났다.[40] 이 심각한 통계는 외신의 주목을 거의 받지 못했다. 수만 명에 이르는 중국 인민해방군이 톈안 먼 광장에 들이닥치고 있었기 때문이다.

쓰촨성에 사는 야생 대왕판다는 매우 드물지 몰라도 도시 대왕판다는 눈에 띄게 번성하고 있었다. 나는 쓰촨성의 성도인 청두시를 거닐며 대왕판다를 곳곳에서 마주쳤다. 커다란 눈에 어색한 웃음을 한 만화같이 유쾌한 흑백색 얼굴이 버스 옆면을 도배했다. 픽셀이 깨진 대왕판다가 LED 전광판에서 손을 흔들었다. 특유의 장난기 어린 모습을 하고 한쪽 발끝으로 돌고 있는 대왕판다 조각상도 있었다. 국제금융센터 건물 가장자리에는 높이가 15미터에 무게만 12톤에 달하는 대왕판다 조형물이 킹콩처럼 매달려 있었다. 청나라 전통 마을을 본떠 만든 넓고 좁은 거리인 콴자이골목의 가게들은 대왕판다 인형과 문구류를 팔았다. 길거리 음식을 파는 노점에는 얼얼한 맛의 초피 열매와 온갖 재료를 꼬치에 꿰어 만든 별미 사이로 쓰촨의 태양 아래 이목구비가 천천히 녹고 있는 대왕판다 얼굴 모양의 찐빵bao bun이 보였다.

　　나는 도심에서 택시를 타고 30분 거리에 있는 청두대왕판다번식및사육연구기지成都大熊猫繁育研究基地로 향했다. 미로 같은 고가도로와 지하차도 옆으로 감시 카메라를 매단 가로등이 스쳐 지나갔다. 도로 위 차들은 대부분 연식이 기껏해야 10년 정도 되어 보였다. 교차로에서는 남녀로 이루어진 무리가 일사불란하게 움직이며 대나무 빗자루로 낙엽을 쓸어 쓰레기통에 담고 있었다. 한 달 전, 전국인민대표대회는 국가주석의 임기 제한을 폐지하며 사실상 시진핑의 종신 집권을 확정했다.[41] 시민들은 눈 하나 깜짝하지 않았다. 돈이 계속 흐르는 한 시진핑이 민심을 잃을 것 같지는 않았다. 게다가 중국 공산당을 향한 비판은 대체로 검열되었다. 2013년 시진핑이 호리호리한 버락 오바마 옆에서 약간 통통한 모습으로 사진에 찍혔던 때만 해도 그렇다. 시진핑을 캐릭터 곰돌이 푸Winnie the Pooh에 비유하며 깎아내리는 인터넷 밈meme이 떠돌자 검열 당국은 해당 밈을 모두 차단했고 중국 정부는 영화 〈곰돌이 푸 다시 만나 행복해〉의 중국 내 개봉을 금지했다. (중국의 대왕판다 사랑이 허구의 곰에게까지는 미치지 않는다고만 해두자.) 당 간부들은 이런 비방이

"주석실과 시진핑 주석의 존엄성을 훼손하려는 심각한 행위"라고 규정했다.[42] Oh, bother(오, 이런)!*

중국이 외국의 대왕판다 착취를 금지한 지 오래였지만 수린을 향한 대중의 흥분은 사그라지지 않았고, 20세기 중반이 지나도록 대왕판다를 탐내는 이들은 나라 안팎에서 끊이지 않았다. 야생 대왕판다가 얼마 남지 않은 상황에서 중국 중앙정부는 대왕판다의 정치적 힘을 이용하기 위해 과학적 혁신에 의지했다. 1987년 정부는 겨우 대왕판다 여섯 마리를 데리고 청두대왕판다번식및사육연구기지를 세웠다. 암컷과 수컷 각각 세 마리였다.

내가 이곳을 방문했을 때는 190마리가 넘는 대왕판다가 살고 있었다. 연구기지라는 이름은 과학적으로 들렸지만, 이곳은 언뜻 보기에 연구소라기보다 테마파크 같았다. 큰 시멘트 부속 건물을 지나니 흰색 금속과 대나무 장대로 만든 거대한 아치 모양의 대왕판다 조형물 안에 매표소와 개표구가 숨어 있었다. 대형 모니터에서는 아기 대왕판다 영상이 반복해서 재생되었다. 수많은 관광객이 주위를 둘러보며 경탄의 눈길을 보냈다.

서양 기자가 중국 정부 소속 과학자들과 그것도 대왕판다 사육을 주제로 이야기를 나눈다는 것은 거의 불가능한 일이어

---

* 곰돌이 푸가 난감한 상황에 놓였을 때 외치는 대사다.

서 중국의 대왕판다 사육 활동을 40년가량 이끈 장본인과 인터뷰를 잡는 데는 반년 가까운 시간이 걸렸다. 장허민张和民은 중국대왕판다보호연구센터中国保护大熊猫研究中心 소장으로서 워룽(신수핑, 허타오핑) 및 두장옌 기지 그리고 야안중화대왕판다원雅安中华大熊猫苑으로 알려진 비펑샤기지碧峰峡基地를 총괄하고 있다. 중국에서는 '판다 아빠'로 통한다.

장허민은 대나무 숲의 대규모 고사가 두 번째로 일어났던 1983년 쓰촨대학교에서 야생생물학 학위를 취득한 뒤 중국대왕판다보호연구센터에 바로 고용되어 워룽자연보호구역에서 일했으며, 이후 그곳에서 조지 샬러, 소수의 중국 내 과학자와 함께 보호구역에 사는 작은 대왕판다 개체군을 연구했다. 정부는 민산산맥과 충라이산맥에서 일어난 기아사(장허민도 당시 구조 작업에 참여했다) 이후로 대왕판다의 기본 생태를 파악하는 일에 열중하고 있었다.[43] 멸종 위기에 처한 대왕판다를 인공 번식으로 보전하는 일이 가능한지도 알아내고 싶어 했다. 그래서 장허민과 동료들은 대왕판다 교미에 대혁신을 일으키겠다는 포부를 가지고 대왕판다 사육 번식을 처음으로 연구하기 시작했다.

워룽에서 일하던 과학자들은 처음에는 대왕판다 번식에 관해 아는 것이 거의 없었다. 암컷 곰은 언제 발정기에 들어갈까? 암컷이 다른 수컷들은 놔두고 한 수컷을 짝짓기 상대로 선

제2부
아시아

택하는 이유는 무엇일까? 어미 대왕판다는 애처로울 정도로 자그마한 새끼 곰을 어떻게 살려둘까? 모든 것이 의문투성이였다. 초기의 사육 번식 노력은 엄청난 실망으로 이어졌다. 장허민에 따르면 1983~1990년에는 "성공 사례가 거의 없었다." 워룽의 곰들은 먹고 자는 것 외에는 별다른 관심을 보이지 않았다. 그는 불안에 휩싸였다. 야생에서 구조된 이 모든 곰들이 사육 환경에서 자란 탓에 교미하는 **방법**조차 모른다면 어떻게 해야 할까? 야생에 사는 대왕판다는 돌아다니다가 다른 대왕판다가 냄새로 영역을 표시하거나 구애하는 소리를 내는 신호에 반응한다. 사회적 관계를 활발히 맺고 어쩌면 추파도 던진 끝에 거사를 치른다. 그러나 연구기지에서는 이런 상호작용이 전혀 없었다. 이곳은 극도로 정적이었고 대왕판다들은 정숙했다. 기본적인 성교육은 장허민과 동료들의 몫이었다.

이들은 먼저 대왕판다들의 로맨틱한 첫 만남을 여러 차례 주선했다. 상대가 내뿜는 자극적인 페로몬에 익숙해지기를 바라며 대왕판다들을 혼자 지내던 굴에서 암수가 함께 있는 방사장으로 옮겼다. 이 전략이 실패로 돌아가자 대왕판다들의 성욕을 끌어 올리기 위해 판다 포르노를 상영하고 약초를 처방했다.[44] "중국 내 발기부전 치료제에 비아그라까지 써보았죠." 그래도 방사장 안은 잠잠했다. 생각할 수 있는 모든 수단과 방법을 동원하던 그는 여성 성기를 자극하는 기구를 사느라 청두의 한 성인용품점의 단골이 되기까지 했다.[45] 그의 숭고한 노력에도 대왕판다들은 고집스레 금욕을 지켰다. 암컷들은 임신하지 못했다. 솜털이 보송보송한 새끼 곰들이 텅 비었던 방사장 안을 데굴데굴 굴러다니며 환호성을 자아내는 일은 일어나지 않았다. 그의 팀이 사육 번식의 비밀을 밝혀내기 위해 해결해야 했던 문제는 세 가지였다.[46] 첫 번째로 암컷 대왕판다가 발정기에 들어가는 시기와 이유를 알아내야 했다. 워룽자연보호구역에서 사육하던 판다 중 발정기에 들어가는 비율은 4분의 1뿐이었다. 그중 실제로 임신하는 대왕판다가 4분의 1뿐이라는 것이 두 번째 문제였고, 태어난 새끼 대왕판다의 생존율이 3분의 1에 약간 못 미친다는 것이 세 번째 문제였다. 그에 따르면 "이 문제들을 완전히 해결하는 데 15년이 걸렸다." 연구 결과 암컷 대왕판다의 가임기가 1년에 최대 72시간으로 매우 짧다는 사실이 밝혀졌다. 따라서 번식에 성공하려면 수컷 대왕판다가 놀라울 정도로 정확히 때를 맞춰 암컷 위에 올라타야 했다.

이들은 대왕판다 전담 산파팀을 두고 암컷이 봄철 발정기에 가까워지면 소변 시료 상태를 점검해 수정에 최적인 호르몬 수치에 도달한 시점을 확인하게 했다. 그런 뒤 팀은 작업에 바로 착수했다. 암컷 대왕판다가 유전적으로 거리가 먼 수컷에게 끌리면 자연스럽게 일을 치를 수 있게 내버려두었고, 유전적으로 너무 유사한 수컷에게 정욕을 느끼면 개입했다. 암컷 대왕

제2부
아시아

판다에게 진정제를 투여한 뒤 불임 전문의에게 데려가 미리 채취해둔 대왕판다 정자로 가득 찬 주사를 맞히기도 했다. 인공 수정은 사육 개체군의 유전적 다양성 수준을 높이기 위해 대단히 중요하다. 수정에 관한 두 번째 문제는 이런 방법들로 해결할 수 있었다.

일단 암컷이 수정에 성공하면 (대왕판다 태아는 초음파상에 아주 작게 보여서 수정 여부를 확인하기도 어렵다) 뒷일은 장허민의 몫이었다. 그는 2002년까지 워룽 내 모든 출산 현장에 빠짐없이 함께했다.[47] 대왕판다의 양수가 터지면 진통 중인 곰 곁으로 어김없이 달려갔고 그러면 곰은 두 시간 안에 한 마리나 두 마리의 작은 새끼를 낳았다. 하지만 그가 소장으로 승진하고 대왕판다들이 다산하게 되면서부터 분만실을 매번 지킬 수는 없었다. "한번은 멀리 출장을 갔다가 양수가 터졌다는 소식을 들었습니다. 늦기는 했지만 그래도 쌍둥이의 출산을 돕고 싶어서 바로 되돌아갔죠." 하지만 분만에는 진척이 없었고 직원들은 대왕판다가 죽을까 봐 노심초사했다. 그렇게 16시간이 흐른 뒤 마침내 도착한 장허민이 "분만실에 들어서자마자 새끼 대왕판다들이 태어났다." 그는 그 뒤로도 이런 일이 놀라울 정도로 자주 있었다고 했다. 임신한 대왕판다들은 그가 올 때까지 몇 시간을 기다렸다가 마침내 나타나면 그제야 힘을 한 번 세게 주며 새끼를 몸 밖으로 밀어냈다. "이상하게 생각한 사람들이 제게 '판다 아빠인가요?'라고 묻기 시작했죠." 장허민은 이렇게 '판다 아빠'라는 별명을 얻었다.

현재 오동통한 새끼 곰으로 가득한 청두대왕판다번식및사육연구기지는 중국에서 매우 유명한 관광 명소 중 하나다. 매년 900만 명에 가까운 방문객(디즈니랜드의 절반 수준이다)이 기지 문을 통과한다. 내가 방문했을 때는 중국 노동절 무렵이었고 기지 안은 대왕판다 관련 아이템으로 치장한 휴가객들로 북적였다. 지붕이 없고 헤드라이트 둘레에 검은 원을 칠한 대왕판다 모양의 셔틀버스들이 관광객을 태우고 대나무 터널을 지나 성체와 준성체 대왕판다 방사장 세 곳을 오갔다. 나는 버스를 타는 대신 걸으며 보도 위로 쏟아붓는 빗줄기 아래서 파란 우비 차림의 인파를 열심히 헤치며 앞으로 나아갔다.

청두대왕판다번식및사육연구기지에는 박물관과 영상관, 레서판다 방사장 두 곳, 보육관, 연구센터, 판다 병원, 식당이 있었다. 나는 사과 먹는 대왕판다를 함께 그려 넣은 커다란 스티브 잡스의 초상화가 에스프레소머신 옆에 걸린 식당에 들러 커피를 잠깐 마신 다음 달 보육관moon nursery으로 향했다. 대왕판다의 집합 명사는 '창피함embarrassment*'인데 여기에는 그만한 이유가 있다. 커다란 사육장 안에 있던 새끼 곰 아홉 마리는 대

---

* 새 떼가 'a flock of birds', 사자 무리가 'a pride of lions'라면 대왕판다 무리는 'an embarrassment of pandas'라고 불린다.

나무 구조물에서 공중제비를 넘다 제 발에 걸려 넘어지는가 하면 몸을 가누지 못해 이리저리 쿵 부딪히거나 쭉 미끄러지는 사고를 자꾸만 당했다. 파파라치처럼 아이폰과 니콘 카메라를 양손에 나누어 든 수많은 관광객이 대왕판다를 더 가까이서 보겠다며 유리 벽 뒤에서 아우성쳤다. 이때 새끼 곰 한 마리가 뒤뚱뒤뚱 지나가더니 졸고 있던 친구 위로 철퍼덕 엎어지며 부족한 기량을 또 한번 매력적으로 선보였다. 관중 사이에서 '아유' 하는 소리가 일제히 터져 나왔다. 언어는 달라도 뜻은 같은 소리였다. 셔터 소리가 찰칵찰칵 쏟아졌다.

인간은 왜 대왕판다를 귀여워하지 않고는 못 배기는 걸까? 1987년 〈뉴욕 타임스〉는 뉴욕대학교 행동 신경과학자 에드거 쿤스Edgar Coons에게 이 질문을 던졌다. 쿤스는 대왕판다의 매력이 '쾌락 기제hedonic mechanism'에서 나온다는 이론을 제시했다.[48] 대왕판다의 작은 눈을 열 배는 더 커 보이게 하는 큼직한 검은 얼룩은 인간의 눈을 즐겁게 한다(사실 이 얼룩은 포식자를 속이려는 방어용 위장의 일부이지 사랑스럽다며 속삭이는 영장류를 꾀기 위한 것이 아니다). 이처럼 커다란 눈에 들창코, 작은 몸에 붙은 큰 머리, 어설픈 걸음걸이가 합쳐져서 갓 걸음마를 뗀 인간 아기를 떠올리게 한다고 그는 설명했다.

그래서 답은 진화였다. 우리가 대왕판다에게 푹 빠져 있는 것은 인간이 종의 생존을 위해 아이들에게 푹 빠지도록 프로

그래밍되어 있기 때문이다. 뇌 속 배선이 겹친 것이다(대왕판다 사랑은 인간의 자기 몰두가 낳은 의도치 않은 결과일 뿐이다). 우리가 인간종만큼이나 판다종의 미래에도 마음을 쏟고 있다는 뜻이니 대왕판다에게는 다행인 일이다.

보육관을 나오니 하늘이 그새 활짝 개어 있었다. 나는 갓 태어난 대왕판다들이 사는 햇빛 분만실sunshine delivery house로 향했다. 이곳은 기지에서 가장 인기 있는 명소라 건물 주위로 긴 줄이 구불구불 이어졌다. 봄은 보통 대왕판다의 짝짓기 (그리고 수정) 철이라서 새끼 대왕판다들은 늦여름과 초가을에 태어난다. 하지만 산과 병동에는 분만실 간호사들이 보살피고 있는 대왕판다 한 마리가 있었다. 병동의 아크릴 창 뒤로 생후 2개월 정도나 되었을까 싶은 새끼 대왕판다가 아기 침대가 아닌 창틀에 붙어 잠들어 있는 모습이 보였다. 이름 모를 대왕판다의 눈은 꼭 감겨 있었고 분홍빛 피부는 하얀 솜털로만 얇게 덮여 있었다. 갓 태어난 대왕판다는 검은 무늬가 없고 크기는 서양배만 하다. 대나무를 꾸준히 먹이면 900배까지 자라날 것이다. 사실 대왕판다는 다른 모든 포유류종에게 조산이라고 여겨지는 발달 단계에서 태어난다고 한다.[49] 135일 무렵 세상 밖으로 나오는 대왕판다는 사실상 임신 제3기에 자궁을 빠져나오는 것과 같다. 그래서 갓 태어난 대왕판다는 생후 몇 시간 동안 특히 취약한 상태다. 장허민이 새끼 대왕판다의 생존율을 높이기 위

제2부
아시아

해 고민했던 세 번째 문제가 바로 이 지점이었다.

새끼 대왕판다의 절반은 쌍둥이로 태어난다.[50] 하지만 어미 판다는 대개 한 마리만 간신히 살려둘 수 있다. 야생에서는 이 처럼 더 약한 새끼를 죽게 내버려두는 것이 이치다. "어미가 정 말 대단한 것은 출산 후 24시간 동안 새끼들을 살리려고 갖은 노력을 다한다는 겁니다. 하지만 그러고 나면 기진맥진해져서 하나만 데려가고 하나는 포기하게 되는 거죠." 장허민이 설명 했다. 워룽의 과학자들은 생후 하루밖에 되지 않은 새끼가 알 아서 제 앞가림을 하도록 버려지는 일이 너무도 많다는 것을 발견하고 경악을 금치 못했다. 그와 동료들은 이 문제를 해결 할 방법을 찾기 위해 '안간힘'을 쏟았다. 결국 이들은 새끼의 면 역 체제를 강화시키고 직접 키우는 방법을 학습한다면 두 마리 를 모두 살릴 수 있다는 사실을 알아냈다. 이제 직원들은 새끼 사육 대왕판다들을 몰래 교대로 데리고 나와 돌본 뒤 전혀 눈 치채지 못하고 있는 어미에게 돌려보낸다.

대왕판다 번식은 1980년대의 어설펐던 시도 이후로 큰 진 전을 이뤘다. 청두대왕판다번식및사육연구기지에서는 설립 이 래 200마리가 넘는 대왕판다가 태어났다.[51] 워룽자연보호구역 내 사육 대왕판다는 겨우 8마리에서 330마리로 늘어나 전 세계 에서 가장 큰 무리를 이루고 있다. 중국의 번식 프로그램은 한때 가능성이 희박하다고 평가받았으나, 사육되는 멸종우려종 중에서 대왕판다의 유전적 다양성이 가장 높다고 여겨지는 만큼 현재는 확실한 성공작으로 칭송받고 있다.[52] 하지만 사육 환경에서 태어난 대왕판다들은 인공 세계 밖으로 발을 디뎌본 적이 한 번도 없다. 2021년을 기준으로 야생으로 풀려난 사육 대왕판다는 12마리뿐으로, 이는 전체 사육 대왕판다 개체수의 2퍼센트에 불과한 숫자다.[53]

그렇다면 다른 대왕판다들은 모두 어디로 갔을까?

바람이 거세던 4월의 어느 날 덴마크 여왕 마르그레테 2세 Margrethe Ⅱ가 코펜하겐동물원Zoologisk Have København에 도착했다. 발목까지 오는 흰색 모직 코트에 굽 있는 검은색 로퍼와 검은색 가죽 장갑으로 맵시를 낸 모습이었다. 귀에는 흑백색 귀걸이까지 달려 있었다. 여왕 앞에 쳐진 붉은 벨벳 로프 건너편으로는 일체형 판다 옷을 입은 구경꾼 무리가 북적였다. 항의의 의미로 티베트 국기를 흔들며 '중국은 인권을 저버렸다'라고 선언하는 반대자도 몇몇 있었다. 하지만 이처럼 중대한 행사에서 사람들의 주의를 돌리지는 못했다. 마르그레테 2세는 어색하고 과장된 동작으로 로프를 옆으로 내던진 뒤 단상에 올랐다. "우리 모두에게 경사인 일입니다. 이제 이 멋진 시설에서 대왕판다 두 마리를 키우게 되었으니 앞으로 오래도록 볼 수 있을 겁니다."⁵⁴ 이날 기념식에 앞서 덴마크 국회는 **순전히 우연으로** 티베트에 관한 중국의 주권을 승인하는 각서를 통과시켰다.

청두대왕판다번식및사육연구기지에서 실려온 싱얼星二과 마오얼毛二이 이제 곧 대망의 첫선을 보이게 될 것이었다. 음양 기호처럼 생긴 둥근 잔디 방사장을 조성하기 위해 덴마크 정부가 들인 돈은 무려 2400만 달러였다. 대왕판다 임대료까지 계산하면 매년 100만 달러의 비용이 추가된다(대왕판다는 세계에서 사육비가 가장 많이 드는 동물로 여기에는 특수한 식단도 한몫한다). 일각에서는 소용돌이 모양의 우리와 임대 비용을 두고 거센 비판이 일었다. 코펜하겐동물원 과학소장 벵트 홀스트Bengt Holst는 〈뉴욕 타임스〉와의 인터뷰에서 "이런 상징적인 동물에게는 상징적인 환경이 필요하다. 모나리자 그림을 볼품없는 액자에 끼우지 않는 것과 같은 이치다"⁵⁵라고 말하며 비용을 정당화했다.

중국은 소프트 파워를 선전하고 싶은 욕구와 빠르게 늘어나는 새끼 사육 대왕판다를 해결하는 방편으로 세계 각지에 대왕판다 사절단을 정기적으로 파견한다. 지금까지 중국이 대왕판다를 실어 보낸 동물원은 23개국 24개소가 넘는다. 지난 10년 사이 핀란드는 독립 100주년 기념이라는 표면상의 이유로 대왕판다 두 마리를 받았으나 임대 시기는 시진핑이 핀란드에 국빈 방문해 여러 건의 투자 협정을 체결한 시기와 일치했다. 독일의 동물원 티어파크베를린Tierpark Berlin은 G20 정상회담을 앞두고 성체 대왕판다 두 마리를 받았다. 스코틀랜드는 해양 시추 기술과 연어를 거래하는 대가로 대왕판다 한 쌍을 받은 것으로 보인다. 오스트레일리아와 프랑스, 캐나다는 모두 중국에 우라늄을 팔기로 합의한 뒤 대왕판다를 임대받았다.

이처럼 곰을 뇌물로 주는 관행은 중국 대외관계 전문가들 사이에서 '판다 외교'로 알려져 있다.[56] 중국은 '친선사절'이라는 용어를 선호한다.[57] 중국은 폭력으로 강제하는 것이 아니라 문화적 영향력으로 동맹국을 끌어들이고 포섭하는 능력인 소프트 파워를 키우기 위해 오랫동안 분투했다. 껴안고 싶은 포근한 이미지의 대왕판다와 달리 중국은 위구르족 수용소부터 홍콩에 이르기까지 세계 무대에서 잇달아 일으킨 논란으로 서방 세계에서 사회적 평판이 실추되었다. 그러니 문화적 지배를 추구하는 중국으로서는 본토에서 70마리 이상을 파견한 대왕판다만큼 좋은 수단이 또 없다.[58]

판다 외교의 기원은 서기 685년 당나라 측천무후則天武后가 일본 왕실에 대왕판다로 추정되는 곰 한 쌍을 선물했던 때로 거슬러 올라간다. 수 세기 뒤 1941년에는 당시 중국 장성이었던 장제스蔣介石의 아내가 미국의 중일전쟁 원조에 감사하는 뜻으로 브롱크스동물원Bronx Zoo(수린을 낙찰받은 브룩필드동물원과 경매에서 경합했던 주요 상대 중 한 곳이다)에 대왕판다 두 마리를 증여했다. 정권을 잡은 마오쩌둥은 1960년대 소련 서기장 니키타 흐루쇼프Nikita Khrushchev와 북한 주석 김일성에게 차례로 대왕판다를 선물하며 대왕판다를 이용해 전략적 관계를 맺는 판다 외교의 새 시대를 촉진했다. 마오쩌둥은 곧 공산권 너머를 겨냥했다. 미국 대통령 리처드 닉슨Richard Nixon이 베이징을 국빈 방문한 뒤 마오쩌둥은 미국국립동물원에 대왕판다 두 마리를 보냈다. 닉슨은 화답으로 사향소 두 마리를 보내왔다 (중요한 것은 마음이 아니겠는가).**59**

중국은 1957년부터 1983년까지 대왕판다 24마리를 아홉 개국에 무상으로 보냈다.**60** 하지만 1978년 중국 공산당을 장악한 덩샤오핑鄧小平은 마오쩌둥이 무시했던 자본주의 이데올로기를 채택했다. 덩샤오핑은 공짜로 대왕판다를 보내는 일을 없앴다. 외국 열강이 대왕판다를 원한다면 돈을 내면 해결될 문제였다. 이후로 선물은 임대가 되었다. 우호국들에는 수십만 달러에 대왕판다를 대여받고 판다 관련 상품 판매액 일부를 배당받을 기회가 제공되었다. 서양의 동물원들 덕분에 상당한 규모의 거래가 연이어 성사되었다. 하지만 중국이 나눠줄 수 있는 대왕판다의 수가 여전히 비교적 적다는 사실이 판다 임대의 성장을 저해했다. 곧 인공 사육은 이런 상황을 바꿔놓았다.

대왕판다, 즉 살아 있는 생명체가 정치적 협상 카드로 쓰이는 것을 달가워하지 않은 이들도 있었다. 미국어류및야생동물관리국은 보전 과학자들의 반발과 멸종위기종국제거래협약 Convention on International Trade in Endangered Species, CITES의 지침 신설에 직면해 1990년대 초 상업적 목적의 단기 대왕판다 수입을 금지했다.[61] 미국 소재 동물원은 연구 목적을 가장한 특별 임대 허가를 통해서만 대왕판다를 얻을 수 있었다. 이후 세계자연기금이 대왕판다 관리를 소홀히 했다며 미국어류및야생동물관리국을 고소하자 1998년 관리국은 대왕판다가 미국으로 들어오는 경우 판다 임대료의 절반 이상을 야생 대왕판다 보전에 보탤 것을 중국에 요구하는 새로운 정책을 발표했다(중국은 쓰촨성 대지진 이후 파손된 워룽허타오핑기지를 보수하는 비용 일부를 대왕판다 임대료로 지원했다).

중국이 전 세계에서 두 번째로 큰 경제 규모와 국방비 규모를 자랑하는 현재, 학자들은 판다 외교가 세 번째 단계에 접어들었다고 믿는다. 지리환경학자 캐슬린 버킹엄Kathleen Buckingham과 폴 젭슨Paul Jepson은 옥스퍼드대학교가 지원한 연구에서 시진핑식의 판다 외교는 자국에 가치 있는 자원과 기술을 공급하는 국가에 대왕판다를 내어주며 **꽌시**關係, guanxi, 즉 '신뢰와 호혜, 의리, 지속성을 특징으로 하는 깊은 교역 관계'를 쌓는 방식을 취한다고 주장한다.[62] 중국은 나쁜 짓을 했다고 판단한 국가를 꾸짖을 때도 대왕판다를 이용한다. 주는 것도 중국이요,

제2부
아시아

거두어가는 것도 중국이다. 2010년 중국이 오바마 대통령에게 티베트의 종교 지도자 달라이 라마Dalai Lama와 만나지 말라고 경고한 며칠 뒤, 애틀랜타동물원Zoo Atlanta의 대왕판다들과 미국국립동물원의 타이샨이 중국으로 송환되었다.[63] 모든 판다 임대 계약은 대왕판다의 모든 생물학적 물질(털, 정액, 혈액, 새끼)을 중국의 소유로 규정한다. 또한 중국은 원할 때면 언제든지 대왕판다들을 집으로 불러들일 수 있다.

대왕판다 사육은 중국의 외교 관계 때문에도 과학자들 사이에서 여전히 논쟁이 많은 주제다. 베이징대학교의 왕다쥔은 이렇게 말했다. "전 인공 사육을 그렇게 좋아하지 않아요. 그게 대왕판다 보전의 열쇠는 아니라고 생각합니다. 대왕판다가 사는 서식지와 산림을 보호해야죠. 그럼 알아서 잘 살아갈 겁니다." 조지 샬러도 워룽자연보호구역에 있을 때부터 대왕판다를 가둬놓고 키우는 것을 강경하게 비판했으며 이 문제로 당시 젊은 장허민과 자주 부딪혔다.[64] 자신의 책에도 썼듯이 샬러는 연구센터가 "산송장을 위한 시설"에 불과한 곳이 될 수 있다고 생각했고,[65] "대왕판다들이 야생에서 자유와 생존을 보장받게 하는 것이 합작 연구의 주요 목표라는 생각을 중국 동료들에게 심어줄 수도 없었다."[66] 이제 샬러는 은퇴했지만 그의 견해는 크게 바뀌지 않았다. 2013년 그는 〈내셔널지오그래픽〉과의 인터뷰에서 중국의 대왕판다 공장을 맹렬히 비판하며 "중국은

대왕판다 300마리를 사육할 필요가 없다. 숲을 대왕판다로 다시 채우고 보호해야 한다"라고 말했다.[67]

※

눈이 펑펑 쏟아지던 어느 겨울날 친신琴心과 샤오허타오小核桃라는 어린 대왕판다는 룽시-훙커우국립자연보호구역四川龙溪-虹口国家级自然保护区位 대나무 숲에서 야생에 첫발을 디뎠다.[68] 2016년 워룽에서 태어난 이 두 살배기 암곰들은 이 순간을 위해 평생을 훈련했다. 무선 장치를 목에 단 채 나무 상자에서 풀려난 대왕판다들은 관중이 환호하는 가운데 질퍽한 눈길로 달려 나가 새하얀 숲속으로 자취를 감췄다.

'진나라의 중심'이라는 뜻의 친신과 '작은 호두'라는 뜻의 샤오허타오는 허타오핑야생화훈련기지에서 사육사들의 지도를 받으며 야생과 유사한 환경에서 걸음을 걷고 나무를 타고 살 곳을 찾고 먹이를 모으고 위험을 피하는 기본 기술을 습득했다. 건강검진 결과 두 대왕판다는 중국대왕판다보호연구센터 두장옌기지에서 약 32킬로미터 이내에 있는 자연보호구역으로 방사하기에 적합한 상태였다. 결과서에 따르면 친신은 "짓궂고 활동적이며 활발했고" 샤오허타오는 "온순하고 우아하며 예뻤다."[69] 이 어린 곰들은 중국에서 겨우 열 번째, 열한 번째로 야생에 방사된 사육 대왕판다였다.

2003년 장허민은 워룽의 사육 대왕판다들을 데리고 야생 생존 훈련을 시작했다. 훈련 프로그램은 이후 빠르게 확대되었다. "우리가 인공 사육을 하는 궁극적 목표는 야생 대왕판다를 보호하려는 겁니다. 가둬두는 것이 목표가 아니에요." 그는 판다 외교 서사에 더해 샬러의 비판 또한 반박하는 듯했다. 대왕판다는 중국 서부 전역에 걸쳐 33개 개체군을 이루고 있으나, 대부분 개체군에는 각각 20여 마리가 있을 뿐이다. 그래서 대왕판다는 새로운 유전자가 절실히 필요하다. "이 작은 개체군들을 돕지 않는다면 30년 안에 멸종될지도 모릅니다."

장허민이 대왕판다 번식을 시도했던 초기에 숱한 난관에 부딪혔듯, 바깥세상을 전혀 모르는 사육 대왕판다를 야생에서 생존할 수 있게 훈련하는 것은 불가능에 가까운 일이었다. 2006년 그가 처음으로 방사한 대왕판다인 샹샹##은 방생한 지 1년도 안 되어 절벽에서 떨어져 죽었다.[70] 이때까지만 해도 과학자들은 어린 대왕판다들을 인간의 습성에 따라 키우고 있었다. "이 일 이후로 어미에게서 배우기 시작했어요." 허타오핑의 새끼 대왕판다들은 이제 어미 대왕판다와 함께 생활했고 엄마의 돌봄을 받는 가운데 직원들의 유도로 야생의 행동을 서서히 익혀나갔다. 1년이 지나면 어미와 새끼는 산비탈에 있는 큰 야외 방사장으로 옮겨졌고 여기에서 어미는 자식에게 숲에서 살아남는 법을 계속 가르쳤다. 대왕판다들은 자기 영역을 확보하는 법과 포식자를 피하는 법, 가장 먹기 좋은 대나무를 찾는 법을 배웠다. 어린 대왕판다들이 야생에서 살아남으려면 인간의 존재에 익숙해지지 않는 것도 중요했다. "입으면 대왕판다처럼 보이는 옷을 디자인했죠." 장허민이 계속 말을 이었다. (대왕판다 오줌 냄새가 나는 이 흑백색 옷은 진정 악몽을 불러오는 의상이다.) 샹샹 이후로 방사한 사육 대왕판다 11마리 중에 살아남지 못한 대왕판다는 2마리가 더 있었다.[71] 하나는 다른 동물에게 공격당한 뒤 세균 감염으로 죽었고 다른 하나는 겨우 40일 만에 숨을 거두었다. 허타오핑야생화훈련기지 직원들은 방사되기 전 며칠 동안 우리에 갇혀 있었던 트라우마를 이겨내지 못한 것이 원인이라고 조심스레 추측했다.

모든 대왕판다가 방사를 위한 시험을 통과한 것은 아니었지만(생존 요령을 도무지 익히지 못하는 대왕판다도 있었다) 장허민은 야생재도입프로그램wild reintroduction program을 성공으로 여겼다. "우리는 샤오샹링산맥에 사는 개체군의 유전적 다양성 문제를 이미 해결했고 이제 이 성공을 민산산맥에 적용해 훙커우에 판다를 방사하고 있습니다. 이 작업을 빠르게 확대해야 해요."

2016년 대왕판다는 중대한 전환점을 맞았다. 국제자연보전연맹이 26년 전 대왕판다를 멸종우려종 목록에 올린 이래 처음으로 대왕판다 개체수가 17퍼센트 증가한 것을 근거로 개체군 상태를 '위기' 등급에서 '취약' 등급으로 하향 조정한 것이다.[72] (국제자연보전연맹은 멸종위기종을 야생에서 **매우** 높은 절멸 위험에 처해 있는 종으로 정의한다. 멸종취약종은 야생에서 높은 절멸 위험에 처해 있다.) 2,000마리에 달하는 야생 대왕판다의 개체수는 모든 이의 예상을 뒤엎은 것이다.

세계자연기금 사무총장 마르코 람버티니Marco Lambertini는 소식을 축하하는 보도자료를 내고 "대왕판다 개체수의 회복은 과학계와 정부의 의지와 지역사회의 참여가 합쳐진다면 야생동물을 구하고 생물 다양성도 높일 수 있다는 것을 보여준다"라고 발언했다. 중국 국가임업초원국 부국장 천펑쉐陳鳳學는 베이징에서 열린 회의에서 개체수 수치는 수천 명의 과학자가 433만 헥타르의 산림을 가로지르며 얻어낸 정보라고 설명했다. 그는 대왕판다의 개체수가 급격히 증가한 원인을 성공적인 보전 정책과 산림 보호에서 찾았다. 개체수 조사 결과는 지난 1998~2002년 조사 당시 1,596마리에 불과했던 수치에서 뚜렷하게 증가했다. 하지만 중국에서 나온 통계가 아주 솔직한 경우는 드물다. 일부 전문가들은 정부가 수치를 산출한 방식의 타당성에 문제를 제기했다.[73] 개체수 조사원들이 샅샅이 뒤진 지역의 면적이 지난 조사 때보다 72퍼센트가량 넓었으므로 개체수가 늘었는지 정확히 알아내는 일은 불가능하다는 주장이었다.

그래도 샬러의 책 《마지막 판다》가 1991년에 출간된 뒤로 대왕판다가 번성해왔다는 사실에는 의심의 여지가 없다. 당시만 해도 멸종은 굉장히 현실적인 우려였다. 장허민, 왕다쥔, 조지 샬러 같은 사람들이 곁에 있으니 대왕판다가 우리 시대에 사라질 가능성은 없어 보인다. 비록 개체수가 큰 폭으로 늘지 않았다고 해도 판다는 엄청난 격변의 세기를 살아냈다. 중국 인구가 전 세계에서 가장 놀라운 속도로 폭발적으로 증가하며 1900년의 4억 명에서 오늘날 14억 명이 되는 동안에도 대왕판다는 살아남았다. 이제 인구 증가세는 둔화했다. 사람들은 대왕판다가 사는 농촌 지역을 떠나 도시로 이주하고 있다.

2019년 일단의 중국 과학자들은 2020년에서 2030년 사이 민산산맥에서 대규모 대나무 개화가 또 한 차례 일어날 수 있다고 경고하며,[74] 과거에 비해 흩어질 만한 공간이 없는 좁은 서식지에 사는 대왕판다가 많아 "대나무 개화가 재앙이 될 수도 있다"라고 언급했다.[75] 하지만 이들은 개체수 감소를 막기 위해 정부가 취할 수 있는 여러 조치가 있다고 인정했다. 이를테면 보호지역 사이의 서식지 통로를 확장하거나 건강한 대나무 숲이 있는 자연보호구역으로 대왕판다들을 물리적으로 옮길 수도 있었다. 중국 정부는 1960년대부터 시작해 대왕판다 개체군을 위한 보호구역을 67개소나 지정했으며 앞으로 10년 안에 서식지 대부분을 보호할 예정이다. 2021년에는 기존 보호구역에

제2부
아시아

새로운 지역을 포함시켜 옐로스톤국립공원의 세 배 규모인 대왕판다국립공원Giant Panda National Park을 조성하기도 했다.[76] 또한 과학자들은 정부가 굶주리고 있는 대왕판다들을 구조하기 위해 먹이를 떨어뜨려 주거나 "대나무 숲이 회복될 때까지 임시로 포획 사육"하는 방식으로도 개입할 수 있다고 강조했다.[77] 대나무 공급에 차질이 생기더라도 중국이 자국의 야생 대왕판다들을 굶어 죽게 내버려두는 미래를 상상하기는 어렵다.

판다는 전 세계 다른 곰종과 비교해 개체수가 압도적으로 적은 종일지 몰라도, 내가 중국을 떠나며 느낀 감정은 희망이었다. 인간이 대왕판다와 맺고 있는 문화적 유대 관계는 다른 일곱 종의 곰뿐만 아니라 어느 야생동물과의 관계도 초월하는 듯했다. 실제로 대왕판다는 인간의 가장 악한 본성을 경험하지 않아도 되었던 동물계의 유일한 생명체일지도 모른다. 호랑이와 코끼리, 코뿔소처럼 인간에게 사랑받는 맹수들은 가죽이나 상아, 뿔을 위해 잔인하게 착취된다. 하지만 대왕판다는 그렇지 않다. 전통 약재로 이용되지도 않는다. 껴안고 싶은 귀여운 외모이지만 외래종 반려동물 거래에 끌려간 적도 없다. 불가지론이 지배하는 사회에서 대왕판다는 중국의 가장 위대한 문화적 신의 자리에 오른 듯하다. 돼지, 뱀, 양, 원숭이처럼 시간의 흐름을 나타내는 동물 축에는 들지 못했을지 몰라도 중국에서는 매년이 대왕판다의 해다.

제4장

황금빛 액체

EIGHT BEARS

반달가슴곰, 베트남

Asiatic black bear, Vietnam

Ursus thibetanus ussuricus

작은 유리병에서 차가운 감촉이 전해졌다. 밝게 빛나는 액체는 호박 화석처럼 날카로운 결정으로 얼어붙어 있었고 손안에서 병을 뒤집어 봐도 움직이지 않았다. "피곤할 때 술에 타 먹으면 돼요. 꿀도 넣고." 길고 부스스한 검은 머리의 여자가 말했다. 여자는 50대 후반쯤 된 듯했다. 눈 밑은 주근깨로 가뭇가뭇해서 살이 처진 것처럼 보였고, 땅딸막한 목에는 화려한 진주 목걸이 한 줄이 둘려 있었다. 여자는 내가 상상했던 곰 농장주의 모습과 전혀 달랐다.

"몸이 쑤실 때 쓰면 좋아요. 뼈마디가 아플 때도 좋고. 건강에 두루 좋지." 여자가 말을 이었다. 나는 여자가 쟁반으로 쓰고 있는 은색 비스킷 통 뚜껑 뒷면에 1밀리미터 크기의 유리병을 도로 올려놓았다. 고무줄로 묶여 있던 유리병 열 개 중에서 하나를 꺼낸 것이었다. 검은색 강력 접착테이프로 감긴 병마다 베트남어로 쓰인 금박 라벨이 붙어 있었다. '신선한 웅담즙. 순도 100퍼센트.' 문구 위로는 작은 검정색 곰 로고가 찍혀 있었다. 여자는 매상을 더 올릴 기회라고 느꼈는지 "꿀 알아요? 꿀도 사고 싶어요?"라고 간청하듯 물었다. 나는 정중히 거절했다. 내가 아인 짠Anh Tran이라고 부를 통역사가 끼어들었다. "곰을 볼 수 있을까요?"

나는 활기찬 하노이 외곽에 들어선 신도시 중 한 곳에서 짠을 만났다. 고층 건물을 가득 채운 한국인 이민자와 거리에 즐비한 치킨집 때문에 현지인 사이에서 코리아타운으로 통하는 곳이었다. 짠은 베트남에서 자랐으나 미국 정부가 대학원 유학을 지원하는 풀브라이트 장학금의 장학생으로 국제관계학을 공부하며 오하이오주에 살았던 적이 있어서 영어가 흠잡을 데 없이 완벽했다. 베트남에서 웅담뿐 아니라 코뿔소 뿔과 코끼리 상아의 유통을 추적했던 동료는 당시 짠 그리고 현지 탐사 보도 기자와 함께 일했다. 그는 짠이 나를 곰 사육업자들과 연결해줄 수 있으리라고 장담했다. 그날 아침 짠은 가죽 시트가 있는 큰 베이지색 세단에 함께 올라타며 당시 함께했던 기자는 이제 다른 이름으로 기사를 쓴다고 말했다. "습격당해서 글 쓰는 손을 심하게 다쳤어요. 이제 그 사람을 모르는 사람도 없고 믿는 사람도 없죠." 대신 우리와 함께 일하게 된 남자는 하노이 북부 지역 농장주와 만나는 자리를 이미 주선해놓았다. 하지만 그도 겁에 질려 있기는 마찬가지였다. 내가 그와 만난 시간은 푹토phúc thọ현의 선록son lộc 마을로 출발하기 전에 차창 너머로 230만 동, 그러니까 미화 100달러에 해당하는 돈을 찔러주었을 때가 전부였다.

짠은 뒷좌석에서 맨얼굴에 짙은 갈색으로 아이라인을 그리고 빨간색 립스틱을 발랐다. 그는 몸에 딱 달라붙는 다홍색 원피스에 무릎까지 오는 검은색 스틸레토 부츠를 신은 차림이었다. 어깨까지 오는 머리는 옷과 색깔을 맞춘 빨간색 머리띠로 고정했다. 나는 안에 숨긴 불룩한 녹음기를 감추려고 셔츠 위에 티베트 숄을 전략적으로 둘렀다. 짠은 내가 웅담 시장에 관심이 있는 외국인 투자자를 가장하는 편이 좋겠다고 주장했다. 저널리스트 신분을 밝히고 여행하는 일은 너무도 위험했다. 게다가 아무도 우리와 말을 나누려 하지 않을 것이 분명했다. 짠이 날선 목소리로 말했다. "예전과 같을 거라고 기대하시면 안 돼요. 상황이 바뀌었거든요. 요새는 많이들 쉬쉬하는 분위기예요."

하노이를 벗어나니 날씨가 춥고 눅눅했다. 비가 오려는 듯 회색 구름이 하늘에 정박해 있었다. 우리는 관상용 관목을 키우는 묘목밭과 쇠고기 쌀국수 가판과 달콤한 연유를 파는 노점상을 수도 없이 지나쳤다. 베트남 마을들은 대개 그 마을을 대표하는 특산물로 알려져 있었다. 토하thổ hà라는 마을에서는 가늘게 뽑은 쌀국수 면을 발코니에 걸어 햇볕에 말렸다. 푸빈 phú vĩnh의 여인들은 라탄과 대나무로 정교한 가방을 엮느라 한때 날렵했을 손가락 마디마디가 뒤틀렸다. 꽃의 마을인 사덱 sa déc에서는 수백 명의 정원사가 장미를 돌보며 꽃을 피워냈다. 반면 하노이에서 북서쪽으로 32킬로미터가량 떨어진 푹토현의 마을들은 가둬둔 반달가슴곰에게서 채취한 담즙 분비물로 가장 유명했다.

우리가 가장 먼저 들른 곳은 짠이 몇 년 전 와보았던 선록 마을의 농장이었다. 마을 중심부에 있는 작은 땅에는 사육장이나 외양간이 아닌 노란색과 파란색으로 칠한 좁다란 2층짜리 건물이 자리 잡고 있었다. 과거에 정부가 주택 너비를 기준으로 세금을 부과한 적이 있어서 베트남에는 좁고 높은 집이 많았다. 현지인들은 이런 집을 튜브 하우스tube house, 즉 냐옹nhà ống이라고 불렀다. 금색 프레임이 있는 건물 유리문 위로 풀을 뜯는 커다란 회색곰이 그려진 색 바랜 간판이 보였다. 아래에는 전화번호와 베트남어로 곰을 뜻하는 단어인 '거우gấu'가 휘갈겨 쓰여 있었다. 짠이 피식대며 음울하게 웃었다. 그가 번역해준 나머지 문구는 이런 뜻이었다. '곰의 보전을 위해.'

칙칙한 붉은색 타일이 깔린 보도를 따라 건물 출입문 앞에 이르자 부스스한 머리의 여자가 우리를 쌀쌀맞게 맞이했다. 경계하는 눈빛을 띠며 훑어보는 것으로 보아 외국인이 왜 웅담에

제2부
아시아

그렇게 관심이 많은지 분명 의아하게 생각하는 듯했다. 그래도 여자는 둥근 나무 테이블이 있는 응접실로 우리를 안내한 뒤 초록색 플라스틱 물병에 뜨거운 차를 담아 내왔다. 방 안은 장식품이 거의 없어 휑뎅그렁했다. 누덕누덕 기운 사슴 머리가 문 위에 걸려 있었고 코끼리들을 찍은 커다란 사진도 보였다. 액자 모서리에는 더 작은 스냅 사진이 끼워져 있었다. 여자 남편의 군대 동기가 2000년 베트남을 방문한 빌 클린턴, 힐러리 클린턴과 악수하고 있는 사진이었다.

우리가 차를 홀짝이는 동안 짠은 초조한 기색으로 가죽 핸드백을 쥐었다 놓았다 했다. 그러다 이내 앞에 걸린 간판에 관해 물었다. 그러자 여자는 재빨리 대답했다. "그 간판은 우리가 곰을 키운다는 말이지 웅담을 판다는 게 아니에요. 곰을 키우는 건 전혀 문제가 안 된다고요." 이미 수십 번은 읊어봤을 대사였다. 다만 짠이 지난번에 여자의 남편을 만나러 왔을 때와 달리 이제 곰들은 이곳에 없고 다른 마을에 있는 여자의 사돈 댁에서 사람을 고용해 돌보고 있다는 것이었다. "난 나이도 먹었고 기력도 없어요. 이제 곰을 더 많이 키울 수 없죠."

나는 묻고 싶은 말을 짠에게 영어로 속삭였고, 짠은 내 질문을 농장주에게 통역했다.

"지금 곰이 몇 마리나 있으세요?"

"여섯 마리 있지."

"다 같은 곳에 있나요?"

"그렇죠."

"키운 지는 얼마나 되셨어요?"

"꽤 되었죠."

여자가 꿈쩍도 안 하고 대답했다. 짠은 여자의 모호한 대답에 답답해했다. 그러고는 여자가 말실수를 저지르기를 바라며 물러서지 않고 속사포처럼 질문을 쏟아냈다.

"몇 년이나 되셨죠?"

"몇 년 되었죠."

"10년 정도요?"

"맞아요, 10년."

"그 곰들은 어디에서 사셨어요?"

"여기저기서 샀지."

짠은 같은 질문을 반복했다. 여자는 의뭉스러운 태도로 일관했다. 나는 이렇게 캐묻는 방식으로 여자의 호감을 살 수 있을지 의심스러웠다. 하지만 짠이 웅담 가격을 묻자 여자는 둘러대던 말을 바로 그만두고 안쪽 방으로 느릿느릿 걸어갔다. 그러더니 얼린 웅담즙을 담은 은색 쟁반을 들고 나타났다. 병 하나 가격은 순도에 따라 2만 5,000동에서 5만 동, 즉 1달러에서 2달러 사이라고 했다. "예전에는 비쌌어요. 7만 동 정도 했으니까. 15만 동까지 갈 때도 있었고. 사겠다는 사람이 얼마나 많았는지.” 여자가 침울하게 말했다. 수요는 줄어들고 있었고 이제 그에게 웅담을 사는 사람은 지역 주민이 전부였다. “우리는 이제 빈털터리예요.”

짠은 지난번 이곳에 왔을 때 보았던 웅담 가게 간판들에 관해서도 물었다.

“다 어디 갔어요?”

“없어졌지. 푹토 사람들은 이제 곰을 숨겨요.”

여자는 더 많은 이야기를 들려줄 것 같지 않았다. 우리가 떠날 채비를 하며 일어서는데 갑자기 그가 내게 달려들어 옆구리를 꽉 붙잡았다. 나는 불안한 눈빛으로 짠을 흘끗 쳐다보았다. 야생동물 밀매의 세계는 위험했다. 하지만 그는 나를 웬 수상한 밀실로 끌고 가는 대신 전신거울 앞으로 이끌더니 거울에 비친 우리 모습을 보고 깔깔 웃기 시작했다.

“키가 아주 크시대요.” 짠이 긴장된 표정으로 웃었다. 통통한 여자의 머리는 내 어깨에도 오지 못했다. 나는 여자의 방어벽에 빈틈이 생긴 것이기를 바라며 따라 웃었다. 짠도 같은 느낌을 받았는지 곰을 보게 해달라고 다시 한번 요청했다.

“곰은 보여줄 수 없어요.”

웅담은 수천 년 동안 전통 약재로 쓰였다.[1] 서기 659년 중국 약전에 처음 기술된 이 벌꿀색 물질은 한국과 일본에서 열성 구매자들을 만나며 아시아 전역으로 서서히 흘러 들어갔다. 치료사들은 다양한 질병에 웅담을 처방했다. 감기, 암, 심지어 숙취도 여기에 포함되었다.[2] 어떤 사람들은 뻣뻣한 무릎 관절이나 쑤시는 등을 풀어주려고 가죽같이 거칠고 주름진 피부에 웅담을 문질러 발랐다. 그런가 하면 농장주가 말했던 것처럼 소량의 청주에 타서 복용하는 사람들도 있었다.

웅담은 엉터리 약snake oil이 아니다. 의학자들에 따르면 인간의 건강에 이롭다고 입증된 적이 없는 코뿔소 뿔, 호랑이 음경, 천산갑 비늘과 달리 웅담에서 발견되는 활성 분자 우르소데옥시콜산ursodeoxycholic acid은 염증을 가라앉히고 콜레스테롤 수치를 낮춰 **줄 수 있다고** 한다.[3] (사실 진짜 뱀 기름snake oil도 엉터리 약은 아니다. 중국물뱀chinese water snake에서 추출한 기름은 오메가3지방산이 풍부해 관절염 치료제로 적합하다.[4]) 우르소데옥시콜산은 일부 간 질환 치료제로 미국식품의약국Food and Drug Administration, FDA의 승인까지 받았고 파킨슨병이나 헌팅턴병, 알츠하이머병 같은 신경퇴행성 질환의 진행을 늦춘다는 임상 전 시험 결과도 나와 있으며 루게릭병 같은 다른 질환에도 효과가

제2부
아시아

있을 것으로 예상된다.[5] 미네소타대학교 의학전문대학원 분자 소화기학과장 클리퍼드 스티어Clifford Steer는 "우르소데옥시콜산이 보호하는 세포는 뇌세포, 신장 세포, 심장 세포, 폐 세포, 그 외에도 수없이 많다"라고 했다.

'우르소urso'라는 라틴어 어근이 들어 있기는 하나 우르소데옥시콜산은 곰만 만들 수 있는 물질이 아니다. 하지만 쓸 만한 양을 만들어내는 동물은 대왕판다를 제외한 곰 일곱 종이 유일하다.[6] 인간의 경우 우르소데옥시콜산이 담즙 양의 1~5퍼센트에 불과하다. 인체는 간에서 만들어지고 쓸개에 저장되는 담즙을 활용해 소화를 돕고 지방을 분해한다. 반면 곰의 몸은 오랫동안 활동하지 않는 기간, 이를테면 겨울잠을 자는 기간에 우르소데옥시콜산으로 세포사멸apoptosis이라고 알려진 과정인 세포예정사programmed cell death를 지연한다. 어떤 곰종들은 우르소데옥시콜산이 담즙 양의 40퍼센트에 이르기도 한다.[7] "기자님이나 제가 6개월 동안 겨울잠을 잔다면 몸에 남아 있는 게 많이 없을 겁니다." 담즙 내 우르소데옥시콜산을 전문으로 연구하는 스티어가 설명했다. 우리의 근육은 쇠약해질 것이고, 겨울잠에서 깨어날 때쯤이면 뇌손상을 입을 가능성도 있었다. 하지만 곰은 겨울잠에 들어갈 때 우르소데옥시콜산 수치가 그 증가분이 10퍼센트가 넘도록 치솟는다.[8] 이 물질이 곰을 세포사멸에서 보호하는 것이 분명했다. 그렇다면 이 물질은 인간에게도 통할 수 있었다.

스티어는 우르소데옥시콜산을 '놀라운 약물'이나 '자연이 인간에게 준 선물'이라는 말로 두루뭉술하게 표현하지 않았다. 스티어와 그의 팀은 1990년대 말 동물 모델 실험에서 우르소데옥시콜산이 뇌손상과 심장손상을 절반 수준으로 완화할 수 있다는 결과를 내놓으며 이 활성 분자의 특별한 능력을 최초로 보여주었다. 하지만 같은 효과를 내는 다른 약물이 분명 존재하지 않을까? 그는 세포사멸을 억제하는 다른 약물들이 있기는 하나 '곰 분자bear molecule'처럼 강력하거나 신체를 미토콘드리아 손상으로부터 보호하는 약물은 없다고 말했다. 좋은 소식은 우르소데옥시콜산을 꼭 곰에게서 얻을 **필요는** 없다는 것이다. 그는 연구를 수행하기 위해 곰 쓸개에 의존하지 않았다. 대신 소 쓸개에서 추출해 가공을 많이 거친 반합성 우르소데옥시콜산을 구했다.[9] 이 부분은 이 저명한 연구자에게 여전히 민감한 주제다.

"첫 연구가 발표되었을 때 신문 1면에 기사가 실렸는데 우리가 웅담을 사용하고 있다는 내용이더군요." 스티어가 한숨을 내쉬었다. "항의 편지가 쏟아지기 시작했어요. 우리는 상업적 공급업체가 도축장에서 구한 우르소데옥시콜산을 받아 쓰고 있었는데 말입니다." 만약 이 약물이 더 큰 규모로 제조된다면 그것 역시 반합성 물질일 것이다. 스티어에 따르면 지금까지

제2부
아시아

대량 생산이 이루어지지 않은 이유는 우르소데옥시콜산이 일반적인 화합물이기 때문이다. 대형 제약회사로서는 특허를 낼 수 없는 약품에 투자할 경제적 유인이 없는 것이다. 대체 약제인 합성 약물은 웅담을 찾아 아시아 의약품 시장을 뒤지는 사람들에게도 합리적이지 않을 것이다. 대부분은 웅담으로 파킨슨병이나 알츠하이머병을 치료하기보다 작물을 심다 생긴 허리 통증이나 만성 염증, 두통 같은 지극히 평범한 질병에 활용한다. 이런 증상에 웅담을 대신할 수 있는 약초는 50개가 넘을 뿐더러 급하게 필요하다면 진통제인 애드빌의 힘을 빌리면 된다. 흔한 감기를 치료하려고 곰을 사육할 필요는 없다.

스티어는 미국국립보건원National Institute of Health, NIH에서 10년 이상 일한 친절하고 열정적인 사람이다. 그는 또한 곰 옹호자로서 중국 정부에 웅담을 대체할 수 있는 합성 약물에 관해 조언하기도 했다. 하지만 코로나감염증 팬데믹이 시작되었을 때 중국은 웅담 분말이 든 담열청痰熱淸 주사제를 비롯한 전통 의약품을 치료제로 사용할 것을 권장했다.¹⁰ 스티어도 코로나바이러스로 인해 일어나는 과다 염증 면역 반응을 치료하는 약물로서 우르소데옥시콜산의 임상 시험을 고려할 만하다고 주장하는 논문을 공동 집필했다. 자신의 연구가 웅담 거래를 촉진할지도 모른다는 걱정은 없었을까? 몸에 좋다는 증거가 없어도 호랑이 음경까지 기꺼이 먹으려 드는 것이 사람인데, 의학

제4장
황금빛 액체

자들이 우르소데옥시콜산을 '놀라운 약물'이라고 칭한다면 당연히 수요가 치솟지 않을까? 하지만 스티어는 일반 소비자가 약물 이면의 과학적 측면을 크게 신경 쓴다고 생각하지 않았고, 그의 연구 역시 영향을 주지 않을 것이라고 판단했다. "전통 중의학에서는 웅담을 신비한 약재로 생각합니다. 그러니 곰을 계속 사육하려고 할 겁니다."

베트남에서는 사육 곰을 착취하는 비상식적인 이유가 곧 호칭으로 통하는 일이 흔했다. 우르수스 빌리스Ursus bilis*라는 종이 따로 있기라도 한 듯 "이 담즙곰은 내가 가장 아끼는 애완동물이야, 가족 같은 존재지!"라거나 "내 담즙곰 사진 찍지 마!"라고 말하는 식이었다. 분류 체계는 전혀 고려되지 않았다. 사육 곰은 야생 곰과 공통점이 거의 없기는 하지만 담즙곰 자체가 과학적 분류에 속하지는 않는다. 아시아 웅담 채취 농장에서 비참하게 살아가는 동물들은 두 종에 속한다. 흔히 달곰 moon bear이라고도 불리는 반달가슴곰과 태양곰이다.

반달가슴곰은 서식 범위가 상대적으로 넓은 곰종으로 베

---

* 담즙곰bile bear이라는 뜻이다.

태양곰, 베트남

Sun bear, Vietnam

Helarctos malayanus

트남을 기준으로 서쪽으로는 아프가니스탄과 이란의 건조한 자그로스산맥부터 히말라야산맥 전역 그리고 동쪽의 대만, 한국, 일본 혼슈와 시코쿠에서도 발견되며 북쪽 시베리아에도 서식한다.[11] 반면 태양곰은 세계적으로 희귀한 곰 축에 든다. 태양곰은 아시아의 더운 적도 저지대 숲에서 과일, 꿀, 딱정벌레, 무화과, 전갈을 찾아 먹으며 산다. 두 곰 모두 털이 검고 가슴에는 노란 초승달 무늬가 있으며 동남아시아 국가 중에서도 특히 사육 곰 대부분의 원산지인 캄보디아, 미얀마, 라오스의 후텁지근한 삼림에서 서식지가 겹친다.[12] 하지만 둘의 공통점은 여기에서 그친다.

오늘날 인도네시아 서남쪽에 위치한 붕쿨루주가 영국의 지배를 받았던 시절, 벤쿨런bencoolen으로 불렸던 이곳에서 부총독을 역임한 토머스 래플스 경Sir Thomas Raffles은 과학 문헌에서 태양곰을 묘사한 최초의 인물이다. 19세기 초 그는 친구가 마을 주민에게 샀다는 애완용 태양곰을 선물 받았다. 무턱과 반쯤 감긴 듯한 눈매가 아니었다면 세련된 용모로 묘사될 수도 있었던 래플스는 곰을 보고 무척 기뻐했다. 그는 새끼 곰을 사슬로 묶어놓는 대신 "아이들이 쓰는 방에서 함께 키웠다. 곰을 식탁에 앉힐 때도 자주 있었는데, 그럴 때면 곰은 망고스틴이 아닌 과일이나 샴페인이 아닌 와인은 입에 대지 않으며 자기 취향을 드러냈다."[13] 래플스는 "내가 알기로 곰이 심기가 불편

제2부
아시아

할 때는 샴페인이 마련되어 있지 않을 때뿐이었다"라고 기록해 두기도 했다.[14] 아, 래플스의 시대에 곰으로 태어났더라면!

래플스는 이후 현재의 싱가포르를 건국하고 런던동물학회 Zoological Society of London, ZSL를 창설했으며 1826년 마흔네 번째 생일에 뇌졸중으로 숨을 거두었다. 반주를 즐기던 곰은 6년 전 먼저 세상을 떠났는데, 당시 그는 이런 기록을 남겼다. "우리 가족 중에 세상을 떠난 이는 내가 가장 아끼던 곰이 유일하니, 자연사를 논할 때 반드시 마땅한 예를 갖춰 이 곰의 죽음을 언급할 것이다."[15] 인정 많은 래플스는 약속한 대로 말레이곰이라는 뜻의 라틴어 이름(Ursus malaynus)을 그해에 만들었다. 나중에는 미국 자연사학자가 사실 태양곰은 그리스어로 태양을 뜻하는 헬리오스helios에서 유래한 태양곰속(Helarctos)이라는 새로운 속에 속한다고 제안하게 될 것이었다.[16]

태양곰과 반달가슴곰은 이름만 들으면 같은 계통일 것 같지만 곰 가계도 상으로는 가까운 친척이 아니다. 태양곰은 우르수스 미니무스(Ursus minimus)라는 다른 작은 곰에서 진화했다고 추정된다. 아시아흑곰이라고도 불리는 반달가슴곰은 미국흑곰과 유전적으로 가장 유사하다. 두 종 모두 200만 년 이상 전에 유럽의 에트루리아곰etruscan bear에서 갈라져 나왔다.[17] 미국흑곰이 홀슈타인 간빙기holstein interglacial period를 전후해 결국 북아메리카 대륙에 도착했을 때 미국흑곰과 아시아흑곰의 외모는 거의 닮아 있었다. 두 곰종은 오늘날까지도 덩치나 생김새가 매우 비슷하다.

태양곰과 반달가슴곰의 외모가 이질적인 것도 그런 이유에서다. 반달가슴곰은 만화 속 곰처럼 접시 모양의 큰 귀가 정수리에 튀어나와 있지만 태양곰은 작은 귀가 머리에 납작하게 붙어 있다. 반달가슴곰은 몸무게가 200킬로그램까지 나가지만 태양곰은 여덟 종의 곰 중에 몸집이 가장 작을뿐더러 개보다 작은 경우도 많다. 반달가슴곰은 털이 치렁치렁하게 길지만 태양곰은 신체 과열을 막기 위해 짧고 매끄러운 털이 나 있어 반달가슴곰이 털을 바짝 깎은 모습을 연상시킨다.

반달가슴곰에 관해서는 알려진 내용이 많다. 반달가슴곰은 보통 단독 생활을 하나 성체 두 마리와 한배에서 난 새끼 두 마리가 가족을 이뤄 살기도 한다. 또한 곰 중에 매우 수다스러운 편으로 기이한 소리를 내며 불협화음을 만든다.[18] 반달가슴곰은 컥컥대고 낑낑대며 으르렁거린다. 대개 불안하거나 두려울 때는 턱으로 딱딱 소리를 내고 다른 곰에게 접근할 때는 혀로 입천장을 차며 쯧쯧거린다.

태양곰은 세계에서 가장 연구가 덜 된 곰으로 남아 있다.[19] 사람을 피해 다니는 안경곰보다도 알려진 내용이 없을 정도다. 얻을 수 있는 정보가 이렇게 차이 나는 것은 태양곰의 습성 때문이기도 하다. 태양곰은 안경곰처럼 나무를 매우 좋아해서 기

제2부
아시아

다란 야자수 잎 뒤에 숨거나 속이 빈 통나무 혹은 나무 몸통 안에 보금자리를 틀며 나날을 보낸다. 열대 지방은 태양곰에게는 이상적 공간이지만 연구자에게는 일을 복잡하게 만드는 환경이다. 초목이 너무 무성해서 헬기를 타고 마취총을 쏠 수도 없고,[20] 태양곰 털은 너무 짧아서 DNA 염기서열분석을 위해 털을 수집하는 장치인 헤어 트랩hair trap에 걸리지도 않는다. 게다가 태양곰의 서식지가 반달가슴곰과 겹치는 곳에서는 현지인들이 검고 노란 털을 지닌 두 곰을 혼동하기 때문에 태양곰을 본 적이 있는지 탐문 조사를 벌일 수도 없다.

우리가 태양곰의 행동에 관해 그나마 알고 있는 정보는 대부분 가브리엘라 프레드릭손Gabriella Fredriksson에게서 나온 것이다. 프레드릭손은 국제자연보전연맹 태양곰 전문가팀의 공동 수장으로 보르네오섬 동칼리만탄주에 태양곰교육센터를 설립하는 일을 도왔으며 현재는 센터에서 대부분 시간을 보내고 있다. 1990년대에 그가 태양곰 현장 연구를 처음 시작한 지 얼마 되지 않았을 때 인도네시아 산림부는 야생동물 밀매업자로부터 몰수한 새끼 태양곰을 보내오기 시작했다. 새끼 곰을 어떻게 다루어야 할지 전혀 몰랐던 산림부가 보기에 우림 한가운데 자리한 프레드릭손의 연구기지만큼 좋은 곳도 없었다. (관계자들은 몰수한 긴팔원숭이의 우리에 곰 한 마리를 넣어보기도 했지만, 곰은 까다로운 룸메이트였고 원숭이를 죽이기까지 했다.)

처음 도착한 새끼 곰은 대마초ganja weed에서 이름을 따와 간자 Ganja라고 불렸고, 이후 우실Ucil과 싯조Schitzo가 차례로 도착했다.[21] 프레드릭손과 세 마리의 곰은 매일 오랫동안 숲속을 산책했다. 조수가 야생 곰을 찾아 숲속을 뒤지는 동안 그는 새끼 곰들의 독특한 행동을 관찰했다. "본능이 그대로 남아 있었어요. 우리에서 풀려나자마자 먹이를 찾으러 나서더군요. 마치 기계 같았어요. 쉴 새 없이 바쁘게 움직이는 모습이 다른 곰들과는 달랐죠. 땅을 파는가 싶더니 어느새 썩은 통나무 안에 들어가 있고 또 좀 있으면 과일나무 위에 올라가 있곤 했어요. 그냥 계속 무언가를 하더라고요."

태양곰은 표정을 모방하는 모습도 관찰되었다. 표정 모방은 인간의 의사소통에서는 핵심 요소이지만 동물계에서는 찾아보기 어렵다. 보르네오태양곰보전센터Bornean Sun Bear Conservation Centre에서 태양곰 21마리를 대상으로 연구한 결과, 태양곰은 같이 노는 친구의 입 벌린 표정을 그대로 따라 하는 모습을 보였다.[22] 이것은 '어느 정도의 사회적 민감성을 시사하는' 결과였다. 곰종 연구에서 이런 행동이 기록된 것은 이때가 처음이었다. 태양곰은 본래 단독 생활을 하는 동물인데도 유인원처럼 매우 사회적인 종에서나 발견되는 복잡한 의사소통 기술을 보여주었다.

물론 이런 인상적인 자연적 습성은 곰 사육업자들의 흥미를 끌지 못한다. 그들은 반달가슴곰이 내는 독특한 소리나 태양곰의 풍부한 표정에는 전혀 관심이 없다. 그들이 신경 쓰는 것은 오로지 담즙이다. 그리고 반달가슴곰은 아시아에서 발견되는 어느 곰종보다도 우르소데옥시콜산을 많이 만들어낸다. 동남아시아에서도 남쪽, 즉 베트남, 라오스, 캄보디아, 태국, 미얀마에 서식하는 반달가슴곰은 겨울잠을 자지 않는다. 반면 북쪽 산악지대인 중국, 러시아, 일본, 네팔, 인도에 사는 반달가슴곰은 열심히 겨울잠을 잔다. 이 곰들은 10월쯤 굴에 들어가 이듬해 4~5월에 다시 나타난다. 6개월이 넘는 시간 동안 잠들어 있는 곰의 몸은 신체 기능이 저하되는 것을 막기 위해 이 특별한 산을 다량으로 분비한다. 반면 몸집이 작은 태양곰이 추잡한 곰 사육 산업에 끌려 들어오는 이유는 대체로 반달가슴곰과의 연관성 때문이다. 태양곰은 먹이가 넘쳐나는 더운 열대림에 살기 때문에 겨울잠을 자지 않는다. 여러 곰종의 담즙 성분을 분석한 결과 태양곰의 담즙에서 우르소데옥시콜산은 겨우 약 8퍼센트를 차지했다.[23]

풍투옹phụng thượng에는 튜브 하우스와 바나나나무, 물 댄 논 그리고 쉴 새 없이 불협화음을 울려대는 오토바이들이 있다.

흙먼지가 날리는 길을 걸어서 통학하는 교복 입은 아이들과 까만 이를 드러내며 유쾌하게 웃는 나이 지긋한 여인들이 있다. 뜨끈한 쌀국수와 차가운 연유 커피가 있다. 5월이면 남서 계절풍이 불어와 10월까지 우기가 계속된다. 사실 풍투옹은 베트남 북부의 여느 마을과 전혀 다를 것이 없어 보였다. 곰 164마리만 아니었다면 말이다.[24]

풍투옹은 베트남에서 곰 사육을 이어가고 있는 마지막 지역 중 하나로 베트남 내 어느 곳보다도 곰이 많다. 베트남 북부를 흐르는 커다란 홍강 삼각주에서 5제곱킬로미터 반경에 있는 이 비옥한 땅에 흩어진 집과 마당에서는 베트남에 남아 있는 사육 담즙곰의 약 4분의 1을 찾아볼 수 있다.[25] 사육업자들이 당국에 (또는 암시장에) 곰을 넘기면서 곰 사육 산업의 거점은 지난 10년 사이 차례차례 무너졌다. 하지만 내가 방문했을 당시 풍투옹에는 곰을 한 마리라도 내놓은 사람이 단 한 명도 없었다.[26] 곰을 포기한다는 것은 서로 모르는 사람이 없는 마을에서 친구와 이웃을 공개적으로 배반하는 행위였다. 곰 구조센터 직원들이 곰을 넘겨달라고 설득하기 위해 문을 두드렸을 때 주민들은 단 한 마리의 곰도 풍투옹을 떠날 수 없다고 주장하며 단결된 모습을 보였다.

오늘날 아시아의 웅담 채취 농장에서 사육되고 있는 곰은 대략 2만 마리로 추정된다.[27] 대부분은 수요가 가장 많고 사육

제2부
아시아

이 합법인 중국에 갇혀 있고, 다른 곰들은 한국과 미얀마, 라오스, 베트남에 감금되어 있다(캄보디아는 곰 사육 산업이 발을 붙이지 못한 몇 안 되는 동남아시아 국가 중 하나다[28]).

40년 전까지만 해도 웅담은 대부분 야생 곰에서 채취되었다. 노련한 사냥꾼들이 야생 곰을 쏴 죽인 뒤 담즙으로 가득 찬 쓸개를 조심스레 도려내 야생동물 시장에 팔았다. 얼마 지나지 않아 계속되는 밀렵으로 곰 개체수가 급감하면서 담즙 유통에 문제가 생겼다. 고심하던 중국은 공급망 차질을 해소하기 위해 곰을 상업적으로 사육하는 방안을 제안했다. 사향고양이나 대나무쥐(*Rhizomys sinensis*), 뱀도 결과가 좋았다. 그러니 곰이라고 안 될 이유가 어디 있겠는가? 1984년 장허민이 워룽자연보호구역에서 대왕판다종을 구하기 위한 번식 프로그램을 시작하던 무렵, 중국의 다른 과학자들은 북한과 협력해 웅담즙 채취 기법을 개선하고 있었다. 그렇다. 이 문장은 들리는 것만큼이나 끔찍하다. 북한 과학자들은 살아 있는 곰의 쓸개에서 담즙을 채취하는 복잡한 방법을 이미 개발한 상태였다.[29] 간략히 말하자면 곰의 복부를 가른 다음 절개한 부위에 스테인리스 바늘을 삽입해서 쓸개로 직접 연결되는 영구적 도관을 만드는 것이다. 이들은 이것을 '자연 추출 누공 기술free-dripping fistula technique'이라고 명명했다.[30] 담즙을 빼내는 데 필요한 것은 중력뿐이었다. 이렇게 웅담즙을 채취하는 과정을 목격한 동물 복지 옹호자들은 곰들이 내내 "신음하며 몸을 떤다"라고 말했다. 중국은 이 기술이 인간과 곰 모두에게 유익하다고 보았다. 이 기발한 방법을 활용하면 야생 곰 개체수에 미치는 영향을 줄이면서 훨씬 적은 노력으로 더 많은 담즙을 얻을 수 있었다. 사육 곰 한 마리가 매년 만들어내는 담즙 양은 포획된 야생 곰 40~50마리의 것과 맞먹었다.[31] 결과적으로 캡슐, 연고, 고약, 알약, 안약 등 다양한 형태의 웅담 제품이 시중에 쏟아지면서 소비자의 관심이 급증했고 웅담 채취용 곰 사육 산업은 정당성을 얻었다.[32] 농장에서 사육되는 곰의 숫자는 폭발적으로 증가했다. 빈곤했던 마을 주민들은 '황금빛 액체'로 돈방석에 올랐다.[33]

베트남에서 웅담 시장이 전성기를 맞았을 때는 한국인 관광객들이 산지에서 직접 웅담과 웅담즙을 사기 위해 하노이에서 풍투옹이 있는 푹토현까지 버스를 타고 몰려들었다.[34] 구매자들이 마을로 찾아오지 않더라도 사육업자들은 상품을 시장에 빨리 내놓을 수 있었다. 풍투옹에서 400킬로미터도 안 되는 곳에 중국 남쪽 국경이 있고, 그곳에서 160킬로미터만 더 가면 중국의 웅담 채취용 곰 사육 중심지 중 하나인 난닝시가 있기 때문이다(중국의 합법적 웅담 산업은 윈난성과 쓰촨성에 주로 기반을 두고 있으며 산업 규모가 10억 달러에 달한다[35]). 웅담이 불티나게 팔려나가던 2000년대 초에는 풍투옹에서 곰을 사육하는 사람이 누구인지 쉽게 알아볼 수 있었다. 그들은 가장 큰 집에 살며 가장 좋은 차를 몰았다.[36] 하지만 산업이 하향세에 접어들면서 곰 사육은 비밀리에 이루어지게 되었다.

짠은 라임색 튜브 하우스 밖에서 초조한 목소리로 통화 중이었다. 우리는 이곳에서 담즙곰 한 마리를 키우고 있는 부부를 만날 예정이었다. 그런데 막상 우리가 도착하자 남자가 몸이 안 좋다며 곰을 보여줄 수 없겠다고 전화를 해왔다. 짠이 전화를 끊으며 볼멘소리로 투덜댔다. "몸이 안 좋기는요. 걱정되는 거죠."

남자의 집 옆에는 창가에서 내려다보일 만한 곳에 커다란 옥외 광고판이 서 있었다. 푸른 밭을 굽어보는 광고판에는 '더 나은 삶을 위해 곰을 국가에 양도하십시오'라는 베트남어 문구와 전화번호가 적혀 있었다. 생츄어리에서 남은 생을 행복하게 살고 있는 두 곰 친구의 사진도 보였다. 나는 남자가 이 광고판 앞을 얼마나 많이 스쳐 지났을지 궁금했다.

전 세계 농업이라는 큰 틀에서 보면 곰 농장은 공장식 농장에 가장 가깝다. 중국에서 곰들은 동물권 활동가들이 '관'이나 '압박 우리'라는 심란한 단어로 표현하는 시설에서 사육된다.[37] 너무 작아서 몸을 일으키거나 돌릴 수도 없는 좁디좁은 우리에서 쇠창살 사이에 끼어 생활하는 것이다. 곰들은 이렇게 수년을, 어쩌면 수십 년을 보내며 농장주에게 담즙을 채취당한다.

새끼 때부터 갇힌 채 우리 밖으로 나와본 적이 단 한 번도 없는 곰도 있다. 농장주들은 곰이 죽지 않으면서 담즙은 분비할 수 있게끔 값싼 곡물 사료를 먹인다. 꿈쩍 않는 쇠창살 사이에 끼어서 열량을 소모할 방법이 전혀 없는 곰들은 하루가 다르게 살이 찐다.

담즙 추출 방법은 나라마다 다르다고 한다. 중국 농장의 곰들에 비하면 베트남 곰들은 조금은 덜 비참하게 사는 편이다. 베트남 곰들은 시멘트 바닥에 쌓아 올린 관보다는 크지만 도요타 프리우스보다는 작은 철장에서 사육된다. 그러나 수술 상처에서 생긴 감염이나 뼈 변형, 간암, 탈장으로 인해 우리에서 몇 년을 넘기지 못하고 죽는 일도 있다. 동물권 활동가들이 보고한 사례에 따르면 웅담즙을 만들지 못하는 늙은 곰들은 우리 안에서 굶어 죽도록 방치되기도 한다.[38] 푹토현 농장주들은 베트남 내에서 불법인 케타민이라는 마취제로 곰의 의식을 잃게 한 뒤 임시 카테터와 주사기로 담즙을 뽑아내는 방법을 선호한다.[39] 적당한 위치를 찾느라 바늘을 수십 번 찌르기도 하는 데다 케타민을 주사해도 곰은 대개 의식이 반쯤 깨어 있는 상태다. 농장주들은 이렇게 2주에 한 번씩 80~100밀리리터의 담즙을 채취한다.[40] 적어도 내가 듣기로는 그랬다. 짠과 나는 베트남에서 가장 중요한 곰 사육 산업의 본거지에서 곰을 단한 마리도 발견하지 못했다. 라임색 튜브 하우스에서의 노력은

제2부
아시아

수포로 돌아갔다.

🐾

　베트남에서 곰 사육은 더 이상 합법이 아니다. 동물 복지 단체들의 적극적인 로비 끝에 정부는 2005년 이 관행을 불법 화했다.[41] 야생동물 밀매라는 어둠의 세계에서는 보기 드문 성공 사례였다. 베트남의 곰 사육 산업은 1990년대 후반에서 2000년대 중반 사이 폭발적으로 성장했고 약 400마리였던 사 육 곰 수는 산업이 최고조에 달했을 무렵 4,300마리 정도로 껑 충 뛰었다.[42] 계단식 논이 있는 시골 곳곳에서는 수백 마리의 살찌고 슬픈 곰이 길가에 놓인 우리 안에 앉아 있는 모습을 볼 수 있었다. 동물 복지 단체들은 이 사육 산업의 천문학적인 성 장이 달가울 리 없었다. 사육 산업은 예상과 달리 야생 곰에게 미치는 영향을 줄이지 못했다. 오히려 정반대였다. 국내외 활동 가들은 잔인한 관행을 금지하고 국가 간 불법 거래를 단속하 라며 베트남 정부를 압박했다. 베트남은 웅담을 포함한 곰의 신체 부위 거래 행위를 국제적으로 금지하는 멸종위기종국제 거래협약의 당사국이었다. 그런데도 웅담과 웅담즙이 든 유리 병은 중국과 한국으로 수도 없이 흘러 들어가고 있었다. 국제 적 평판이 점차 나빠지자 베트남 정부는 마침내 활동가들의 요구에 굴복해 사육 농가의 웅담 및 웅담즙 채취와 판매를 금지했다. 하지만 입법을 졸속으로 추진하느라 베트남 곳곳에 갇혀 있는 수천 마리의 사육 곰을 어떻게 해야 할지는 미처 다루지 못했다.

정부가 내놓은 근시안적 해결책은 부스스한 머리의 선록마을 농장주가 증언했듯 웅담을 채취하지 않는다면 소유한 곰을 계속 **키우는** 행위는 전혀 문제가 되지 않는다고 공표하는 것이었다.[43] 곰 소유주는 정부에 곰을 등록하고 곰에게 추적용 마이크로칩을 이식해야 했다.[44] 폐업을 주장하는 사육 농가에 새로운 곰이 불법으로 늘어나는 것을 막으려는 조치였다. 이 논리에 따르면 오늘날 베트남에 남아 있는 사육 곰 400여 마리는 모두 열다섯 살은 되어야 한다. 반달가슴곰은 야생에서 서른 살까지 살지만, 농장에서는 대부분 그렇게까지 오래 살지 못한다.[45]

짠은 담즙곰을 찾아내는 일이 어려우리라고 호언장담했지만, 차를 타고 풍투옹을 다시 지나던 우리는 푹토현에서 매우 큰 축에 드는 곰 농장을 우연히 발견했다. 도시 한 구획에 가까울 정도 크기의 버터색 시설에는 보도 쪽으로 난 커다란 입구가 네 개나 되었다. 금속 셔터들은 벌어져 열려 있었고 셔터마다 철조망이 쳐져 있었다. 어두운 사육장 안에는 비참해 보이는 반달가슴곰 몇 마리가 제각기 우리에 갇혀 있었다. 감옥 같

제2부
아시아

은 우리와 무화과나무 사이에 누군가 달아놓은 무지갯빛 삼각기가 거슬릴 정도로 발랄했다.

시설로 다가서자 국방색 전투복 차림에 위장색 빵모자를 쓴 나이 있는 남자가 우리를 맞았다. 짠은 내가 가까이 다가가 살펴볼 시간을 벌어주려고 남자에게 수작을 붙이기 시작했다. 보도에서 가장 가까이 위치한 가운데 철장에 있는 암곰은 심각하게 살이 찐 상태였다. 암곰은 뒤룩뒤룩 늘어진 등살을 철장 창살에 기댄 채 앉아 있었다. 갈라진 두 발은 육중한 몸 아래로 삐져나왔고 동그랗게 튀어나온 귀는 머리 위에서 축 처진 듯 보였다. 철장은 녹슨 색의 철조망으로 바닥까지 엮여 있었고 대소변과 음식물 찌꺼기가 아래로 떨어질 수 있도록 지면에서 30센티미터가량 올라와 있었다. 암곰의 우리에는 물그릇조차 없었고 직원들이 먹이를 나눠주는 작은 밥그릇 하나만 덩그러니 놓여 있었다. 암곰은 거리를 멍하니 내다보며 오토바이들이 시끄럽게 지나가는 모습을 지켜보았다. 노란 초승달 무늬는 희미했고 통통한 배에는 담즙을 채취할 때 생긴 상처들이 보였다. 암곰은 내 존재를 알아차리고는 흐리멍덩한 눈으로 내 눈을 응시했다. 사육 대왕판다에게서 볼 수 있었던 호기심 같은 건 조금도 남아 있지 않은 눈빛이었다. 인도에서 구조된 춤추는 곰 랑길라도 이 반달가슴곰보다는 좋은 시절을 보냈다.

처음에는 사육장에 있는 곰 중 몇 마리만 눈에 들어왔다.

그러다 시설에서 흘러나오는 어슴푸레한 빛을 따라 안을 들여다보니 줄줄이 늘어선 철장 안에서 불안한 듯 턱을 딱딱거리는 수상쩍은 검은 형체들이 모습을 나타냈다. 이곳에는 최소한 15마리의 곰이 있었고 애처롭게 우는 곰 옆에는 갈라져서 피가 나는 발을 철조망 사이로 내놓은 다른 반달가슴곰이 있었다. 이 두 마리 곰은 해와 행인을 볼 수는 있다는 점에서 나머지 곰들보다 형편이 나았다. 곰들 앞에는 '위험한 동물'을 주의하라는 경고문이 붙어 있었다. 아마 곰 소유주에게 해당하는 말이었을 테다.

베트남에서 웅담 및 웅담즙 채취를 금지하는 법이 발효된 2000년대 중반에 살아 있던 곰 4,300마리 중 비영리 동물 복지 단체가 운영하는 곰 구조센터로 보내진 곰은 500마리도 안 되었다.[46] 대부분의 곰은 죽었다. 학대를 견디고 살아남은 곰은 그동안 쓴 돈을 회수하려는 농장주에게 부위별로 토막토막 잘려나갔다. 금지법을 준수하려는 의지가 있던 사육업자들도 대개 보호시설에 곰을 넘겨주지는 못했다. 대신 웅담 채취가 여전히 합법인 중국 농장에 곰을 팔았다.

하지만 모든 사육업자가 농장 문을 닫고 싶어 했던 것은 아니다. 곰을 '키우는' 것은 괜찮다고 예외를 둔 곰 사육 금지법의 허점은 사실상 자승자박의 결과를 가져왔다. 당국은 곰 소유주들이 웅담을 채취하고 있지는 않은지 확인하는 일이 드물었고, 단속을 나온 직원들은 뇌물로 쉽게 매수할 수 있었다. 게다가 곰 사육 금지법이 베트남에서 웅담 수요를 60퍼센트나 낮추는 데 성공하기는 했지만 수익이 곤두박질치면서 곰 관리의 질은 훨씬 더 나빠졌다.[47] 사육업자들은 곰들에게 영양가가 덜한 먹이를 먹였고 아예 먹이를 주지 않기도 했다. 2018년에 진행된 한 연구에 따르면 베트남의 곰 사육업자들이 사료에 지출하는 비용은 한 달에 4달러도 안 되었다.[48]

짠이 헛기침 소리를 냈다. 남자가 이 고문실 뒤편의 집으로 우리를 초대한 것이다. 두 사람을 따라 마당으로 들어가니 귀 끝이 뾰족한 황갈색 개가 작은 철제 우리 안에 갇혀 있었다. 짠은 경비견일 뿐이라며 나를 안심시켰다. 그는 입에 발린 말을 늘어놓으며 농장주의 환심을 사려고 애썼다. 마당에서 아름다운 노란 꽃을 피운 나무를 칭찬하기도 했다.

남자의 집은 내가 베트남에서 들어가 보았던 집 중에 단연코 가장 웅장했다. 비용을 줄여 지은 튜브 하우스보다 훨씬 넓었고 짙은 청록색으로 칠한 거실은 화려하게 장식된 원목 가구로 꾸며져 있었다. 커다란 장식장마다 코르크 마개가 끼워진 양주병이 빼곡했다. 벽에는 젊은 부부의 결혼사진 옆으로 호랑이 두 마리를 그린 거대한 유화가 걸려 있었다. 아마도 남자의 아들 부부일 결혼사진 속 젊은 남녀가 이 자리에 함께했다. 대형 제약회사들은 농장 대부분을 중국에서 운영하지만, 베트남에서 곰 사육은 여전히 가족 사업이다. 내가 중국 대신 베트남을 찾은 데는 이런 이유도 있었다. 중국에서 대왕판다를 취재하는 것은 가능했지만 웅담 및 웅담즙 채취용 곰 사육에 있어서는 제한이 많았다.

젊은 여자가 웃으며 은주전자로 차를 따르는 동안 짠은 매력을 발휘하기 시작했다.

"방금 호Ho 사장님 댁에 다녀오던 길이었어요. 선록 마을에서 유명하시잖아요! 곰이 여섯 마리나 있으시다고요. 전 여행사에서 일하고 있어서 여기 올 때마다 호 사장님 물건을 사요. 지난번에 왔을 때는 토요일 아침 8시 30분이면 먹이를 주셨고 그때 다들 들어와서 웅담즙을 살 수 있게 해주셨죠."

짠이 재잘댔다. 농장주 세 명은 호 씨의 아내와 달리 큰 거리감 없이 우리를 대했다. 그도 그럴 것이 이들은 운영하는 사업에 관해 딱히 말을 삼가지 않았다. 짠이 넌지시 물었다.

"사장님들은 곰을 몇 마리나 키우세요? 30마리 정도 되나요?"

"아니요.. 20마리밖에 안 돼요."

젊은 남자가 대답했고 짠은 통역해주었다. 다른 맥락에서였다면 터무니없는 말이었을 게 분명했다. **20마리밖에** 안 된다니.

"얼마나 오래 키우셨어요?"

"오래되었죠. 2002년부터였어요. 곰마다 칩과 등록번호가 있어요."

아내가 신중하게 대답했다. 담즙곰 20마리가 모두 20년 가까이 살았다니 얼마나 운이 좋은가! 남편이 끼어들었다.

"정부가 곰을 관리한다는 뜻이죠."

"곰을 소유하는 건 합법이에요."

"그렇지만 웅담즙을 채취하는 건 불법이죠."

여자는 우리가 선록 마을에서 들었던 정부의 기본 방침을 똑같이 반복했고, 여기에 남편이 말을 덧붙였다. 부부는 연습했던 공연을 선보이듯 호흡이 착착 맞았다. 아내는 공무원들이 매달 남편을 찾아와 위법 사항이 없는지 점검한다고 주장했다. 하지만 말과 행동은 달랐다. 부부는 주저하지 않고 우리에게 웅담을 사고 싶은지 물었다.

"손님한테 웅담즙을 팔았다는 분(호 사장님)도 저희 걸 사 가셨어요."

여자가 단언했다. 여자의 말에서 자부심이 느껴졌다.

"저희는 원래 도매만 해요. 소매가는 1밀리리터당 5만 동(2달러)이고요."

남자가 다시 끼어들었다. 아내는 중국과 한국 고객들에게 주로 판매한다고 설명했다.

나이 있는 남자가 일어나 자리를 뜨더니 투명한 유리병 다섯 개를 가지고 돌아왔다. 우리는 웅담즙을 자세히 살폈다. 얼지 않은 상태로 어두운 갈색을 띄었다. 부부가 짠을 열심히 꼬드기는 동안 짠은 웅담즙의 품질을 고민하는 척하며 확답을 피했다. 얼마나 신선한지 묻자 보통은 매달 한 번, 가끔은 두 달에 한 번 웅담즙을 채취한다는 답이 돌아왔다. 한 번에 파는 양이 수백 병은 된다고도 덧붙였다.

짠은 가격이 너무 비싸다며 맛보기로 한 병만 사는 대신 남자의 전화번호를 받아가도 되겠냐는 열연을 펼치기 시작했다. 그러면서 있지도 않은 하노이의 고위층 고객 일부를 연결해주겠다고 약속까지 했다. 그 말에 농장주들은 마음이 누그러진 듯했다. 우리는 시간을 내줘서 감사하다고 정중히 인사하고 마당으로 되돌아 나왔다. 황갈색 개가 우리를 향해 캥캥 짖었다. 그때 문득 곰 사육장 뒤편으로 통하는 울타리 철문이 눈에 들어왔다. 문 틈새로 곰 우리를 호스로 씻어내리고 있는 여자가 보였다. 압력솥에서는 갈색 달걀 수십 개가 삶아지고 있었다. 이제 곧 먹이를 줄 시간인 듯했다. 나는 문 쪽으로 조금씩 다가갔다. 거대한 반달가슴곰이 우리 벽에 머리를 난폭하게 박아대고 있었다. 이내 여자가 큰소리를 내며 나를 내쫓았다.

보도로 나오자 조금 전에 보았던 우울한 암곰이 이제 네발로 일어서 있었다. 그 모습에 나는 가슴이 철렁 내려앉았다. 덥수룩해야 할 엉덩이에는 털이 한 가닥도 남아 있지 않았다. 나중에 알고 보니 담즙곰은 탈모로 이어지는 만성 피부 감염에

제2부
아시아

시달리는 경우가 많았다. 뒤따라 나온 짠이 쓰레기통에 웅담즙이 담긴 병을 내던졌다.

나는 담즙곰보다 비참한 삶을 사는 동물을 도무지 떠올릴 수 없었다. 호랑이와 코뿔소는 포획된 뒤 강장제와 미술품, 술을 만들기 위해 뼈까지 분쇄되지만 대부분 빠르게 죽임을 당한다. 공장식 농장에서 사육되는 동물인 닭, 돼지, 소가 그나마 담즙곰과 가까워 보였으나 이 동물들도 대개 몇 달 아니면 몇 년 안에 도축된다. 돌고래나 코끼리처럼 지능이 높은 동물은 놀이공원과 아쿠아리움에서 분명 끔찍한 삶을 살 테지만 매일 살을 째는 고문을 받지는 않는다. 게다가 이는 담즙곰의 삶을 학대받는 다른 동물들에 비추어 비교한 것에 불과했다. 특별한 이유 없이 사랑받는 동물종은 고려하지도 않았다. 반달가슴곰이 검고 노란 털 대신 검고 흰 털을 갖고 태어났다면 사랑을 듬뿍 받았을지도 모른다. 담즙곰은 고통 말고는 알지 못했다.

마을을 나서는 길에 짠과 나는 아까 보았던 바나나나무와 쌀국수 가게, 물 댄 논과 간이의자에 걸터앉은 어르신 무리를 지나쳤다. 털이 벗겨진 비대한 담즙곰 두 마리가 갇혀 있는 길가의 철장도 지났다. 곰들은 고개를 들지 않았다. 웬 여자가 빗자루를 휘두르며 비키라고 소리쳤다. 우리는 풍투옹의 곰들을 뒤로하고 하노이를 향해 서둘러 마을을 빠져나갔다.

웅담 채취 농장에 발을 들여본 사람이라면 동물 복지 옹호자들이 농장을 폐쇄하기 위해 왜 그렇게 열심히 싸워왔는지 단번에 이해할 것이다. 그곳의 광경, 냄새, 소리는 쉽사리 잊을 수 없다. 하지만 야생동물 보호 활동가들이 아시아에서 웅담 채취용 곰 사육이 지속되는 것을 우려하는 이유는 그뿐만이 아니다. 사육 곰도 대부분 한때는 야생 곰이었다. 태양곰과 반달가슴곰을 올무와 덫으로 잡아 농장을 채우는 일을 멈추지 않는다면 두 종의 미래는 당장 위협에 직면하게 된다.

브라이언 크루지Brian Crudge는 웅담 채취용 곰 사육 종식을 위한 국제 조직인 프리더베어스Free the Bears의 연구 프로그램을 감독하고 있으며 동남아시아에서 웅담 채취용 곰 사육이 야생 곰 개체수에 미치는 영향을 수년 동안 연구해왔다. 나는 어느 날 아침 크루지에게 전화를 걸어 사육 곰 농장이 야생 곰 감소에 어떤 역할을 했는지 이야기를 나누었다. 그의 경쾌한 아일랜드 억양은 라오스의 집회 참여자들이 확성기로 외치는 구호와 지저귀는 새소리와 오토바이 경적에 묻혀 작게 들렸다.

크루지는 곰 사육이 "야생 곰 개체수 보존에 도움이 안 된 것은 확실하고 악영향을 주었을지도 모른다"라며 "곰이 사육되면서 곰을 소유하려는 수요와 살아 있는 새끼 곰을 거래하

제2부
아시아

는 시장이 생겨났다"라고 했다. 그가 2016년 베트남 곰 사육업자들을 설문한 결과에 따르면 사육하고 있는 곰을 번식시키려는 시도를 해보았다고 응답한 수는 여덟 명뿐이었다.[49] 그중에서 성공했다고 말한 사람은 네 명에 불과했다. 그나마 태어난 새끼 곰들도 단 한 경우를 제외하고는 생후 일주일 만에 사망했다. 사육업자의 3분의 2가량은 야생에서 곰을 가져온다고 선뜻 인정했다. 업자들이 이렇게 인정하지 않더라도 야생에서 구한 곰은 쉽게 알아볼 수 있다. 아시아 사육 곰의 약 3분의 1은 발이 없다.[50] 과거에 철제 족쇄형 덫에 걸린 적이 있다는 증거다.

불법 야생 동식물 거래를 감시하는 단체 트래픽Trade Records Analysis of Flora and Fauna in Commerce, TRAFFIC은 살아 있는 곰이 캄보디아, 라오스, 태국에서 베트남으로 여전히 활발하게 유입되고 있다는 사실을 밝혀냈다. 2000~2011년 베트남 지방 정부는 국내로 밀반입된 살아 있는 곰 152마리를 몰수했다.[51] 대부분 곰은 중국으로 옮겨지는 중이었을 가능성이 높지만, 일부는 분명 베트남 사육업자들에게 납품하기 위한 것이었다. 트래픽이 발표한 보고서의 결론은 "사육 곰의 수가 전반적으로 감소하기는 했지만 (베트남에 있는) 많은 곰 농장이 살아 숨 쉬는 곰 거래에 여전히 적극적으로 가담하고 있을 가능성이 매우 크다"였다.[52]

아시아 국가들이 곰 사육을 승인하면서 진짜를 찾는 수요는 급증했다. 이런 결과는 불가피했다. 사육되거나 양식된 대체품이 시장에 나올 때면 매번 일어나는 일이다. 연어가 그랬고 인삼이 그랬다. 이제는 곰을 둘러싸고 같은 일이 벌어지고 있었다. 중의학은 야생에서 구한 상품의 효능이 우수하다는 믿음을 강요하는 일이 잦다. 그 결과 웅담즙을 마시는 이들은 **자연산**만을 원하며 기꺼이 웃돈을 치르기까지 한다. "사람들은 사육 곰의 웅담으로는 만족하지 않았죠." 크루지가 말했다. 베트남의 웅담 및 웅담즙 구매자들은 사육 곰에서 얻은 상품이 '품질이 떨어진다'고 생각한다. 시장 상인들은 야생 곰에서 채취했다고 주장하는 웅담과 웅담즙에 가장 높은 가격을 매긴다. 트래픽에 따르면 "소비자가 자연산 제품에 돈을 더 지불할 용의가 있다면 야생 곰을 입수하고 거래하려는 유인은 사육 곰 농장 수와 상관없이 지속될 것이다."

농장을 채우거나 신체 부위를 얻을 목적으로 행해진 야생 곰 사냥은 곰의 숫자에 큰 타격을 입혔다. 반달가슴곰과 태양곰은 모두 멸종취약종으로 분류된다.[53] 반달가슴곰 개체수는 5~6만 마리로 추산되나 지난 30년 사이 절반이나 감소했다.[54] 태양곰 개체수는 같은 기간에 3분의 1 이상 줄었으며 이런 변화는 겨우 삼세대 안에서 나타난 것으로 추정된다.[55] 지난 30년 동안 말레이시아, 인도네시아, 파푸아뉴기니의 원시 우림 350만 헥타르 이상이 팜유 플랜테이션으로 전환되면서 태양곰은 땅과 그늘, 위장 수단과 식량을 잃었다. 플랜테이션 가장자리를 따라 사는 곰들은 무심코 너무 가까이 다가갔다가 비어드피그 bearded pig와 멧돼지를 잡으려고 설치해놓은 올무에 걸려 발을 잘린다.[56, 57] 팜유 플랜테이션으로 개간되지 않은 숲은 주로 용뇌향과 나무의 값나가는 단단한 목재를 얻기 위해 벌채되었다. 태양곰이 집을 짓고 사는 곳에서 말이다. "태양곰 개체수 추정치는 신뢰도가 떨어지는 것이 사실이지만" 오늘날 태양곰은 멸종우려종으로 유명한 대왕판다 바로 다음으로 가장 위태로운 곰종이라고 일반적으로 받아들여진다.[58]

역사적으로 태양곰은 홍강 삼각주 이북 북동부 지역을 제외한 베트남 전역에서 발견되었다. 반달가슴곰은 산악지대에 많이 서식했다. 크루지와 동료들은 웅담 채취용 곰 사육이 베트남 야생 곰에 미친 영향을 파악하기 위해 보호지역 22개소 인근 마을 주민 1,400여 명을 인터뷰했다. 문항에는 곰을 본 적이 있는지, 곰이 많다고 생각하는지, 개체수가 줄어들었다는 느낌을 받은 적이 있는지 등이 포함되었다. 주민의 98퍼센트라는 압도적인 수는 곰의 숫자가 감소했다고 생각했으며 감소 추세가 1990년 전후부터 2005년까지 계속되었다고 응답했다.[59] 연관성은 분명했다. 크루지는 "곰 개체수가 급감한 시기는 베트남에서 곰 농장이 들어서며 빠르게 확장되던 시기와 일치했다"라고 말했다. 실제로 그들은 연구를 수행하며 개체수 감소의 증거를 찾아볼 수 없는 현장을 단 한 곳도 발견하지 못했다. "수요 증가와 시장 접근성, 허술한 법 집행, 경제적 이윤이라는 매력이 마구잡이식 밀렵을 부추기는 상황"에서 곰 사육이 사냥에 대한 압력을 급격히 높였다는 것이 크루지와 동료들의 결론이었다.[60]

땀다오국립공원Tam Đảo National Park의 열대 상록수림과 저지대 대나무 숲을 지나면 베트남 북부에서 매우 높은 축에 드는 산들이 불쑥 모습을 드러낸다. 반달가슴곰들은 한때 이 밀림에 살았으나 수십 년 전 자취를 감췄다. "전 살면서 야생 곰을 한 번도 본 적이 없습니다." 애니멀즈아시아 땀다오곰구조센터Animals Asia Tam Đảo Bear Rescue Center를 안내해줄 뚜안 벤딕슨Tuấn Bendixsen이 인정했다.

비영리 동물 복지 단체인 애니멀즈아시아는 1993년 활동을 시작한 이래 아시아 곳곳에서 630여 마리의 곰을 구조했으며 내가 방문했을 당시 178마리가 이곳에 머물고 있었다.[61] "푹토현에 사는 아이들이 많이 다녀갔어요." 벤딕슨이 철문을 통해 밀림에 둘러싸인 시설로 들어가며 말했다. 땀다오는 남쪽으로 32킬로미터가량 떨어진 풍투옹과 천지 차이였다. 숲으로 뒤덮인 안식처는 악명 높은 곰 마을에서 목격했던 환경과 충격적일 정도로 달랐다. "이곳을 견학한 아이들의 부모님들도 모셔오고 싶었습니다. 하지만 오려 하시지 않더군요." 애니멀즈아시아 베트남 지부장인 그는 대신 토요일 아침마다 푹토현에 가서 기관이 운영하는 이동 진료소를 감독한다. 1층짜리 작은 건물에 마련된 진료소에서는 전통 치료사들이 주민들의 불평을 들어주고 여러 약재를 섞은 약을 무료로 지어주며 웅담을 끊을 수 있게 유도하고 있다.

애니멀즈아시아는 2000년대 초 베트남에서 곰 사육을 금지시키기 위해 다른 동물 복지 단체들과 공조해 로비 활동을 시작했다. 이들의 노력은 2005년 성공을 거두었고 베트남 산림청은 땀다오국립공원 계곡 부근의 좁고 긴 녹지를 농장주들로부터 양도받은 곰들을 위한 구조센터인 생츄어리로 쓸 수 있도록 출입을 통제하는 데 합의했다. (애니멀즈아시아는 아이러니하게도 청두대왕판다번식및사육연구기지로부터 멀지 않은 곳에서도 곰 생츄어리를 운영하고 있다.) 잔혹한 웅담 산업에서 풀려난 태양곰과 반달가슴곰은 이제 여생을 편안하게 보낼 수 있었다.

벤딕슨은 앞가르마를 탄 짧고 검은 머리에 타원형 무테안경을 걸친 모습이었고 말투는 부드러우나 의지는 굳센 사람이었다. 그는 오늘날 호찌민에 해당하는 사이공에서 태어났으며 1970년대 초반 부모님을 따라 이민한 뒤로 오스트레일리아에서 자랐다.[62] 대학교에서 동물관리학을 공부하고 오스트레일리아 정부에서 농장 동물의 복지를 개선하는 일을 하다가 2000년 베트남으로 돌아와 하노이에서 개와 고양이를 치료하는 작은 동물병원을 운영했다. 그러다 독일인 수의사 친구를 통해 곰 사육 문제를 처음 접했다. 투쟁에 동참해야겠다고 마음먹은 그는 애니멀즈아시아에서 자원 활동을 시작했다. 그 뒤로 그는 곰 사육 종식 운동의 얼굴 같은 존재가 되었다. 벤딕슨은 풍투옹 주민들을 자주 찾아가 곰을 넘겨달라고 설득해보기도 했지만 한 사람의 동의도 얻어내지 못했다고 했다.

"다들 말로는 웅담을 채취하지 않는다고 하더군요." 개울 위에 놓인 작은 다리를 건너 곰 방사장으로 향하는 길에 그가 말했다. 산골짜기에 있는 땀다오구조센터는 나무가 듬성듬성 들어선 11헥타르의 서식지에 걸쳐 있었다. "하지만 그럴 리가 없죠. 그게 아니면 곰을 왜 키우겠어요? 사업하는 사람이면 손해 보기 전에 빨리 손을 떼죠."

그는 "베트남에는 웅담 채취로 감옥에 간 사람이 아무도 없다"라며 한탄했다. 법에 따르면 웅담 및 웅담즙을 채취하다 적발된 사람은 최대 5년(여섯 마리 이상이면 15년)의 징역에 처할 수 있었다.[63] 하지만 그러려면 공무원이나 경찰관에게 현행범으로 체포되어야 했다. 유죄가 명백하지 않으면 벌금을 내거나

제2부
아시아

때에 따라서는 곰을 압수당하는 것이 가장 큰 형벌인 탓에 대부분 농장주는 처벌에 관한 두려움 없이 사업을 운영했다.

내가 방문했을 당시 11마리였던 생츄어리의 태양곰들은 센터 입구에서 가장 가까운 큰 집에 함께 모여 살고 있었다. 나는 곰들의 익살맞은 모습에 단박에 마음을 빼앗겼다. 작은 몸집의 태양곰들은 뒷발로 서서 잔디밭 위를 뒤뚱뒤뚱 걸어 다녔고, 그 바람에 보통 때는 얼굴 주위로 몰려 풍부한 표정을 만드는 주름진 등가죽이 흠뻑 젖은 기저귀처럼 엉덩이 주변까지 늘어져 있었다. 태양곰은 내가 보았던 다른 곰들과 전혀 다른 생김새였다. 눈 사이가 멀었고 노란색 무늬는 배트맨 로고 같은 반달가슴곰의 초승달 무늬보다 훨씬 두꺼웠다. 게다가 갈고리 모양의 발톱은 유난히 두껍고 길었다. 어떤 곰은 발톱을 손가락처럼 쓰며 나무 몸통에 묶어놓은 대나무를 뜯어내고 있었다. 곰들이 나무를 타고 올라가 높은 울타리를 넘어 도망치지 못하도록 미끄러운 장대를 설치해놓은 것이었다.

"새끼 곰들은 아주 활동적이에요." 울타리 너머를 지켜보며 벤딕슨이 말했다. "보고 있으면 참 재밌죠. 하지만 웅담 채취 농장에서 구조된 나이 있는 곰들은 걷기도 어려워하는 경우가 많아요." 우리는 곰들의 행동 풍부화 프로그램 시간에 맞춰 방문했다. 직원들이 방사장 곳곳에 딸기와 파인애플, 당근을 숨겨놓고 곰들이 찾을 수 있게 하는 시간이었다. 이런 놀이 시간은 곰들에게 매우 중요했다. 곰들의 굶주린 정신을 자극할 뿐만 아니라 우리 안에서 지내는 동안 쇠약해진 근육을 키우는 데도 도움이 되었다. 새로 온 곰들은 대개 너무 약해서 마당 주변에 설치된 사다리나 나무 구조물에도 오르지 못했다.

레일라Layla라는 이름의 태양곰이 과즙이 많은 딸기를 입에 물고 우리에게 다가왔다. 이 암곰은 노란 초승달 무늬 오른쪽에 눈에 잘 띄는 검은 모반이 있어서 다른 곰들과 구별하기 쉬웠다. 밀렵꾼들은 레일라가 새끼일 때 레일라의 엄마를 죽였다.[64] 당국은 5년 전 이들이 베트남을 통해 레일라를 밀매하려는 것을 가로챈 뒤 레일라를 이곳에 데려왔다. 레일라는 요란하게 후루룩 소리를 내며 딸기를 입으로 도로 집어넣더니 주둥이에 주름을 지으며 크게 하품했다. 레일라의 기나긴 혀가 돌돌 말린 얇은 젤리처럼 축 늘어졌다. 태양곰의 혀는 약 25센티미터로 곰종 중에 가장 길다. 구석구석에서 꿀과 곤충을 빨아 먹기에 안성맞춤인 도구다.

땀다오의 태양곰들이 생츄어리에 오게 된 이유는 다양했다. 레일라를 포함한 새끼 곰 세 마리는 밀매꾼들에게서 구조되었다. 그중 한 마리는 애완동물로 키워지기까지 했는데, 키가 작고 주름이 귀여운 태양곰은 외래종 반려동물 거래 시장에서 인기가 많은 종이다. 2019년 말레이시아 가수 자리스 야신 Zarith Yasin은 쿠알라룸푸르의 자신의 아파트에서 태양곰 한 마리가 호기심 어린 표정으로 창문 밖에 머리를 내밀고 있는 모습이 사진에 찍히면서 언론의 헤드라인을 장식했다.[65] 그는 길가에서 태양곰을 "발견"했으며 개라고 생각해 데려왔다고 주장했다. 결코 곰을 학대하지 않았다는 입장을 고수했으나 결국 9,000달러에 달하는 벌금을 내야 했다. "브루노Bruno(곰)가 말을 할 수 있다면 분명 제가 준 먹이가 맛있었다고 할 거예요."[66] 그는 말레이시아 언론과의 인터뷰에서 브루노에게 초콜릿을 먹였다고 말하며 항변했다.

센터의 태양곰 중 다섯 마리는 동남아시아 각지의 웅담 채취 농장에서 구조되었다. "캄보디아에서는 태양곰 담즙이 반달가슴곰 담즙보다 두 배 비싸거든요." 베트남에서는 2005년 곰 사육 금지법이 발효된 이후로 곰 사육이 감소했으나 불법 행위는 국경을 넘어 성행하고 있었다. "라오스 시장이 커지고 있죠."[67] 흙길을 따라 반달가슴곰들이 사는 집으로 향하며 벤딕슨이 말했다. 잔디 방사장에서는 반달가슴곰 수십 마리가 터벅터벅 걸어 다니고 있었는데, 그 모습이 마치 목초지의 털북숭이 소들을 보는 듯했다. "말하자면 물 새는 양동이 같은 거예요. 구멍 하나를 막으면 다른 구멍에서 물이 새기 시작하잖아요." 다음 거점은 미얀마가 될 가능성이 커 보였다. 아시아에서 야생 곰이 여전히 넘쳐나는 곳이기 때문이다.[68]

베트남에서 구조가 필요한 곰은 여전히 수백 마리에 이른다. 하지만 땀다오곰구조센터에는 겨우 몇 마리 더 수용할 수 있는 공간밖에 남아 있지 않았다. "산에 둘러싸여 있어서 부지를 더 이상 확장할 수 없어요." 벤딕슨이 구조센터 진료소에서 투어를 마치며 설명했다. 그는 빠른 시일 내에 추가 공간을 찾는 일이 매우 중요하다고 말했다. 2017년 베트남 산림청은 베트남의 곰 복지 단체들과 협정을 체결했다. 베트남의 모든 사육 곰을 향후 5년 안에 생츄어리로 옮긴다는 내용이었다.[69] 협정은 2005년 발효된 곰 사육 금지법의 허점을 보완했다. 베트남에서 곰 사육 산업은 마침내 종식을 향해 가고 있었다.

베트남을 떠나고 2주 뒤쯤 애니멀즈아시아로부터 메일 한 통을 받았다. 풍투옹의 한 농장주가 땀다오의 생츄어리에 암컷 담즙곰을 양도했다는 소식이었다. 베트남의 다른 지역에서는 일상적인 구조 활동으로 여겨질 것도 푹토현에서는 엄청난 성과였다. 농장주는 단 한 마리의 곰도 내놓지 않기로 한 마을 내 합의를 어기고 마침내 반기를 들었다. 주민들의 결의에 금이 간 것이다.

"첫 번째 곰이 가장 힘들어요." 내가 베트남을 방문한 지 2년이 되던 해에 벤딕슨이 말했다. "사람들의 태도가 달라진 게 보

제2부
아시아

이기 시작했죠. 풍투옹의 농장주들을 찾아가서 곰 이야기를 꺼내면 더는 단호하게 거절하지 않아요. 생각해보겠다고 하죠."

그는 최근 허리가 아프다며 푹토현의 이동 진료소를 찾은 어르신이 있었다고 했다. 이야기를 나누다 보니 남자는 풍투옹에서 매우 큰 축에 드는 곰 농장을 운영하고 있었다. 벤딕슨은 쑤시고 아픈 곳에 왜 웅담을 쓰지 않고 진료소를 찾았냐고 물었다. "어르신은 '효과가 있는 게 필요했을 뿐이오'라고 하더군요. 그리고 대화를 나누러 농장에 찾아와도 좋다고 승낙했어요."

속도는 더디지만 아시아 전역에서는 분명 진전이 일어나고 있다. 2019년 푹토현 주민 5,000명은 지역 내 곰 사육을 중단할 것을 요구하는 청원서에 서명했다.[70] 2015년 베트남전통의학협회Vietnamese Traditional Medicine Association는 웅담 처방을 전면 금지하기로 합의했다.[71] 야생의 태양곰들은 수십 년 동안 보이지 않았던 장소에 모습을 나타내고 있다.[72] 그리고 수십 마리의 반달가슴곰이 생츄어리에 도착하고 있다. 어쩌면 털이 없던 풍투옹의 곰도 머지않아 구조센터에 올 수 있을지도 모른다. 반달가슴곰과 태양곰이 대왕판다의 지위에 오르려면 여전히 갈 길이 멀지만, 중국의 여론도 웅담 채취용 곰 사육 산업에 등을 돌리고 있다. 이제 대부분 중국 시민은 웅담 채취를 잔인한 관행으로 여긴다. 2018년 허베이성 인민대표대회는 2035년까지 곰 사육 산업을 종식하자는 법안을 전국인민대표대회에 제출했다.[73]

중국 대도시에서는 웅담 채취 농장의 잔인성을 공개적으로 성토하는 집회가 자주 열리고 있다. 어디에도 희망은 존재했다. 한 줄기의 희망이 해와 달처럼 지평선 위로 떠올라 가장 어두운 곳에 빛을 드리우고 있었다.

제2부
아시아

북아메리카

"외롭냐고?
글쎄, 사람들은 이게 추운 거래.
난 춥다는 게 뭔지 몰라. 추위를 타지 않으니까.
마찬가지로 외롭다는 게 무슨 뜻인지도 몰라.
곰이란 본래 홀로 사는 존재니까."

_필립 풀먼Philip Pullman, 《황금나침반》 중에서
이오렉 버니슨의 대사

제5장

야생을 벗어나다

EIGHT BEARS

미국흑곰, 미국

American black bear, United States of America

Ursus americanus

오늘날 미국흑곰이 처한 곤경의 서두는 마치 농담처럼 시작된다. 마트로 걸어 들어와 토르티야 칩 봉지를 집어 드는 곰 이야기를 들어본 적이 있는가?[1] 주유소 편의점에 쳐들어와 초코바를 허겁지겁 삼키는 곰은 어떤가?[2] 제과점 주방에서 버터를 한꺼번에 11킬로그램이나 생으로 먹어 치우는 곰은?[3] 타호호수 근처에 산다면 분명 이런 이야기를 지역 뉴스에서 전부, 이외에도 다양하게 많이 접해보았을 것이다.

타호호수는 캘리포니아주와 네바다주에 걸쳐 짙푸른 절경을 이룬다. 수많은 사람이 즐겨 찾는 휴양지이자 닷새라는 짧은 휴가를 즐겁게 보내려고 텐트와 캠핑 스토브를 차에 싣고 시에라네바다산맥으로 몰려드는 도시민에게 핵가족 단위 여행에 관한 미국적 향수를 불러일으키는 곳이다. 하지만 야생과 도시의 접촉지대의 전형이기도 한 타호호수분지는 오늘날 하늘빛 호수 물뿐만 아니라 미국에서 미국흑곰과 인간의 충돌이 가장 극심한 곳으로도 유명하다. 모텔, 미니 골프 코스, 바비큐 가게, 블랙잭 카지노로 둘러싸인 500제곱킬로미터 면적의 이 고산 호수는 가뭄철이면 지역 내 야생동물에게 매우 중요한 수원 역할을 한다. 사람들이 호숫가를 개발하기 시작했을 때 이곳에 살던 미국흑곰들에게는 두 가지 선택지가 주어졌다. 인간에게 자리를 비켜주거나 함께 사는 것. 대부분은 후자를 택했다.

미국흑곰은 세계에서 개체수가 가장 많으며 아마도 사람들이 일상에서 가장 친숙하게 접하는 곰일 것이다. 곰을 상상해보라고 하면 짧고 검은 털과 옅은 색의 코, 날렵한 몸매, 혹 없는 등, 동그란 귀의 이미지를 떠올릴 것이다. 지난 세기 동안 재야생화rewilding를 위한 전국적 차원의 노력에 힘입어 미국흑곰은 미국에서 역사적 서식지의 절반가량을 회복했다. 미국흑곰은 애팔래치아 히코리 숲appalachian oak-hickory forest, 루이지애나주 습지, 남서부 피뇬 노간주 삼림지대pinyon juniper woodlands, 야자수 잎이 무성한 플로리다키스florida keys에서 발견된다. 하지만 덩치 큰 미국너구리common raccoon처럼 쓰레기통을 뒤지거나 집 밑 공간을 굴 삼아 살고 있는 모습이 뉴욕주 욘커스, 노스캐롤라이나주 롤리, 매사추세츠주 보스턴에서 발견되기도 한다.[4] 뉴저지주에서 갑자기 늘어난 곰들과 맨해튼 사이에는 허드슨강만

제3부
북아메리카

이 흐르고 있을 뿐이다. 미국흑곰 개체수가 급증하고 인간의 영역 침범이 만연해지면서 미국에는 새로운 품종의 곰이 생겨났다. 이름하여 도시 곰urban bear이다.

타호호수와 접한 네바다주 인클라인빌리지의 여름 별장에서 칼 래키Carl Lackey는 마치 곰이 된 것처럼 네발걸음으로 까슬까슬한 황갈색 솔잎 더미 위를 기어가고 있었다. 래키는 집의 기초 토대를 따라 이어진 바닥 밑 공간crawl space의 어두운 구석을 손전등으로 하나하나 비췄다. 커다란 수컷 미국흑곰은 주인이 없는 틈을 타 이곳에 터를 잡았고 유리섬유 단열재를 뜯어놨으며 야식으로 먹을 잣까지 가져와 모아두었다. 다행히도 그리고 내게는 불행히도 곰은 집을 비운 상태였다. “인클라인빌리지 곳곳에 이런 현장이 수도 없이 많습니다.” 래키가 서부 출신 특유의 거친 말투로 말했다. 그는 몸을 일으키더니 색 바랜 청바지에 붙은 솔잎을 툭툭 털어냈다. “집 밑을 굴 삼아 사는 곰이 많아요. 쓰레기를 내놓는 밤이면 먹이를 찾아 동네를 돌아다니죠.”

네바다주야생동물국Nevada Department of Wildlife 소속 생물학자인 래키는 햇볕을 많이 쬐어 그을린 흰 피부에 벗어진 머리와 연한 적갈색 턱수염을 한 다부진 몸매의 남성이었다. 비가 부슬부슬 내리던 아침 인클라인빌리지에서 만난 그는 루스터Rooster와 대즐Dazzle이라는 이름의 기운 넘치는 카렐리안 베어도그karelian bear dog 두 마리를 데리고 트럭을 몰고 있었다. 허스키와 보더콜리를 교배한 것처럼 생긴 이 개는 북유럽 원산으로 사냥꾼이 불곰을 추적할 때 썼던 품종이다. 이 용감무쌍한 개는 이후 미국 서부 산악 지역에서 미국흑곰과 회색곰을 겁주어 쫓아내는 용도로 야생동물 관리인들에게 보급되었다. 반려견 문화를 적극적으로 지지하던 래키는 타호* 주변에서 늘어나는 곰 사건에 대응하기 위해 2001년 처음으로 스트라이커Stryker라는 이름의 개를 사육업자에게서 데려왔다.[5] 이제는 출동할 일이 생기면 스트라이커가 낳은 얼룩덜룩한 루스터와 대즐이 대부분 그와 동행한다. 이 개들은 벌써 네바다주 호숫가 마을들에서 수백 마리의 곰을 쫓아냈다.

미국 서부에서 래키만큼 도시 곰의 일과를 잘 이해하는 사람도 없었다. 그는 타호의 도시 곰들을 20년 넘게 상대했으며 미국에서 곰들이 반란을 일으킬 날이 머지않았다는 것을 최초로 깨달은 사람 중 하나였다. 타호호수분지는 북아메리카 대륙에서 두 번째로 미국흑곰 개체군 밀도가 높은 곳으로 2~3제곱

---

* 타호호수를 둘러싸고 있는 지역들을 간단히 타호라고 부르기도 한다.

제3부
북아메리카

킬로미터마다 배회하는 곰들이 발견된다.[6] 그래서 미국흑곰이 마을과 도시를 탈환하기 시작했을 때 타호호수 인근에는 특히나 많은 곰이 밀려들었다. 호수를 둘러싼 야생에서 평생을 살았던 곰들은 1990년을 전후해 타호의 관광지에 나타나기 시작했고 시원한 호수 물에 몸을 담그려고 고속도로를 건넜으며 쓰레기통에 달려들어 내용물을 뒤졌다.[7]

처음에 래키는 곰들이 갑작스럽게 밀어닥치는 이유를 이해하지 못했다. 캘리포니아주와 네바다주는 가뭄철도 아니었고 삼림지대는 먹이로 넘쳐났다. 미국흑곰의 생태를 급히 살펴보던 그와 동료들은 관광객들이 생각 없이 버려두고 간 냄새 나는 쓰레기가 곰들을 야생에서 도시로 유인하는 것이 틀림없다고 결론지었다. 호숫가 북쪽 인클라인빌리지가 진원지였다.

내가 비수기가 한창인 3월에 방문했을 때 타호의 곰들은 여전히 겨울잠을 자는 중이었어야 했다. 미국흑곰은 대개 4월까지 굴 밖으로 나오지 않다가 봄풀이 돋아나는 때에 맞춰 다시 나타난다. 하지만 도시 환경은 미국흑곰의 자연적 습성을 바꿔놓았다. "그렇죠. 이제 곰은 딱히 겨울잠을 자지 않아요. 대신 낮잠을 잘 만한 자리를 찾죠. 밖에는 일주일에 한 번이나 두 번 정도 나오고요." 여름 별장을 떠나 호수를 따라 뻗은 고속도로를 타고 길 위로 구르는 큼지막한 제프리소나무 솔방울을 피하며 인클라인빌리지의 상업 지구로 향하던 길에 래키가 대수롭지 않게 말했다.

나는 래키가 툭 던진 말에 충격을 받았다. **더는 곰이 겨울잠을 자지 않는다고?⁸** 정말 큰일이 아닌가 싶었다. 새는 날고 물살이는 헤엄치고 곰은 겨울잠을 자는 것이 이치 아닌가. 정상적인 상황이라면 기온이 떨어지는 초겨울에 자연에서 구할 수 있는 먹이가 줄어드는 것은 곧 곰들이 굴속으로 들어갈 시간이라는 신호다. 하지만 인간이 버린 음식물 찌꺼기가 1년 내내 넘쳐나는 지금, 곰들은 한밤중이면 냉장고를 뒤지는 불면증 환자가 되어버렸다. 2003년 타호호수 근처에 사는 도시 곰 38마리를 추적한 연구에 따르면 인근 카슨산맥 산간지대에 사는 곰들은 평소대로 12월 초에 굴로 들어가 겨울잠을 잤지만, 타호의 도시 곰들은 이듬해 1월까지 도시에 머물렀다.⁹ 38마리 중 5마리는 아예 굴에 들어가지도 않았다. 이런 행동 변화는 기후 변화로 인해 더욱더 심해졌다. 겨울이 따뜻해지고 가을이 늦어지고 봄이 빨라지면서 북아메리카 곰들의 생체 시계 역시 재설정되었다.¹⁰ 이제 겨울잠을 자지 않는 곰이 있는가 하면 굴에 늦게 들어가거나 너무 일찍 깨어나는 곰도 있었다. 몇 년 전 겨울 미국국립공원관리청National Park Service, NPS은 2월 기온이 평년보다 높아 회색곰들이 예정보다 몇 주 일찍 굴을 떠나자 옐로스톤 국립공원 방문객들에게 회색곰을 맞닥뜨릴 수도 있으니 대비하라고 경고했다.¹¹ 미국지질조사국United States Geological Survey, USGS

제3부
북아메리카

야생생물학자 헤더 존슨Heather Johnson은 미국흑곰들에게서도 비슷한 패턴을 발견했다. 그의 연구에 따르면 겨울 최저 기온이 1도씩 오를 때마다 콜로라도주 서부 미국흑곰들이 겨울잠을 자는 기간은 6일씩 짧아졌다.[12] 이번 세기 중반 무렵이면 2주에서 6주가 더 짧아질지도 몰랐다.

존슨은 겨울잠이 곰의 몸 안에서 일어나는 세포 노화 과정, 즉 세포 사멸을 늦추는 것 같기는 하지만 겨울잠이 줄어든다고 해서 곰에게 생리학적으로 해롭다고만 말할 수는 없다고 했다. 따지고 보면 날씨가 따뜻하거나 1년 내내 먹이를 구할 수 있는 서식지에서는 겨울잠을 자지 않는 곰종도 많으니 말이다. 하지만 그는 북아메리카의 곰들이 겨울잠을 적게 자면 문제에 휘말릴 시간이 길어진다고 강조했다. "1년 중에 깨어 있는 시간이 늘어나면 늘어날수록 죽임을 당하기도 쉬워지죠. 겨울잠을 자는 동안에는 그럴 일이 없겠지만요." 생태학 저널 〈에코스피어 Ecosphere〉에 실린 논문에서 존슨은 도시 지역이 곰들에게 "개체군 소멸지population sink*와 생태학적 덫ecological trap**"이 되었다고 밝혔다.[13] 곰들을 삼림지대에서 끌어내 일찍 무덤으로 보낸다는 것이다.

---

*　개체군을 유지할 수 없는 불량한 서식지를 말한다.
**　기존 단서에 의존해 서식지의 질을 판단하는 생물이 인간이 초래한 환경 변화 때문에 불량한 서식지를 계속 찾게 되는 현상이다.

이런 일이 타호호수 주변에서 일어나고 있는 듯했다. 그와 나는 인클라인빌리지에서 그의 오랜 연구 동료이자 당시 야생 동물보존협회Wildlife Conservation Society 소속이었던 생물학자 존 베크만Jon Beckmann을 만났다. 우리 셋은 커피콩으로 가득 채워진 수액 봉지가 금속 봉에 매달려 있는 한 카페에 들어가 앞쪽 창문 근처 빈 좌석에 자리를 잡았다. 밖에서는 천둥이 우르릉 울리며 비가 쏟아지고 있었다.

베크만은 캔자스주에 살았지만 곰 일로 시내에 나와 있었다. 큰 키에 검은 머리와 눈동자, 반쯤 감긴 듯한 눈매, 거뭇거뭇 올라온 수염까지 래키와 거의 모든 면에서 정반대인 외모였다. 2000년대 초, 뒷마당에 곰이 나타나는 횟수가 급증하던 시기에 베크만은 시에라네바다산맥과 그레이트베이슨사막이 만나는 지역에 서식하는 곰들에게 무슨 일이 일어나고 있는지 파악하는 획기적인 연구를 이끌었다. 미국흑곰은 이동성이 꽤 높은 동물로 알려져 있으며 성체 수곰은 155제곱킬로미터 또는 그 이상의 면적을 행동권home range으로 삼기도 한다. 베크만의 연구 결과 이 지역 곰들의 서식 범위는 지난 10년 동안 70~90퍼센트나 줄며 급격히 축소되었다.[14] 그런데도 곰들은 여전히 뚱뚱했다. 그것도 **지나치게 뚱뚱했다.**

곰은 대개 겨울잠을 자는 동안 몸무게가 15~30퍼센트 정도 빠진다(그래서 굴로 들어가기 전에 충분한 열량을 축적하는 것이 매우 중요하다).[15] 베크만의 전례 없는 연구 결과에 따르면 타호의 도시 곰들은 겨우내 계속해서 몸을 불리고 있었다. 도시 곰들의 총 몸무게는 산간에 머무른 곰들보다 3분의 1이나 더 나갔다.[16] 당황스럽게도 삼림지대에 사는 곰들의 개체군 밀도는 열 배 감소한 것으로 나타났다. 대다수 곰이 숲속 서식지를 도시 생활과 맞바꾸고 있었다.

인간과 충돌이 급증하는 데는 오랜 시간이 걸리지 않았다. 1990년대에서 2000년대 사이 곰과 인간의 접촉 건수는 무려 1,000퍼센트나 증가했다.[17] 하지만 타호호수분지에 실제로 사는 곰의 숫자는 증가하지 않았다. 캘리포니아주 엘도라도카운티와 카운티 내 사우스레이크타호에서는 곰이 쓰레기를 뒤지는 사례가 1년 만에 450건 이상 기록되었다.[18] 네바다주야생동물국의 관리인들이 1997~2013년 타호호수분지와 그레이트베이슨사막 서부에서 안락사시킨 곰은 132마리에 이르렀다.[19] 그리고 그보다 훨씬 많은 곰이 가뭄철에 물과 먹이를 찾아 고속도로를 건너려다 차에 치여 죽었다.

미국흑곰들은 계속해서 걱정스러울 정도로 빠르게 산간 지역을 떠났다. 베크만에 따르면 과거에 도시 지역을 돌아다니던 미국흑곰이 대개 성체 수곰이었다면 이제는 새끼 곰과 함께 있는 암곰이 더 많이 눈에 띄고 있었다. 이런 통계적 변화와 도시에서 죽은 미국흑곰의 수는 산간으로 돌아가 서식하는 미국흑곰이 더 이상 없다는 것을 의미하기도 했다.[20] 2008년 래키와 베크만은 주변과 단절된 작은 지역 한 곳을 제외하고는 길이가 80킬로미터에 이르는 카슨산맥 산간지대에서 야생 미국흑곰을 단 한 마리도 발견하지 못했다는 연구를 발표했다. "곰은 잔디와 풀, 견과류, 산딸기류를 먹는 것에 익숙합니다. 그러다 도시로 내려오니 1년 내내 먹이를 구할 수 있는 쓰레기통과 과일나무, 새 모이통, 비단잉어가 노니는 연못이 있는 겁니다. 곰으로서는 뷔페에 온 셈이니 쫓아내기 어려울 수밖에요." 베크만이 말했다. 가뭄철에는 더욱더 그랬다. 지난 10년 동안 캘리포니아주 동부는 어느 때보다 극심한 가뭄을 겪었고 수많은 초목이 말라 죽었다. 곰들이 늦여름이나 가을에 겨울잠을 준비하거나 암컷의 경우 출산에 대비해 미친 듯이 먹이를 먹는 과식증hyperphagia 단계에 들어갈 때 의지할 만한 식량원은 도시의 쓰레기통이 유일했다.

태양곰을 제외한 모든 곰종은 생식 주기에 지연 착상delayed implantation이라는 현상을 경험한다.[21] 야생 흑곰의 경우 수컷의 정자가 암컷의 난자를 수정시키는 시기는 여름이지만 배아의 초기 단계인 배반포blastocyst는 늦가을까지 자궁에 착상하지 않는다. 암컷은 굴로 들어가기 전에 살을 충분히 찌우지 못하면

(체지방률이 20퍼센트 미만이면) 출산 대신 기력을 차리기 위해 배반포를 재흡수한다. 이 메커니즘은 먹이 사정이 좋지 않은 해에 개체수를 조절하는 자연의 섭리다. 인간이 나타나기 전까지는 이 원리가 꽤 잘 작동했다. 곰들은 곧 산딸기류나 견과류의 생산량과 관계없이 뒷마당, 쓰레기통, 차, 심지어 마트에서도 맛있는 먹이를 찾을 수 있다는 사실을 깨달았다. 그래서 타호호수의 미국흑곰들은 캘리포니아주의 가뭄 사태에도 임신을 아예 포기하는 대신 매년, 심지어 가뭄철에도 새로운 새끼 곰을 계속해서 낳고 있었다. 어린 곰들은 숲에서 먹이를 찾을 수 없는 상황이라면 호숫가 마을로 가면 된다는 것을 어미 곰에게 배웠다.

골목에서 발견되는 미국흑곰은 난폭한 회색곰보다 쓰레기통에 뛰어드는 미국너구리와 비슷한 구석이 더 많지만, 미국흑곰의 공격적 행동을 유발하는 한 가지가 있다. 바로 먹이다. 1900~2009년 미국흑곰의 공격으로 인한 사망 사고 63건의 절반가량은 곰이 점찍은 먹이 앞을 사람이 가로막았을 때 일어났다.[22] 게다가 저명한 곰 생물학자 스티븐 헤레로Stephen Herrero의 2011년 연구 결과에 따르면 인간을 향한 치명적 공격의 86퍼센트는 1960년 이후 발생했다. 상관관계가 가장 높은 변인은 야생과 도시의 접촉지대에서 살고 놀고 일하는 사람이 늘어났다는 것이다.[23] 타호호수 주변에서 쓰레기를 뒤지는 미국흑곰에게 죽임을 당한 사람은 없다. 적어도 지금까지는 그렇다. 하지만 타호호수와 접한 캘리포니아주 지역 내 주택이나 상점 근처에서 미국흑곰이 사람을 물어뜯거나 후려치거나 덮친 사례는 적지 않다.[24] 그중에는 친구의 오두막집에 침입한 미국흑곰을 맞닥뜨렸던 남자의 인상적인 사례도 있었다. 남자는 지역 언론과의 인터뷰에서 "확성기로 사이렌 소리를 크게 울렸더니 곰이 뒷다리로 일어섰고, 곧이어 덤벼들래 뛰어차기로 가슴뼈를 정통으로 가격해 뒤로 자빠뜨렸다"라고 말했다.[25]

"지금은 곰이 사람을 해치기 전에 쫓아내는 방법을 쓰고 있어요. 혹시라도 사망 사고가 일어나면 정치인들은 더 과감한 조치를 취하라고 압박해올 겁니다. 공공의 안전을 이유로 곰을 죽이는 일이 늘어나겠죠. 확실해요." 래키가 설명했다. 이는 바로 애리조나주 경계에서 일어났던 사건 하나를 염두에 둔 말이었다. 1996년 어느 여름 십 대 소녀 애나 노철Anna Knochel은 애리조나주 투손에서 80킬로미터도 채 떨어지지 않은 샌타카탈리나 산맥에서 야영하던 도중 136킬로그램의 수컷 미국흑곰에게 공격당했다.[26] 곰은 소녀의 머리와 목, 얼굴, 다리를 심하게 물어뜯었다. 노철은 두피 봉합 수술을 받느라 중환자실에서만 3주를 보내야 했다. 이후 그의 부모는 미국산림청과 애리조나주사냥및낚시위원회Arizona Game and Fish Department를 고소했다. 소녀를 공격한 곰은 당국에 잡힌 적이 있다는 표식인 166번이 적힌 노란

꼬리표를 달고 있었다. 나중에 밝혀진 내용에 따르면 사건이 벌어진 레먼산은 주 정부가 '문제를 일으키는 곰'을 이주시키는 곳이었다. 사건이 일어나기 불과 며칠 전 미국산림청은 곰의 습관화된 행동에 관한 또 다른 항의 신고를 받았다고도 했다. 관계자들은 가뭄 탓에 곰이 자연에서 구할 수 있는 먹이가 줄어든 것을 원인으로 보았다. 주 정부는 결국 재판까지 가지 않는 대신 소녀의 가족에게 250만 달러를 지급하기로 합의했다.[27]

나는 떠나기 전 두 사람에게 왜 타호호수분지가 미국에서 곰과 인간의 충돌이 가장 심한 장소로 여겨지는지 물었다. 래키는 내 평가에 동의하지 않았다. 그는 타호가 충돌이 심한 축에 드는 것이 아니라 수십 년간 진행된 연구 덕분에 잘 알려져 있을 뿐이라고 주장했다. "뉴저지주만 해도 한 달에 들어오는 항의 신고가 700건은 될 겁니다. 하지만 우리가 하는 연구를 하고 있지 않다 보니 소식을 접할 일이 없는 거죠."

베크만은 맞장구를 치며 네바다주가 오히려 성공 사례라고 말을 붙였다. 2018년 베크만과 래키는 다시 한번 힘을 합쳐 타호의 야생과 도시의 접촉지대에 사는 미국흑곰들로부터 20년 동안 배운 교훈을 연대순으로 기록한 권위 있는 연구 논문을 공동 집필했다.[28] 논문에서 그들은 보전 정책의 결과로 타호호수분지와 시에라네바다산맥에서 온 곰들이 그레이트베이슨사막에 다시 군집을 이루었으며 이제는 80년이 넘도록 곰이 살지 않았던 네바다주 지역으로 이주하고 있다고 언급했다. 그러면서 베크만은 강조했다. "1920년대에는 네바다주에 곰이 없다시피 했죠." 하지만 이제 네바다주에 곰이 산다는 것은 너무도 자명했다.

곰은 대단히 영리하다. 타호호수 같은 곳에서는 너무 영리해서 탈일 정도다. 곰은 몸에 비해 큰 뇌와 냄새를 매우 잘 맡는 코 덕분에(곰의 후각은 인간보다 2,000배, 침을 질질 흘리는 블러드하운드보다 7배가량 예민하다[29]) 사람이 먹는 음식의 위치는 물론이고 접근할 방법까지 알아낼 수 있다.[30] 필요하다면 레저용 차량이나 오두막집, 곰이 **열기 어렵도록 만든**resistant 쓰레기통을 습격하는 일도 불사한다. 내가 쓰레기 관리에 관해 보도하던 초창기에 '곰이 **열 수 없게 만든**proof 쓰레기통'이라는 표현을 쓰자 야생동물 관리인들은 내 말을 빠르게 정정했다. 의지가 굳센 곰 앞에서 열리지 않을 것은 이 세상에 없다는 설명이었다.

곰의 인지에 관한 대부분 연구는 사육된 미국흑곰을 대상으로 수행되어 왔다.[31] 하지만 다른 곰종을 다룬 현장 연구에서도 곰의 인지 능력을 추론해볼 수 있었다. 통상 기온이 영하 5도에 이르는 중국 친링산맥에서 대왕판다는 말똥 퇴비를 몸에 바르는 기발한 방법으로 추위를 견디는 것으로 나타났다.[32] '말똥 퇴비에 구르는 행동'은 2년에 걸쳐 38건이 기록되었다(말똥에는 대왕판다의 감열성 수용체 경로thermosensitive receptor pathway와 반응해 추위를 느끼는 것을 막아주는 화학적 화합물이 들어 있다). 야생 불곰은 주변 환경을 분류별 목록으로 정리해 머릿속에 저장하는 것으로 알려졌다.[33] 그래서 가장 좋아하는 산딸기류가 어디에서 자라는지, 다른 곰들이 어느 구역에 사는지를 시간이 많이 지난 뒤에도 기억할 수 있다. 다른 지역으로 서식지를 옮겨도 살던 곳으로 돌아가는 방법 역시 안다. 마치 산란기의 연어가 강바닥을 헤엄쳐 회귀하듯 말이다. 이누이트족이 관찰한 내용에 따르면 북극곰은 300년 전부터 돌이나 얼음 조각 같은 도구를 사용해 바다코끼리의 머리를 가격했다고 알려졌다.[34] (도구를 쓴다고 기록된 동물은 1퍼센트도 안 된다.) 그래도 임상 연구 대상으로 인기가 많은 종은 여전히 미국흑곰이다.[35]

미국 미시간주 오클랜드대학교의 비교심리학자 제니퍼 봉크Jennifer Vonk는 곰이 주변 세계를 이해하는 방식을 주제로 매우 권위 있는 연구들을 발표했다. 하지만 그가 처음부터 곰의 지능을 연구하려 했던 것은 아니다. 다수의 동물 심리학자가 그렇듯 원래는 영장류의 인지 능력과 사회적 동물의 삶에 흥미가 있었다. 새끼 때만 가족끼리 똘똘 뭉쳐 지낼 뿐 성체가 되면

단독 생활을 하는 동물로 알려진 곰은 관심 밖 대상이었다. 허리케인 카트리나가 미국 남동부를 강타한 지 얼마 되지 않아 봉크는 앨라배마주 윌머 대로변에 있는 작은 유원지인 모빌동물원Mobile Zoo에서 조Joe라는 이름의 외톨이 침팬지를 대상으로 연구를 시작했다. 조는 할리우드 조련사가 시설에 양도한 동물로 미국흑곰 가족과 헛간에서 함께 생활했다. 곰 가족은 엄마 곰 엘시Elsie와 엘시가 낳은 성체 곰 브루투스Brutus, 더스티Dusty, 벨라Bella까지 총 네 마리였다.[36] 침팬지를 대상으로 한 실험이 지지부진하게 진행되자 그는 잊고 있던 곰들에게도 정신적 자극이 도움이 될지 궁금해지기 시작했다.

봉크는 이 곰들에게 단순한 사물 구별 능력이 있는지 알아보기 위한 실험을 고안했다.[37] 먼저 곰들에게 터치스크린 장치를 사용하는 방법을 가르쳤다. 그런 다음 곰과 인간의 이미지를 보여주며 차이를 알아채도록 교육했다. 미국흑곰의 이미지를 터치하면 보상으로 먹이를 주고 인간의 이미지를 터치하면 버저를 울려서 미국흑곰을 계속 선택하게끔 유도하는 식이었다. 그는 이외에도 무작위로 짝지은 다른 개념 범주의 그림을 20세트가량 돌려가며 보여주었고, 곰이 같은 범주의 그림을 선택하는 비율이 80퍼센트에 이르면 세트를 바꿔가며 정확도를 유지할 수 있는지도 확인했다. 만약 이 실험이 성공적이라면 곰들이 정보를 일반화할 수 있다는 뜻이었다. 곰들은 영장류와

이를테면 말과 같은 비영장류의 차이를 구별할 수 있었을까? 과연 초식동물과 육식동물, 동물과 풍경도 구별 가능했을까? 곰들은 모두 해냈다. 이 실험에 관해 봉크는 다음과 같이 말을 이었다. "누구보다도 빠르게 배우더군요. 다들 의욕이 넘쳤어요. 시간이 지나면서 이 곰들은 제가 가장 좋아하는 연구 대상이 되었죠."

가장 먼저 두각을 드러낸 곰은 사육장에서 태어난 브루투스였다. "터치스크린에 정답을 입력하면 간식을 받을 수 있다는 것을 금방 깨닫고는 다른 곰을 근처에 얼씬도 못 하게 했어요." 봉크는 1년이 넘도록 브루투스만을 대상으로 연구했다. 그리고 그 과정에서 브루투스가 숫자를 구별하고 이해한다는 사실을 발견했다.[38] 이것은 동물 지능의 중요한 지표였다. 브루투스는 서로 다르게 배열된 점 그림을 보여주면 스크린 위에서 점이 이리저리 움직이더라도 점의 개수가 많고 적은 것의 차이를 구별해냈다.[39] 과학 저널 〈동물 행동Animal Behaviour〉에 동료 심사를 거쳐 게재된 논문에서 그는 "수행 패턴이 기존 원숭이 실험 결과와 유사했으며 곰이 다른 형태의 수준 높은 수량 인지 능력을 보일지도 모른다는 점을 시사한다"라고 발표했다.[40] 이후 곰 형제자매가 새로운 사육장으로 옮겨지면서 공간 분리가 어느 정도 가능해지자 브루투스는 더 이상 장치를 독차지할 수 없었고 그때부터는 더스티가 실력을 발휘하기 시작했다. 이미지 구별 실험에서 "더스티는 동물과 비동물의 사진을 처음 보여주었는데도 90퍼센트의 정확도를 보였다"라고 밝히며 그는 말을 이었다. "어떤 이미지를 선택해야 하는지 이해했다는 아주 확실한 증거였죠."

봉크는 흑곰이 사물의 2D 이미지와 실제 사물을 머릿속으로 연결할 수 있는지 측정하는 뇌 연구도 진행했다. 다른 연구에서는 이 개념을 확장해 2D나 3D 사물과 숫자를 동시에 이해할 수 있는지도 확인했다. 예를 들어, 아몬드 세 개가 있는 이미지를 선택하면 실제로 아몬드 세 개를 받게 되리라는 것을 이해하는지 보는 것이었다. 그가 디트로이트동물원Detroit Zoo의 미국흑곰에게 특정한 사물들과 그에 해당하는 이미지를 보여주었을 때 곰은 둘의 의미를 연관 지었다. 봉크에 따르면 고릴라는 절대 숙달할 수 없는 경지였다.

"지능이라는 게 다소 인간 중심적인 개념인 만큼 이야기하고 싶지 않지만 사물을 빠르게 구별해낸다는 점과 우리가 '지능'이라고 부르는 일부 능력 지표를 볼 때 곰은 여러 과업에서 제가 연구했던 유인원들을 능가했습니다."

곰과 아주 가까이 사는 사람들에게는 놀라운 일이 아닐지도 모른다. 봉크는 "야영장에서 음식을 찾아내는 것만 봐도 곰이 매우 영리하다는 것을 알 수 있다"라고 인정했다. 그는 오클랜드대학교 대학원생들이 먹이로 가득 채운 퍼즐 상자를 여러

제3부
북아메리카

종의 동물에게 주고 반응을 관찰하는 실험을 진행 중이라고 했다. 연구 대상인 곰들은 상자를 열 때 가설 검증과 인과 추론을 활용하는 모습을 보였다. 마치 밀폐된 쓰레기통을 여는 방법을 알아낼 때처럼 말이다. "곰이 고양잇과 동물보다 더 끈질긴 것 같더군요. 고양잇과 동물은 상자 속에 고기가 있다는 것을 알면서도 포기해요. 하지만 곰은 여러 방법을 시도해보며 계속 붙잡고 있죠."

곰의 뛰어난 인지 능력을 알게 된 것은 매우 흥미로웠지만 아시아 웅담 채취 농장의 반달가슴곰들이 주변 환경을 완전히 그리고 똑똑히 인지하고 있을 것을 생각하니 마음이 아팠다. 곰의 뇌가 가령 금붕어의 것과 같았다면 모든 시련은 훨씬 견딜 만할지도 몰랐다. 봉크의 연구 결과는 분명 마음의 평화에 도움이 되지 않았다. 하지만 곰의 지능을 제대로 인식하는 것이 왜 중요한지에 관한 중대한 논거는 또 있었다. 바로 우리가 사는 복잡한 세상에서 인간과 곰의 충돌을 최소화하고 곰의 장기적 생존을 보장하려면 곰의 행동을 반드시 이해해야만 했다.

지난 약 한 세기 동안 요세미티국립공원Yosemite National Park은 매우 똑똑한 곰들을 만날 수 있는 곳이었다. 캘리포니아주는 미국에서 (알래스카주를 제외하고) 미국흑곰이 가장 많은 지역으로, 3만 마리에 달하는 캘리포니아주 미국흑곰의 절반가량은 시에라네바다산맥에 서식한다. 산맥은 그레이트베이슨사막에서 솟아올라 서쪽으로 서서히 펼쳐지며 고산 초원에서 화강암 대성당, 세쿼이아 숲에 이르는 풍경을 높이가 제각각인 들쑥날쑥한 조각으로 나눠놓는다. 세계에서 가장 큰 나무인 셔먼 장군General Sherman 나무도 시에라네바다산맥에 자리 잡고 있다. 미국 48개 주에서 가장 높은 휘트니산과 요세미티의 거대한 단일 화강암 암석인 하프 돔, 엘 캐피탄도 마찬가지다. 요세미티국립공원은 타호호수분지에서 차로 네 시간 거리밖에 안 되지만 곰 관리에 관한 한 하늘과 땅 사이만큼이나 거리가 멀다.

9월의 어느 저녁, 메인주 아루스투크카운티에 자리한 호지든 메도 야영장Hodgdon Meadow Campground에 차를 세웠을 때는 어느새 땅거미가 내려앉고 있었다. 요세미티계곡에서 북서쪽으로 40킬로미터 떨어진 호지든 메도는 공원 내 야영장 중에서 인기 없는 축에 들었지만 촉박하게 예약하다 보니 이곳밖에 빈자리가 남아 있지 않았다. 관리실에 가니 사람이 없어서 화이트보드를 보고 텐트 자리 번호를 확인한 뒤 기록 대장에 차 번호를 휘갈겨 적었다. 창턱에는 곰 관련 안전 책자가 한 더미 쌓여 있었다. 나는 야영지 둘레에 난 순환로를 따라 시속 8킬로미터로 서행했다. 나뭇가지 위에서 재잘대는 더글라스다람쥐

douglas squirrels 무리가 보였다. 가족 단위 야영객들은 활활 타오르는 모닥불에 핫도그를 굽고 부모들은 욱신거리는 무릎과 발을 주무르고 있었다. 45번 자리에 도착한 나는 톱질해놓은 통나무 더미 옆에 차를 댔다. 내가 고른 자리는 바로 뒤에 화장실 대신 숲이 있는 바깥쪽 가장자리 공간이었는데, 나는 한밤중에 이 결정을 후회하게 되었다. 기름과 고기 냄새가 살짝 실린 연기가 가느다란 소나무들 사이로 퍼져나갔다. 나는 어두워지기 전에 텐트를 치려고 서둘렀다. 자리에는 먼저 방문했던 야영객들이 이름 머리글자를 새겨놓고 간 야외 테이블과 화덕, 음식물 보관함bearproof food locker이 하나씩 있었다. 갈색 철제 음식물 보관함은 아이스박스 두 개를 넣고도 장 봐온 봉지 몇 개가 더 들어갈 정도로 컸다. 앞면에는 이런 안내문이 붙어 있었다.

모든 음식물은 보관함에 넣어두어야 합니다. 밖이나 차 안에 음식물을 놓아두지 마세요. 이를 위반할 시 법정에 소환됩니다(연방 규정Code of Federal Regulations, CFR 2.10에 의거). 요세미티의 곰들을 보호합시다. 재산 피해를 줄입시다.

또 다른 안내문에는 규정에 따르지 않으면 최대 5,000달러의 과태료를 물 수 있다는 문구가 적혀 있었다. 나는 녹색 콜맨 아이스박스 두 개를 조심스레 집어넣었다. 그런 뒤 점점 어둑해지는 하늘 아래서 음식물 보관함을 잠그느라 부끄럽게도 한참이나 애를 먹었다. 보아하니 보관함을 잠그려면 문에 달린 보관함 높이보다 길이가 긴 걸쇠로 문이 열리지 않도록 잘 닫은 다음 걸쇠 끝의 갈고리를 보관함 위쪽에 뚫어둔 작은 구멍 두 개에 맞춰 끼워 넣어야 했다. 문제 해결 능력과 충분한 손재주를 요하는 과정이었다. 곰이 털북숭이 발로 걸쇠를 조작하는 모습은 고사하고 이렇게 복잡한 장치를 여는 방법을 알아낼 수 있다는 것조차 상상하기 어려웠다. 하지만 요세미티의 곰들은 해냈다.[41]

공원에서 이 구식 보관함 모델을 아직도 쓰고 있는 곳은 호지든 메도의 텐트 자리 109개가 유일했다. 곰들은 수년 동안 시행착오를 거치며 이 보관함을 여는 방법을 터득했다고 했다. 나중에 들으니 남은 보관함들도 다가오는 겨울이면 교체될 예정이었다. 오래된 보관함의 부품을 바꾸거나 아예 새로운 디자인을 생각해내는 일은 공원 직원들에게 일상적인 업무였다.[42] 요세미티국립공원이 곰들의 접근을 매우 성공적으로 막아낼 수 있었던 것은 이런 회복력과 끊임없는 혁신 덕분이었다. 쌀쌀했던 그날 저녁 호지든 메도는 수백 명의 야영객들로 북적였고 모닥불 위에서는 마시멜로가 노릇하고 쫀득하게 구워지고 있었지만, 야영장을 돌아다니며 문제를 일으키는 곰은 없었다. 여성용 세면장에는 일주일 전 야영장을 서성이다 발견된 퓨마

제3부
북아메리카

에 관한 경고문만 게시되어 있었다. 그날 밤 나는 침낭으로 들어가면서 곰 퇴치용 스프레이를 더 가까이 당겨두었다. 고양잇과 동물에게도 효과가 있었다고 생각하며.

다음 날 아침 나는 해가 뜰 때 일어나 텐트 밖으로 기어 나왔다. 그러고는 곰 방지용 음식물 보관함으로 다가가 걸쇠를 살폈다. 여전히 단단히 잠겨 있었다. 발자국이나 곰이 침입하려고 했던 다른 흔적이 남았을까 싶어 땅바닥도 유심히 살폈지만 찾아볼 수 없었다. 나는 보관함에서 인스턴트커피 봉지 몇 개와 그래놀라 바를 꺼낸 뒤 그날의 목적지인 엘 포탈로 향했다. 엘 포탈은 공원 경계 바로 밖에 있는 마을로 미국국립공원관리청의 관할 행정구역에 일부 포함되는 곳이다.

오늘날 요세미티국립공원은 인간과 곰의 공생 측면에서 세계적인 본보기가 되고 있다. 하지만 지금의 교훈을 얻기까지 값비싼 대가를 치러야 했다. 요세미티는 20세기 내내 곰 관리의 성공 사례가 아닌 국가적 망신으로 여겨졌다. 머리가 좋은 곰들이 미니밴 창문을 부수고 야영장을 급습하고 텐트에 들이닥치고 쓰레기통을 뒤집으며 공원 곳곳에서 난동을 피우는 일이 2000년대 후반까지 이어졌기 때문이다.[43] 전 공원 관리자는 샌프란시스코만 지역 일간지인 〈머큐리 뉴스Mercury News〉와의 인터뷰에서 "공원으로 몰고 온 차가 차 문에 남겨둔 초코바 때문에 박살 나 있곤 했다"라고 말했다.[44] 1997년 요세미티에서 미국흑곰들이 침입한 차는 600대가 넘었다.[45] 곰들이 가장 좋아한 목표물은 혼다의 차량과 닷지의 카라반, 구형 도요타 차량들이었다.[46] 〈머큐리 뉴스〉가 요약했듯 "얼마 전까지만 해도 요세미티의 장엄한 화강암 절벽과 웅장한 폭포를 보러 여행을 떠난다는 것은 **곰이 만든 아수라장**(아무리 강조해도 지나치지 않다!)으로 굴러떨어지는 것과 같았다."[47]

엘 포탈에 도착한 나는 미국국립공원관리청을 찾았다. 철책으로 둘러싸인 콘크리트 고층 건물은 잡목이 우거진 땅에 외따로 떨어진 교정 시설처럼 보였다. 엘리베이터를 타고 여러 층을 오른 뒤 미로 같은 복도를 따라가니 서류 더미와 도감에 둘러싸인 채 사무실에 앉아 있는 레이철 머주어Rachel Mazur가 보였다. 여름 내내 햇볕에 탄 얼굴에 군데군데 회색 머리칼이 섞인 짙은 갈색 머리를 하나로 낮게 묶은 모습이었다. 편두통이 있었던 그는 전화벨 소리와 동료들의 말소리가 들리지 않는 곳에서 신선한 공기를 쐬면 도움이 되리라고 생각했다. 그래서 직원들이 종종 점심을 먹는 장소라는 건물 뒤편 야외 테이블로 나를 데리고 나갔다. 시에라네바다산맥의 메마른 산들이 주위를 병풍처럼 둘러서 있었다. "다들 곰을 좋아하죠." 그는 손바닥으로 테이블을 짚으며 자리에 앉았다. "곰을 좋아하지 **않는** 사람을 찾기가 더 어려워요." 하지만 1990년대에 공원의 곰들은 머주어에게 훨씬 큰 골칫거리였다. "요세미티는 곰 개체군 전체를 사람이 먹는 음식에 길들였을 뿐만 아니라 사람이 주변에 있는 것에도 익숙하게 만들었죠."

생물학을 전공한 머주어는 요세미티국립공원에서 야생동물은 물론이고 방문객 이용에 따른 사회과학까지 연구하는 책임자 역할을 맡고 있는 동시에 비공식적인 곰 사학자이기도 하다. 미국흑곰 개체수가 급증하고 있는 뉴욕주 시러큐스에서 자란 그는 열아홉 살 때 요세미티에서 가까운 킹스캐니언국립공원Kings Canyon National Park에서 계절 근로자로 일할 기회가 생겨 서부로 왔다. 그렇게 이곳에서 쭉 30년을 머물렀다. 머주어는 인간과 곰의 충돌이 가장 극심했던 시절 시에라네바다산맥의 곰들과 싸우며 현장에서 수십 년을 보냈다. 2015년에는 미국국립공원이 겪은 위기와 이후 이어진 곰의 재야생화를 위한 노력을 다룬 책《곰 이야기Speaking of Bears》를 출간했다.

요세미티가 어쩌다 곰 습격의 중심지가 되었는지 이해하려면 이곳의 역사를 이해해야 한다. 아와니치ahwahnechee 원주민들은 정착민들이 언젠가 이 지역을 세계적인 휴양지로 바꿔놓을 장대한 화강암 지형을 발견하기 전에 적어도 3,000년을 요세미티계곡에서 살았다.[48] 요세미티계곡은 서쪽 코끼리 바위에서 시작해 빼어난 장관을 자랑하는 엘 캐피탄 절벽을 지나 브라이들베일폭포(깎아지른 암벽을 폭포수로 이어 붙인 모양이다)와 삼형제 절벽, 요세미티폭포, 마지막으로 반으로 깔끔하게 잘린 듯한 모습으로 1,460미터 아래 계곡을 굽어보는 세계적으로 유명한 동쪽 끝 하프 돔까지 굽이굽이 펼쳐진다.

자연이 만들어낸 이 천혜의 조각품은 1833년경 이곳에 처음 도착한 영국계 미국인들의 마음을 사로잡았다.[49] 이후 금을 찾으러 온 수천 명의 광부도, 원주민들을 포위해 공격한 마리포사 대대mariposa battalion도 이곳을 지나갔다.[50] 하지만 요세미티가 대대적 관심을 끌게 된 것은 1850년대에 저널리스트인 제임스 허칭스James Hutchings와 제도사인 토머스 에이어스Thomas Ayres가 계곡의 절경을 알리기 시작하면서부터였다.[51] 미국 의회는 1890년 요세미티를 국립공원으로 공식 지정했다. 요세미티밸리 로지가 지어지면서 곧 수천 명의 방문객이 여름마다 공원을 찾기 시작했다.[52] 에이어스의 환상적인 판화와 "산에 올라 자연이 전하는 좋은 말을 들어라. 햇살이 나무로 흘러 들어가듯 자연의 평화가 당신에게 흘러 들어갈 것이다"라고 권한 자연주의자이자 환경 보호 활동가인 존 뮤어의 이상주의적 글에 설득당한 것이다.[53] 도시 사람들이 쏟아져 들어오자 원주민 보호구역에 남아 있던 아와니치 원주민들은 관광객들에게 볼거리를 제공하기 위해 공연하는 것 말고는 달리 할 수 있는 일이 없었다.[54]

제3부
북아메리카

제1차 세계대전이 일어났을 즈음에는 미국인 대다수가 도시에 살았고 자연은 다른 색채를 띠게 되었다. 자연은 숨 막히는 공해와 과시적인 도시 생활에서 잠시나마 벗어날 수 있게 해주었다. 아마도 요세미티의 미국흑곰들은 아무것도 모르는 관광객들이 계곡으로 들고 들어온 소풍 바구니에 무척 기뻐했을 것이다. "처음에는 사람과 곰이 접촉하는 일이 그렇게 많지 않았어요. 요즘처럼 플라스틱을 애용하던 때가 아니라서 쓰레기는 대개 자연 분해되었죠." 머주어가 말했다. 20세기 초가 되어 방문객이 급증하자 공원을 찾는 곰도 늘어나기 시작했다. 공원 방문객들이 관심을 더 가졌어야 했던 존 뮤어의 글은 어쩌면 다음처럼 덜 낭만적인 부분이었을지도 모른다.

설탕이나 말린 사과, 베이컨 따위를 찾아 오두막집으로 쳐들어온다.[55] 등산객의 침대를 먹을 때도 있으나 구미가 더 당기는 맛난 음식으로 배를 채웠다면 보통은 건드리지 않는다. 하지만 지붕에 난 구멍으로 침대를 빼내서 나무 아래까지 메고 간 다음 그 위에 벌러덩 누워 낮잠을 즐긴다고 알려져 있기는 하다.

1915년 요세미티국립공원 직원들은 관광객들이 버린 쓰레기를 공원 안에 새로 만든 쓰레기장으로 실어 나르기 시작했다. 이 향기로운 폐기물은 배고픈 곰들을 불러들이는 신호가 되었다. 관광객들은 살아 숨 쉬는 테디 베어를 보고 마냥 즐거워했다. 썩어가는 음식물 찌꺼기를 뒤지는 미국흑곰을 마주칠까 싶어 쓰레기 더미 앞에 모여들었다.[56] "그때는 곰에 관해 너무 무지했죠." 머주어는 말했다. 인간의 침입에 금세 익숙해진 미국흑곰들은 이내 사람의 손에서 음식을 바로 낚아채기까지 했다. 공원 관리자들은 고심에 빠졌다. 곰은 위험한 야생동물이었고 인간 사회와의 경계를 이해하지 못했다. 어떤 조치가 있어야 했다.

논리적으로 보면 쓰레기장을 폐쇄하고 곰에게 먹이를 주다 걸린 이들에게 과태료를 부과하는 것이 타당한 수순이었을 것이다. 특정 음식물의 반입을 금지하거나 방문객들에게 쓰레기를 가지고 나가라고 요청할 수도 있었다. 하지만 이것은 요세미티국립공원 관리자들이 생각해낸 해결책이 아니었다. 놀랍게도 공원 경영진은 이런 상황에서 주도권을 쥐려면 곰에게 먹이를 주는 쇼를 여는 것밖에 달리 방도가 없다고 판단했다.[57] 킹스캐니언국립공원과 요세미티국립공원은 1920년대부터 쓰레기장을 '먹이 주는 곳'으로 바꾸었고 쓰레기를 좋아하는 곰들은 졸지에 공연자가 되었다. 쓰레기가 부패하며 악취를 풍기는 가운데 관광객들은 십여 마리나 되는 곰이 음식물 찌꺼기를 먹는 모습을 서서 구경했다. 직원들은 이 쇼가 곰들을 야영장에서 끌어내 쉽게 관리할 수 있는 몇몇 장소에 모아놓는 데 도

움이 되리라고 주장했다.[58]

요세미티국립공원의 주요 영업권 소유자인 요세미티국립공원회사Yosemite National Park Company는 이후 곰 구덩이bear pit를 상업적 사업장으로 정식 승인했다.[59] 1923년에는 요세미티밸리 로지의 강굽이 근처에 먹이를 주는 시설을 짓고, 자릿값 명목으로 50센트를 내고 기다리는 관객들 앞에 곰들을 미끼로 꾀어서 신호에 맞춰 등장하게 했다.[60] 나중에는 규모를 더 키워서 매일 밤 2,000명이나 되는 관객을 실어 날랐다. 공원은 오락용 구경거리로 돈을 벌었고 운이 좋으면 곰들은 야영장을 내버려둘 것이었다. 잘못된 것은 없어 보였다.

당연하게도 야생 미국흑곰에게 수십 년 동안 먹이를 준 행동은 결국 요세미티국립공원과 인근 세쿼이아및킹스캐니언국립공원Sequoia and Kings Canyon National Parks에 훨씬 큰 문제를 초래했다. 공원의 방문객과 곰의 숫자가 급증하면서 충돌도 급증했다. 1937년 요세미티의 곰 쇼에서 식탐 강한 곰들에게 긁히고 맞고 물리는 등 공격을 받아 부상을 입고 입원한 사람은 67명이나 되었다.[61] 2년 뒤 발간된 미국국립공원관리청 보고서에는 지역 내 미국흑곰들이 사람이 먹는 음식에 길들여졌다고 인정하는 내용이 실렸다.

곰 쇼는 중요한 명물이 되었고 본청은 대중의 거센 항의가 없는 한 곰 쇼를 갑자기 중단할 수 없는 상황에 놓였다.[62] 얼마 지나지 않아 곰들은 야영장에 침입하고 차량을 부수기 시작했으며, 쓰레기 구덩이에서 일어나는 경쟁을 견딜 수 없었던 곰들은 길가에서 구걸하는 처량한 '노상강도' 신세가 되어버렸다.

요세미티는 인간과 곰이 충돌할 수 있는 온갖 방법을 대규모로 실험하는 장이 되었다. 1930년대에 시에라네바다산맥 내 국립공원들에서 죽어나간 곰은 100마리가 넘었다.[63] 곰이 사방에서 몰려들자 공원 관계자들은 곰 쇼를 중단하기 시작했다.[64] 곧이어 공원 관리인들은 저녁마다 야영장에서 쓰레기를 수거해 공원 내 중앙 소각로로 옮기기 시작했다. 그래도 곰은 계속 나타났다. 마치 두더지 잡기 게임을 하는 것만 같았다. "곰이 못 들어오게 쓰레기장을 막아놓으면 야영장으로 들어왔고, 야영장을 막아놓으면 차 안으로 들어왔죠. 그다음에는 사람들 앞에 나타났고요." 머주어가 말했다.

수십 년이 흐른 뒤 요세미티는 쓰레기 문제를 완전히 해결할 수 있는 수단을 마침내 갖추게 되었다. 1960년대에 이르러 트럭과 대형 쓰레기통, 도로가 생기면서 직원들은 공원 경계를 벗어나 굶주린 곰들에게서 멀리 떨어진 곳으로 쓰레기를 실어 나를 수 있었다. 그래도 진척은 더뎠다. 1967년 어느 여름밤 참변이 일어나기 전까지는 말이다.

제3부
북아메리카

8월 12일 대학생 줄리 헬게슨Julie Helgeson과 미셸 쿤스Michelle Koons는 글레이셔국립공원Glacier National Park에서 야영하다 서로 다른 회색곰에게 공격받는 별개의 사고를 당해 사망했다.[65] 이들의 죽음은 이후 잭 올슨Jack Olsen이 1969년 출간한 책《회색곰들의 밤Night of the Grizzlies》에서 기려졌다. 샌디에이고에서 자란 쿤스는 공원 기념품점에서 일하고 있었다. 미네소타주 출신인 헬게슨도 그해 여름 글레이셔에 와서 이스트글레이셔공원East Glacier Park 로지 세탁실에서 일하고 있었다. 곰의 공격이 있었던 날 쿤스와 친구들은 트라우트호수로 걸어 올라갔고, 헬게슨과 그의 애인 로이 두캣Roy Ducat은 호수에서 동쪽으로 32킬로미터가량 떨어진 그래닛공원Granite Park 산장 근처에 나와 있었다.

회색곰이 나타났을 때 쿤스와 친구들은 뇌우로 번쩍이는 하늘 아래에서 야영 중이었다. 곰은 야영지 주변에서 킁킁대며 냄새를 맡더니 쿤스에게 다가왔고, 잠에서 깬 그는 비명을 질렀다. 친구들은 황급히 침낭을 빠져나와 나무 위로 기어 올라갔다. 하지만 쿤스의 침낭 지퍼는 천에 끼어 내려가지 않았고, 곧 곰은 그를 덮쳤다.[66] 곰이 팔을 잡아 뜯는다고 소리치던 쿤스는 이내 "세상에, 난 죽었어"라고 부르짖었다.[67] 16킬로미터 떨어진 곳에 있었던 헬게슨과 두캣은 곰들이 산장 주변에 버려진 음식물 찌꺼기를 먹으러 자주 지나다니는 길 부근을 야영지로 선택하는 치명적인 실수를 했다. 두캣은 근처에 곰이 돌아다닌다고 속삭이는 헬게슨의 목소리를 듣고 잠에서 깼다. 곰은 순식간에 헬게슨에게 달려들었다. 다음은 두캇 차례였다. 두캇은 곰에게서 가까스로 빠져나와 인근 야영객 무리를 향해 줄달음쳤다. 그러자 곰은 다시 헬게슨을 향해 눈을 돌리더니 숲 속으로 그를 끌고 들어갔다. 그의 비명은 어둠 속에 묻혀 점차 희미해졌다.[68]

이후 당국은 공원 측이 회색곰을 쓰레기로 "의도적으로 유인한" 측면이 있다고 밝혔다.[69] 산장 광고에는 "그래닛공원에 와서 회색곰을 만나보세요"라는 문구가 있기까지 했다.[70] 생물학자 스티븐 헤레로Stephen Herrero는 1985년 자신의 책《곰의 공격: 원인과 방지책Bear Attacks: Their Causes and Avoidance》에서 다음의 결론을 내리기도 했다. "줄리 헬게슨과 로이 두캇이 당한 공격과 관련해 가장 가능성 높은 선행 요인은 쓰레기를 먹이는 행위와 습관화habituation다. 하지만 쓰레기와 사람이 먹는 음식을 먹이는 행위와 습관화가 어떤 역할을 했는지는 미셸 쿤스의 죽음에서 더더욱 확실히 드러난다."[71]

헤레로에 따르면 쿤스가 죽기 며칠 전 트라우트호수 주변 오솔길을 걷던 부자가 난폭한 회색곰에게 쫓겨 나무 위로 내몰린 일이 있었다.[72] 아들이 곰을 떼어내려고 실랑이를 벌이다가 음식물로 가득 찬 배낭을 떨어뜨리자 곰은 바로 달려들어 배낭을 갈기갈기 찢었다. 헤레로는 쿤스의 죽음에 여러 요인이 작용했을지도 모른다고 언급했다. 무더운 날씨와 번개 때문에 곰의 신경이 날카로워졌을지도 모르고, 쿤스 일행은 몸을 보호할 텐트도 없이 자고 있었으며, 쿤스는 향이 진한 화장품을 많이 바른 상태였기 때문이다.[73] 하지만 "곰의 성격에 쓰레기와 사람이 먹는 음식을 찾아다녔던 경험이 더해져 공격으로 이어진 것"이라고 판단했다.[74] 사람과 쓰레기, 음식물과 많이 접촉한 결과가 곰의 공격 성향을 키웠다는 것이다. 곰에게 뜯겨나간 쿤스의 몸은 야영지로부터 33미터 떨어진 곳까지 끌려온 모습으로 발견되었다.[75]

하지만 처음에 미국국립공원관리청은 피해자가 모두 여성이라는 사실에서 공격의 원인을 찾았다. 그들이 발표한 최초 보고서에는 "트라우트호수의 피해자인 소녀는 생리 중이었고 그래닛공원의 피해자는 언제라도 생리를 시작할 시기였던 모양"이라는 내용이 언급되었다.[76] 얼마 지나지 않아 국립공원관리청과 산림청은 곰 서식지에서 지켜야 할 안전 수칙을 다룬 책자를 발행해 여성들에게 "생리 기간에는 곰 서식지를 피하라"고 권고하기까지 했다.[77] 여기에는 곰이 "인간의 성행위"에 끌린다는 문구도 있었다[78](수십 년 뒤 나온 연구 결과에 따르면 회색곰과 흑곰은 모두 생리혈에 큰 관심을 보이지 않았다. 하지만 무섭게도 북극곰은 그랬다[79]).

결국에는 미국국립공원관리청도 쓰레기와 음식물이 곰의

공격성에 미친 영향을 인정할 수밖에 없었다. 셰넌도어국립공원Shenandoah National Park, 레이니어산국립공원Mount Rainier National Park, 로키산국립공원Rocky Mountain National Park, 그랜드티턴국립공원Grand Teton National Park은 쓰레기장을 영구 폐쇄했다.[80] 요세미티국립공원은 1969~1970년 마침내 동일한 절차를 밟았다. 투올러미 메도즈 로지, 화이트 울프 로지, 와워나 로지, 크레인 플랫 로지 그리고 요세미티계곡에 있던 쓰레기장이 모두 철거되었다. 이후로 모든 쓰레기는 소각되거나 트럭에 실려 공원 밖 마리포사카운티 매립지로 운반되었다. 이런 상당한 노력에도 요세미티의 곰 문제는 쉽게 해결되지 않았다. "쓰레기장을 좀 갑자기 닫은 면이 있었어요. 곰들은 갈 곳이 필요했죠. 그래서 찾아들어간 곳이 야영장이었습니다." 머주어가 설명을 덧붙였다. 그는 《곰 이야기》에 당시의 상황을 이렇게 남겨두기도 했다. "곰 구덩이를 폐쇄하는 일의 반복이었다. 다만 상황은 훨씬 심각했다. 야영장에는 곰의 침입을 막을 시설이 여전히 마련되어 있지 않았다. 곰 방지용 쓰레기통이 없는 공원도 많았다."[81] 국립공원들은 스스로 만들어낸 혼란을 또다시 많은 곰을 죽이는 것으로 수습하려 했다.

"상황이 이렇게 엉망이 된 건 쓰레기를 버릴 곳이 전혀 없기 때문이기도 했고 곰에게 먹이를 주는 곳을 만들었던 탓도 있었어요. 이렇게 되기까지 수십 년이 걸린 만큼 상황을 바로

제3부
북아메리카

잡는 데도 그만큼 시간이 걸렸죠." 그는 1990년대 공휴일이 껴 있던 어느 주말에 쓰레기로 가득 찬 픽업트럭 여섯 대를 공원 밖으로 끌고 나가고 곰을 쫓아내느라 초과근무를 했던 일을 회상했다. "세쿼이아국립공원에 있었을 때는 곰을 상대하느라 그야말로 해 뜨기 전부터 자정을 한참 넘겨서도 일했어요. 벽 장에 들어가서 문을 잠가놓고 울곤 했죠." 나는 요세미티국립 공원이 곰 문제를 마침내 완전히 해결했다고 느꼈던 때가 언제 였는지 물었다. 머주어는 고심 끝에 2010년이라고 말했다. "그 때쯤이면 음식물 보관함이 곳곳에 자리하고 곰 방지용 시설도 갖춰져 있고 방문객 교육도 운영되고 있었으니까…." 잠시 말을 멈춘 그가 다시 이야기를 꺼냈다. "게다가 구제할 수 없는 곰들 을 많이 처리하기도 했고요." 야생에서 먹이를 구하는 법을 전 혀 배우지 못한 세대의 곰을 가리키는 말이었다. 이제 요세미 티국립공원은 쓰레기에 중독된 곰을 다루는 일을 넘어 다른 종을 복원하는 데도 시간과 자원을 쓸 수 있다고 했다.

"지금은 다른 공원이 되었어요. 완전히 달라졌죠."

요세미티야생동물관리소Yosemite Wildlife Management Offices는 계 곡의 방문자 센터와 박물관이 위치한 곳에서 조금만 걸어가면

되는 거리에 있었다. 버널폭포로 이어지는 길인 미스트트레일에 오르려는지 선크림을 바르며 한창 준비 중인 아이들과 부모들을 지나쳐 흙길을 따라 걷다 보니 관리소가 곧 나타났다. 갈색 통나무집 여러 채로 이루어진 관리소 건물은 참나무와 포플러 숲으로 둘러싸여 있어 가을 풍경과 자연스레 어우러졌다. 회색다람쥐gray squirrel들은 낙엽 더미에 다이빙하듯 뛰어들며 미친 듯이 먹이를 찾아 헤매고 있었다. 나는 공원의 미국흑곰들도 같은 행동을 하고 있으리라 생각했다.

안으로 들어가니 케이틀린 리로니Caitlin Lee-Roney가 책상 위에 온갖 진기한 물건을 조심스레 펼쳐놓고 있었다. 고무탄, 물어뜯긴 플라스틱 통, 이빨로 뚫은 자국이 있는 찌그러진 맥주 캔도 있었다. "곰이 맥주를 아주 좋아하거든요." 그가 해명하듯 말했다. 사무실 벽은 샌프란시스코만 지역 만화가 필 프랭크Phil Frank가 그린 복고풍 곰 포스터로 장식되어 있었다. 1975년 프랭크는 아스팔트주립공원Asphalt State Park이라는 허구의 장소를 배경으로 하는 만화 〈팔리Farley〉를 연재하기 시작했다.[82] 주인공인 공원 관리인 팔리가 맡은 업무는 포그 시티 덤스터fog city dumpster*라는 레스토랑을 운영하는 미국흑곰 패거리에 맞서 싸우는 것이었다. 어디에서 많이 들어본 이야기 같지 않은가? 리

---

* 당시 샌프란시스코에서 유명했던 식당 '포그 시티 다이너fog city diner'에서 따온 이름이다.

로니는 컴퓨터 옆에 놓여 있던 조각된 나무패를 건넸다. "제가 아주 좋아하는 물건 중 하나예요." 그가 싱긋 웃었다. 나무패에는 이런 문장이 쓰여 있었다. '요세미티국립공원 곰 문제의 근본 원인은 가장 똑똑한 곰과 가장 멍청한 야영객의 지능이 비슷하다는 데 있다.'

리로니는 엘 포탈에서 자랐으며(부모님 모두 요세미티에 있는 미국국립공원관리청에서 일했다) 어렸을 때부터 곰과 인연이 깊었다. 그는 요세미티계곡에서 64킬로미터가량 떨어진 마리포사에 있는 고등학교를 나왔고 이때부터 공원에서 인간과 곰의 충돌을 관리하는 프로그램에 참여해 자원 활동을 시작했다.[83] 이후 산타크루즈에 있는 대학교에 진학해 생태학과 진화생물학을 공부하면서도 여름이면 돌아와 자원 활동을 계속했다. 그가 처음으로 보수를 받고 일했던 곳은 요세미티공원관리단Yosemite Conservancy 내 서점이었다. "그냥 계속 여기로 돌아왔어요. 떠나기가 참 어렵더라고요." 내가 요세미티야생동물관리소에서 리로니를 만난 날 그는 만삭인 상태였고 '곰 팀BEAR TEAM'이라는 문구가 배 위로 늘어나 있는 하늘색 티셔츠를 입고 있었다.

리로니는 요세미티의 곰 전담 조직인 곰 팀을 10년 넘게 이끌었다. 요세미티에서 곰과 인간의 충돌이 극에 달했던 1998년(그해 보고된 사건 건수만 약 1,600건에 달했다[84]) 만들어진 곰 팀은 공원의 심각한 곰 문제를 해결하라는 지시를 받았다.[85]

제5장
야생을 벗어나다

현재 곰과 인간의 충돌을 줄이는 일에만 전념하는 과학자들과 정규직 직원들로 이루어진 팀을 둔 공원은 요세미티가 유일하다.

곰 팀이 먼저 해야 했던 일은 사람이 먹는 음식이 곰의 발에 닿지 못하게 하는 것이었다. 이들은 밤낮으로 야영장의 쓰레기를 수거해 공원 밖으로 실어 날랐다. 음식물 보관 수칙이 잘 지켜지고 있는지 단속하고 위반한 야영객들에게 과태료를 부과했다. 상황에 따라서는 음식에 길든 곰들을 안락사시켰다. 리로니는 교육 박람회에서 썼던 매우 인상적인 물건을 들어 올렸다. 10년 전 요세미티계곡을 누비고 다녔던 오렌지19라는 미국흑곰의 털가죽이었다.[86] 나는 억세면서도 부드러운 털을 어루만졌다. "이 암곰의 새끼들은 사람 등에 올라탄 뒤 배낭을 벗겨서 음식을 가져가려 시도하곤 했어요." 결국 그들은 암곰을 안락사시킬 수밖에 없었다.

벽에는 익살맞은 서체로 장황하게 쓴 오래된 게시물이 걸려 있었다.

곰을 대상으로 하는 방해 공작 주의 안내.
이 공원에는 여러분의 형제들에게 비스킷과 탄산음료를 나눠주는 사람들이 있다는 사실을 경고해드리고자 합니다. 자존심을 지키고 이들을 피하세요. 여러분의 삼촌들이 작년에 그랬듯 걸식하지 마십시오. 음식을 구걸하던 곰들에게 무슨 일이 일어났는지 기억하실 겁니다. 그렇죠? 통풍에 걸리거나 식단이 불균형해지거나 비타민이 결핍되거나 배에 가스가 차는 것을 원하십니까? '대용' 식품을 경계하십시오. 자연식품만 받아들이고 먹이는 직접 찾으십시오. 방문객들은 선의라고는 하나 분명 표지판을 무시할 것입니다. 이들이 너무 가까이 다가오면 이 안내문을 읽어주십시오. 시간이 좀 지나면 이들도 이해하게 될 것입니다.

-관리위원회

다행히도 그 뒤로 상황이 개선되면서 공원 직원들은 글을 모르는 곰들에게 사정하는 방식에 더 이상 의존하지 않아도 되었다. 공원 내에는 곰 방지용 시설이 곳곳에 갖춰지게 되었다. "야영장 한 곳에 있는 곰 방지용 음식물 보관함만 300개가 넘어요." 리로니가 말했다. 곰 팀은 야영객들이 공원에 사는 300~500마리의 곰에 관해 더 잘 알 수 있도록 저녁마다 해설 탐방을 진행했다. 또한 직원들은 종종 야간에 요세미티국립공원 내 13개 야영장을 순찰하며 음식물이 모두 보관함에 담겨 있는지, 쓰레기통은 비어 있는지 확인했다. "야영장에 곰이 있으면 부정적 조건화negative conditioning를 활용해 쫓아냅니다. 길에 나타난 곰 때문에 차가 막히면 교통정리를 하고요." 요세미티계곡에는 음식물을 넣어둔 채 방치한 차량을 보관하는 압류

차고지도 있었다.

요세미티가 이룬 진전은 수천 개의 쓰레기통과 보관함이라는 외관 차원의 변화뿐만 아니라 곰들의 행동 변화로도 나타났다. 20세기에 요세미티의 곰들은 밤으로 활동 시간대를 옮겼다. 곰은 본래 야행성이 아니지만 어두운 밤은 야영장을 습격하고 사람들을 피할 수 있는 완벽한 위장이 되어주었다. 공원에서 해가 진 뒤에 발생한 곰 관련 사건이 전체의 90퍼센트가량인 것도 이런 이유 때문이다. 리로니에 따르면 공원에서 쓰레기를 구하기 어려워지면서 요세미티의 곰들은 주행성으로 돌아왔다.[87] 게다가 공원 소속 과학자들이 곰들의 식단이 어떻게 바뀌었는지 파악하기 위해 소량의 곰 털을 분석한 결과, 곰들은 반세기 전과 비교해 사람이 먹는 음식을 63퍼센트가량 적게 섭취하고 있었다.[88]

이제 곰 팀은 문제를 일으키는 곰들을 안락사시킬 이유가 거의 없었다. "평균적으로 1년에 두세 번이죠." 리로니가 말했다. 사고도 줄어들고 있었다. 그해 사고 건수는 22건뿐으로 사상 최저치를 기록했다. 곰으로 인한 피해 비용도 1998년 66만 달러에서 5,000달러 미만으로 99퍼센트나 감소했다.[89] 하지만 곰 팀은 곰들의 점점 커지는 호기심을 예의 주시해야 했다. "정말 똑똑한 곰들이 있어요." 한 성체 암곰은 요세미티계곡 북동부의 스노크리크 트레일 인근에 있는 외딴 야영장을 자주 드나들고 있었다. 암곰은 곰이 열 수 없게 만들었다는 음식물 보관 용기를 120미터 높이의 절벽에서 밑으로 내던져 산산조각 내는 방식으로 여는 방법을 터득했다.**⁹⁰** 이 곰은 재빨리 아래로 내려가 쏟아져 나온 내용물을 마음껏 먹었다(다시 말하지만 **열기 어렵게 만들었다고** 표현해야 맞다).

"보관함을 여는 방법을 알아내는 곰도 나올 거예요. 계곡에 있는 보관함을 모두 교체하는 작업을 막 마쳤는데 얼마 안 되어 보관함에 온통 발자국이 찍혀 있는 것을 발견했죠. 곰들이 보관함을 살펴보고 있었던 거예요. 쓰레기통을 교체했을 때도 같은 일이 있었고요." 리로니의 책상 위에는 송곳니 두 개가 뭉툭하게 닳은 곰의 하얀 두개골이 놓여 있었다. "음식물 보관함에 있는 금속 막대를 물어뜯다가 이렇게 된 것 같아요." 그는 내가 머물고 있던 호지든 메도 야영장의 음식물 보관함을 언급했다. 그 보관함도 곰들이 어떻게 여는지 알아내는 바람에 이미 몇 번이나 부품을 교체한 것이라고 했다. "걸쇠가 제대로 걸려 있지 않으면 발톱을 밀어 넣어서 문을 구부려요. 보관함을 열지 못하게 하려고 막대 하나를 더 용접하기는 했지만 그래도 또 교체해야 해요." 공원은 손을 안으로 집어넣어서 레버를 조작해야 하는 덮개 달린 모델을 선호한다고 덧붙였다. 곰이 발을 넣을 수 없기 때문이다.

"곰이 열지 못하도록 늘 개량하는 수밖에 없어요. 결국에는

다 알아내거든요."

♣

　요세미티국립공원의 곰 관리 업무에 종착점은 없었다. 요세미티는 한 세기가량에 걸쳐 생겨난 최초의 문제를 해결했지만, 매년 공원을 찾는 수백만 명의 사람과 그 가운데에 똑똑하고 배고픈 곰 500여 마리가 있는 한 공존은 혁신과 의지, 궁극적으로는 연민을 바탕으로 한 끝없는 과정이 될 것이었다.

　요세미티의 곰들은 도시 곰이 아니었다. 생태계의 건강이 아닌 인간 거주민의 안전이 늘 최우선 순위일 도시나 마을에 비해 요세미티국립공원은 야생동물 관리 측면에서 재량권이 훨씬 컸다. 그렇다고 해도 공원이 수십 년 동안 행해온 잘못된 관리에서 얻은 교훈은 나머지 지역에 여전히 적용 가능했고 야생과 도시의 접촉지대에 있는 지역사회들이 이웃인 곰들과 맺는 관계를 관리하는 데도 도움이 될 수 있었다. 하지만 이런 생각은 나를 오래전 고심하게 한 다른 질문으로도 이어졌다. 미국흑곰과 공생하는 법을 배우는 일이 왜 중요할까?

　다음 날 아침 크레인 플랫 로지의 옛 쓰레기장 부지를 지나 요세미티국립공원을 빠져나가며 나는 그동안 만난 혹은 만나지 못한 곰 다섯 종을 떠올렸다. 우리에 갇힌 태양곰과 반달

제3부
북아메리카

가슴곰, 줄어드는 운무림에 사는 안경곰, 파편화된 야생을 배회하는 느림보곰, 사랑스러우면서도 애처로운 1,864마리의 대왕판다를 말이다. 미국흑곰은 쓰레기를 먹는다는 이유로 죽임을 당하고 있었다. 차에 치이고 있었다. 더 이상 겨울잠을 자지 않는 곰도 있었다. 모두 끔찍한 일이었다. 그렇지만 상대적으로 또 잘 살아가고 있었다. 전 세계에 서식하는 미국흑곰의 수는 100만 마리에 달했다. 실용적 관점에서 보자면 수십 마리가 죽는다고 해서 전 세계 개체수에 영향을 미칠 일도 없었다. 그런데 미국흑곰과 공존하는 문제가 왜 그렇게 중요하다는 말인가?

몇 년 전 비 오던 어느 날, 인클라인빌리지에서 칼 래키와 존 베크만을 만났을 때 이 질문을 던졌다. 베크만은 사람들이 상황을 그렇게 인식하기도 한다는 것을 알고 있었다. "그렇죠. 곰이 정말 걱정된다면 다른 일곱 종을 걱정해야죠." 하지만 미국흑곰과의 공생은 멸종이 우려되는 종들과도 공존하기 위한 연습 단계라고 곧 설명을 덧붙였다.

"미국흑곰과도 함께 살 수 없다면 회색곰과 함께 사는 법은 도대체 어떻게 배우겠어요? 집에 미국흑곰이 사는 것과 회색곰이 사는 건 전혀 다른 문제거든요."

그리고 그는 비장하게 말을 이었다.

"그런 일이 실제로 일어나기 시작했고요."

제6장

회색곰의 귀환

EIGHT BEARS

불곰, 미국

Brown bear, United States of America

Ursus arctos

네이선 킨Nathan Keane은 하루를 일찍부터 시작한다.[1] 보통 아침 7시 30분쯤이면 개들을 마당에 풀어준다. 그런 다음 아이들이 깨고 농장 일을 돌볼 시간이 되기 전에 커피를 끓여놓고 혼자만의 조용한 시간을 잠시 즐긴다. 하지만 2020년 6월 초 어느 날부터 그의 일상에 변화가 생겼다. 그날은 우선 개들을 내보내는 것을 깜박했다. 그리고 커피가 끓기를 기다리다가 부엌 창문 밖을 무심코 내다보았다. 수확을 앞둔 가을밀과 밭 너머 지평선이 시야에 들어왔다.[2] 순간 흠칫 놀란 그는 다시금 눈길을 돌렸다. 창밖에는 집에서 겨우 9미터 떨어진 곳에 회색곰이 있었다.

"틀림없이 회색곰이었습니다. 어깨에 특유의 커다란 혹이 있고 얼굴이 넓었죠. 닭장에서 닭을 잡아먹고 있었던 것은 말할 것도 없고요."

킨은 몬태나주 쇼토카운티의 로마에서 북쪽으로 26킬로미터 떨어진 평원에서 14년을 살았다.[3] 농장주 집안의 사위가 된 뒤로 아내와 함께 밀, 캐놀라, 아마, 겨자, 헴프 같은 작은 곡물을 주로 재배했다. 닭은 키웠지만 소는 치지 않았다. 당시 그가 알기로 회색곰은 저 멀리 서쪽으로 240킬로미터가량 떨어진 글레이셔국립공원에나 사는 동물이었다. 몬태나주 중북부의 탁 트인 목장 용지에 나타날 동물이 분명 아니었다. 킨의 작은 경작지와 그런 험준한 야생을 연결하는 것이라고는 마리아스강뿐이었다. 마리아스강은 글레이셔카운티의 블랙피트인디언보호구역Blackfeet Indian Reservation 근처에서 동쪽으로 흘러나와 몬태나주를 가로지르며 킨의 땅 가장자리를 지난다. 그는 곰이 분명 강물을 따라왔으리라고 추론했다. "우연히 닭 냄새를 맡고 강 하류에서 올라왔을 겁니다."

당시 그가 곰을 목격한 곳은 지난 100여 년 동안 미국에서 회색곰이 발견된 곳 중 가장 동쪽이었다.[4] 그는 동네 사람들이 곰이 가까이 오고 있다고 수군대는 소리를 듣긴 했지만 "그렇다고 뒷마당에 떡하니 나타날 줄은 몰랐다." 킨은 곰이 닭들을 해치우는 사이 몬태나주어류및야생동물관리국Montana Department of Fish, Wildlife and Parks에 전화를 걸어 이 뻔뻔한 동물을 신고했다.[5] 하지만 관리국 직원이 농장에 도착해 회색곰을 체포하기도 전에 이웃이 시끄러운 픽업트럭을 몰고 옆을 지나가

자 트럭 소리에 놀란 곰은 서둘러 도망쳤다.[6] 킨은 닭의 사체가 얼마나 되는지 확인해야 했다.

몬태나주 회색곰 관리 전문가인 관할 직원은 범죄 현장을 조사한 뒤 매일 동쪽으로 약 16킬로미터를 움직이며 이 지역으로 이동해온 모습이 목격된 세 살짜리 수곰을 용의자로 지목했다.[7] 직원은 곰이 또 공짜 식사를 하러 돌아오기를 바라며 닭장 옆에 덫을 설치했다. 하지만 곰은 잡히지 않았다.

그날 이후 킨은 겁에 질린 남은 닭들을 보호하기 위해 닭장 둘레에 전기 울타리를 설치했다.[8] 트랙터를 탈 때는 권총을 챙기기 시작했다. "요즘은 문득문득 뒤를 돌아보게 되더군요. 저 너머에 또 뭔가 있는 건 아닌지 다시 한번 생각하게 된 거죠. **야생동물이라는 것을** 말입니다." 그가 목소리를 낮추며 말했다. 이 사건이 지역 뉴스에 나간 뒤 킨에게는 악성 댓글이 달리기 시작했다. "곰 서식지에 살면서 닭장 관리를 너무 소홀히 한 것이 아니냐고 말하는 남자도 있었습니다. 우리는 곰 서식지에 살고 있지 **않은** 데도 말이죠. 하지만 어쩌면 이제는 그렇게 되었는지도 모르겠네요."

회색곰은 수 세대 동안 발견되지 않던 지역으로 서식지를 확장해 들어오고 있다.[9] 킨이 겪은 일은 로키산맥 인근 서부 주*에서는 더 이상 충격적인 사건이 아니다. 킨이 곰을 목격한 지 겨우 1년 만에 다른 회색곰이 농장에서 동쪽으로 48킬로미터 떨어진 빅스노이산맥을 돌아다니는 모습이 카메라에 포착되기도 했다.[10] 옐로스톤 광역 생태계와 북부 대륙 분수계 생태계 northern continental divide ecosystem에서는 100년 넘게 서로 격리되어 있던 곰들이 각자의 영역을 벗어나 서서히 거리를 좁히며 과거의 세력권을 되찾는 일이 늘어나고 있다.[11]

회색곰은 대부분 생각하는 것과 달리 독립된 종이 아니다. 알래스카불곰 kodiak bear(*Ursus arctos middendorffi*)과 더불어 북아메리카에서 발견되는 불곰의 현존하는 두 아종 중 하나다. 회색곰은 한때 남쪽으로 멕시코 중부까지 분포했으며 멕시코에서는 회색빛이 도는 털 때문에 은색 곰이라는 뜻의 오소 플라테아도 oso plateado라는 이름으로 알려졌다.[12] 하지만 남쪽 지방 곰들은 덫에 걸리거나 총을 맞거나 독을 먹고 죽어나갔고 1930년대쯤에는 흔적을 거의 찾아볼 수 없게 되었다.[13] 루이스와 클라크 탐험대가 미국 서부를 지나갔던 1800년대 초 미국 48개 주에도 회색곰 5만 마리가 살고 있는 것으로 추정되었다.[14] 하지만 이 곰들 역시 유럽 정착민들에게 떼죽음을 당해 1,000마리도

* 로키산맥을 둘러싼 몬태나주, 아이다호주, 와이오밍주, 네바다주, 유타주, 콜로라도주, 애리조나주, 뉴멕시코주 등 여덟 개 주를 말한다.

제3부
북아메리카

채 남지 않았다.[15] 결국 회색곰 서식지의 남쪽 범위는 멕시코에서 옐로스톤 광역 생태계의 남쪽 경계로 축소되었다.

회색곰은 해안에서도 사라졌다.[16] 1800년대 중반 캘리포니아주에서는 곰 머리 하나당 10달러의 현상금이 걸렸다.[17] 레스토랑들은 기름진 회색곰 스테이크를 구워 1달러도 안 되는 가격에 팔았다.[18] 골드러시 시대의 사고방식을 가장 잘 상징하는 인물일 캘리포니아주 덫 사냥꾼 세스 킨먼Seth Kinman은 회색곰의 다양한 부위로 기기한 가구를 제작하는 것으로 악명이 높았다.[19] 킨먼은 평생 직접 사냥한 회색곰이 800마리에 이른다고 주장했으며, 사냥한 곰으로 만든 물건 중에는 둥근 등받이 양쪽 끝에 회색곰의 두 앞다리가 붙어 있는 의자도 있었다. 털로 뒤덮인 의자 좌판은 토막 낸 회색곰 다리를 발톱까지 그대로 살려 만든 네 개의 의자 다리 위에 볼트로 고정되어 있었다. 이 의자는 앤드루 존슨Andrew Johnson 대통령에게 선물로 보내져 백악관 도서관에 놓였다. 한 전기 작가는 의자에 숨겨진 흥미로운 속임수를 이렇게 묘사했다. "좌판이 부드럽고 무척 편안했지만, 이 의자의 큰 특징은 줄을 당기면 좌판 아래에서 거대한 회색곰 머리가 입이 돌출된 채 튀어나오며 마치 살아 있는 것처럼 자연스레 이를 탁 악문다는 것이다."[20] 결국 1922년에도 존재하던 미국 회색곰 개체군 37개 중 31개는 겨우 50년 만에 사라졌다.[21] 탁 트인 초원에서 쫓겨난 살아남은 곰들은 인적이 가장 드문 오지 중의 오지를 찾아 몬태나주, 와이오밍주, 아이다호주, 워싱턴주의 삼림지대로 피신했다.

지난 50년 동안 회색곰이 늘어난 것은 인간의 신속한 개입과 뒤이은 자연 증식의 결과였다.[22] 1975년 미국 본토 48개 주에 서식하는 모든 회색곰은 연방 정부가 미국 내에서 사라질 위기에 처한 동물을 보전하기 위해 몇 년 전 도입한 획기적인 멸종위기종보호법에 따라 보호해야 할 종으로 지정되었다.[23] 여느 동물보다 카리스마가 넘치는 회색곰은 자연히 보호법을 대표하는 동물이 되었다. 보호란 곰이 소를 잡아먹더라도 화난 지주가 곰을 죽이는 일이 더 이상 허용되지 않는다는 뜻이었다.[24] 와이오밍주와 아이다호주에서는 트로피 사냥이 중단되었다.[25] 보호법에 따르면 "회색곰을 죽이거나 잡거나 해치거나 괴롭히거나 수입하거나 수출하는 행위는 이제 본토 48개 주 어디에서든 불법"이었다.[26] 이후 미국어류및야생동물관리국은 회색곰이 아직 살고 있다고 생각되는 생태계 여섯 곳을 지정해 우선 회복해야 할 지역으로 설정했다.[27] 여기에는 옐로스톤 광역 생태계, 북부 대륙 분수계 생태계, 캐비닛-야크 생태계cabinet-yaak ecosystem, 비터루트 생태계bitterroot ecosystem, 셀커크 생태계selkirk ecosystem, 노스캐스케이즈 생태계north cascades ecosystem가 포함되었다.

미국인들은 세금으로든 기부금으로든 회색곰의 복원에 수

백만 달러를 지출했다. 조달된 재원은 서식지를 보호하고 사유지에 지역권을 설정하고 포식동물과 공생하는 법을 교육하는 프로그램을 운영하는 데 쓰였다.[28] 엄밀하게는 곰을 이주시키는 데도 자금이 들어갔다. 1990년대 과학자들은 몬태나주 북서부 캐비닛-야크 생태계에 캐나다 곰 몇 마리를 이주시켜 해당 개체군을 확대하기로 했다.[29] 현재 이 곰들의 후손들은 수십 년 동안 회색곰이 전혀 발견되지 않았던 몬태나주와 아이다호주의 경계 근처 비터루트산맥으로 내려오고 있다.[30] 생물학자들은 처음에 비터루트산맥에도 외국 곰을 풀어놓으려고 했다.[31] 하지만 이제는 회색곰이 인간의 도움 없이도 비터루트 생태계에서 개체수를 회복할 수 있으리라고 보고 있다.

오늘날 미국 본토 48개 주의 회색곰 개체수는 2,000마리가 조금 안 된다.[32] 회색곰은 반세기 동안 그 수가 두 배 이상 증가했으며 킨의 사례에서 볼 수 있듯이 이제는 인간이 일방적으로 정해놓은 경계 뒤에 머무는 것으로 만족하지 않는다.[33] 2021년 미국어류및야생동물관리국이 발표한 회색곰 지위에 관한 보고서에 따르면 "48개 주의 회색곰 개체군들은 개체수와 서식지가 모두 크게 확대되었다."[34] 옐로스톤의 회색곰들은 매우 활발히 움직이고 있다. 최근 몇 년 동안 서식 범위를 세 배로 확장했고 현재는 국립공원과 보호지역 중심부를 벗어나 북쪽으로 이동하고 있다.[35] 한편 북부 대륙 분수계 내 복원지대의 회색곰들은 남쪽으로 향하고 있다. 현재 두 개체군 사이의 거리는 겨우 80킬로미터에 불과하다.[36] 100여 년 동안 두 개체군이 이렇게까지 가까이 살았던 적은 없었다. 과학자들은 두 개체군이 10년도 채 되지 않아 만나게 되리라고 예상하고 있다.[37] 섬처럼 떨어져 있던 곰들의 서식지가 하나의 대륙을 이루게 되는 것이다.

50년 전만 해도 미국 48개 주에서 멸종할 위기에 놓였던 동물의 귀환은 미국에서도 매우 이례적인 재기담이다. 회색곰은 북아메리카에서 번식 속도가 매우 느린 포유동물에 속한다. 또한 서식지가 매우 넓어야 하는 데다(수컷 성체 회색곰의 행동권은 1,554제곱킬로미터까지 이른다[38]) 사람을 죽이기까지 한다. 회색곰을 복원하기 위해서는 야생과 인간이 야생에서 차지하는 위치에 관한 사람들의 관념이 근본적으로 바뀌어야 했다. 사람들은 익히 알려진 식인동물의 귀환을 옹호하기 위해 유전적 기억, 즉 포식동물을 향한 공포를 불러일으키는 원시적 뇌의 일부를 뛰어넘어야 했다. 자연주의자 에드워드 애비Edward Abbey와 알도 레오폴드의 작품을 토대로 한 새로운 환경철학의 등장은 분명 이런 복원 정신을 널리 알렸다.

루이스와 클라크 탐험대가 회색곰 수십 마리를 죽여나간 이후 수 세기가 흐르는 동안 회색곰은 사람들의 머릿속에서 혐오스러운 포식자가 아닌 야생의 상징으로 변화했고, 우리는 조심스럽게 화해의 손길을 내밀 수 있게 되었다. 회색곰의 어깨에

제3부
북아메리카

튀어나온 혹은 솔잎처럼 거친 털로 뒤덮인 등이 이루는 구릉 위로 마치 산처럼 봉긋 솟아오른다. 뒷발로 일어나 2.5미터의 높이에서 오리나무속(Alnus) 나무들을 내려다볼 때 몸 위로 떠오르는 오목한 접시 모양의 얼굴은 울창한 숲에 뜬 한가위 보름달을 보는 듯하다. 육중한 네발이 덤불을 헤치며 남긴 흔적은 강과 숲을 잇는 길이 된다. 야생이 사라진다면 회색곰은 절멸할 것이다. 회색곰이 사라진다면 군주를 빼앗긴 야생은 야성을 잃고 말 것이다.

하지만 상징적 동물이 되었다고 해도 회색곰은 여전히 무시무시한 존재다. 회색곰은 근육과 지방의 무게가 360킬로그램이 넘으며 날카로운 송곳니에 발끝에는 10센티미터나 되는 발톱이 달렸다. 굉장히 방어적이라서 위협을 감지하면 상대를 순식간에 제압할 준비가 되어 있다. 회색곰의 커다란 입에 물린 인간은 봉제 인형에 지나지 않는다. 이런 특성들은 회색곰을 인간이 어디까지 수용할 수 있을지 극한으로 시험하는 시험체로 만든다. 회색곰이 멸종의 길을 벗어나기는 했지만 여론은 여전히 바뀔 수 있다. 회색곰이 미국 야생에서 계속 번성해야 한다는 것은 이미 정해진 당위와 거리가 멀다. 그리고 회색곰들은 한 세기가 넘도록 살지 않았던 지역으로 서식지를 확장해 들어오면서 지리적 경계뿐만 아니라 관용의 한계도 넘어서고 있다.

로키산맥 동쪽의 완만한 경사면과 평원이 만나는 지역인

로키마운틴 프론트rocky mountain front에서는 목장주들이 소 떼 사이를 돌아다니는 회색곰을 보고 분통을 터뜨린다. 엘크 사냥꾼들은 쓰러뜨린 사슴을 수거하러 덤불로 들어가는 것을 점점 더 경계한다.[39] 성미 급한 회색곰이 나타나 사체를 제 것이라고 주장하는 일이 드물지 않기 때문이다. 등산객들과 배낭여행객들도 걱정할 만한 이유가 있었다. 2015년 옐로스톤국립공원에서 등산하던 예순세 살의 남성 랜스 크로즈비Lance Crosby는 새끼 곰 두 마리와 함께 나타난 117킬로그램의 어미 회색곰에게 공격당해 사망했다.[40] 공원 측 성명에 따르면 관계자들은 "곰이 시체를 상당 부분 먹어 치운 뒤 나중에 돌아와 더 먹을 목적으로 숨겨놓기까지 했다"라는 사실에 근거해 곰을 안락사시키기로 했다.[41] 너무 이상한 행동이었다. "암곰은 자식을 지키려는 방어 차원에서 공격할 때는 보통 피해자의 시체를 먹지 않는다."[42] 고아가 된 새끼 곰 두 마리는 오하이오주 털리도동물원Toledo Zoo으로 보내졌다.[43] 하지만 옐로스톤 인근 주민들은 여전히 공포에 떨었다. 주민들은 크로즈비가 당한 공격을 하나의 징후로 받아들였다. 회색곰 개체수가 인간과 공존하기에는 너무 많아졌다는 것이었다.

회색곰은 북아메리카에서 분명 논란이 많은 동물이다. 땅을 터전 삼아 살아가는 사람들에게 회색곰보다 더 큰 증오와 불신을 불러일으키는 동물은 늑대뿐이다. 최상위 포식동물들

제3부
북아메리카

이 미국 산림으로 돌아와 군집을 이루면서 농업과 목축업이 경제 기반인 서부의 대부분 농촌 지역에서는 저항이 터져 나오고 있다. 사람들은 늘 공포에 시달린 채 살고 있으며 회색곰들이 소를 포식하는 바람에 생기는 경제적 손실을 감내하도록 강요당하고 있다고 한탄한다.[44] 회색곰이 세력을 확장하자 자연을 정복하겠다는 남성 우월주의적 욕구도 되살아났다. 미국에서 이런 열망은 회색곰이 연방법의 보호 대상에서 제외되면 합법적인 트로피 사냥을 개시해야 한다고 주 정부를 압박하는 형태로 발현되고 있다.

회색곰은 서식지 간 거리를 좁히기 직전에 와 있다. 하지만 앞으로 수십 년 동안 영역을 계속 확장해나갈지는 우리에게 달려 있다. 연방 정부의 집계에 따르면 2015년 이래 옐로스톤 광역 생태계에서 사망한 회색곰은 400마리가 넘는다.[45] 이중 적어도 4분의 3은 직접적으로든 간접적으로든 인간이 초래한 결과였다. 야생동물 관리인들이 소를 잡아먹은 곰들을 안락사시킨 경우가 85건, '정당방위'로 죽인 경우가 50건가량이었다. 자연사했다고 확인된 곰은 30마리도 되지 않았다.

관용이란 대개 밀고 당길 여지가 있는 늘 변화하는 경계다. 하지만 때에 따라서는 목장의 철망 울타리가 경계가 되기도 한다. 과학자들은 옐로스톤 광역 생태계와 북부 대륙 분수계 생태계의 회색곰들이 10년 안에 만나게 되리라고 예상하지만, 다른 곳에서는 이런 경우를 아직 찾아보기 어렵다. 회색곰의 동쪽 확장은 먹이뿐만 아니라(과거 평원에서 번성했던 곰들은 풍부한 들소에 의존했다) 사회적 수용도에 의해서도 제한될 수 있다. 무리에서 떨어져 나온 몇몇 수곰이 산맥을 벗어나 대초원으로 들어오는 일이 있을지는 모르나, 더 큰 지원이 없는 한 그곳에서 정주할 가능성은 작다.[46] 킨이 곰을 목격하고 1년이 지난 뒤 빅스노이산맥에서 발견된 수곰은 결국 소를 잡아먹었다는 이유로 관계자들에게 사살당했다.[47] 이 모든 상황을 생각하다 보면 이런 질문을 던지게 된다. 사람들이 이웃으로 둘 용의가 있는 회색곰의 수는 과연 몇이나 될까? 과연 회색곰이 몇 마리나 되어야 복원 노력이 성과를 거두었다고 평가할 수 있을까? 그리고 그 숫자는 누가 결정해야 할까?

내가 옐로스톤의 회색곰을 처음 만난 것은 몇 년 전 와이오밍주 잭슨홀의 테라 호텔 입구 앞에서였다. 일체형 갈색 털옷을 입은 통통한 남자는 석조 외벽 옆을 서성이며 지나가는 차들을 향해 손을 흔들고 있었다. 의상에 달린 곰 머리가 정수리 위에 놓여 있고 커다란 송곳니 두 개가 콧수염을 길쭉하게 기른 얼굴 위로 내려와 있는 것이 마치 곰에게 반쯤 먹힌 채 쩍 벌어진 입 밖을 무력하게 내다보고 있는 듯한 모습이었다. 가슴 앞에는 이쑤시개로 만든 발톱으로 움켜쥔 피켓이 들려 있었다. "나는 죽었을 때보다 살아 있을 때 더 가치가 있습니다"라는 내용이었다. 나는 노트를 손에 쥐고 곰에게 다가갔다.

"이번 행사 때 입으려고 구한 의상이에요." 송곳니 아래에 숨어 있던 남자가 활짝 웃으며 빙그르르 돌아보였다. "회색곰은 제가 가장 좋아하는 동물이에요! 회색곰 서식지에 있을 때면 늘 생기가 넘친다니까요."

남자는 발을 내밀며 자신을 짐 레이번Jim Laybourn이라고 소개했고 와이오밍주 비영리 자연 보전 단체인 와이오밍야생동물옹호자들Wyoming Wildlife Advocates을 대표해 나왔다고 덧붙였다.[48] 호텔로 수십 명의 연방 정부, 주 정부, 부족 대표들이 옐로스톤회색곰분과위원회Yellowstone grizzly subcommittee 연례 회의에서 회색곰을 연방법 보호 대상에서 해제하는 안을 논의하기 위해 모여들고 있었다. 관리 권한이 주(와이오밍주, 몬태나주, 아이다호주) 정부로 넘어가면 지역 명물인 회색곰을 대상으로 합법적인 트로피 사냥이 재개될 가능성이 높았다.

옐로스톤국립공원 내 회색곰을 보호 대상에서 제외하는 문제를 두고 벌어진 논의는 로키산맥 인근 서부 주들에서 10년 넘게 계속되고 있었다. 2007년 미국어류및야생동물관리국은 옐로스톤 내 회색곰의 수가 500마리를 넘었다는 것을 근거로 개체수가 회복되었다고 판단하며 보호 조치를 일시 해제했다.[49] 하지만 환경 단체들은 개체수가 충분히 회복되었다는 정부의 평가를 반박했다. 주 정부 기관들은 목장주와 수렵인과 영합해 보전 관련 우려를 무시하기로 정평이 나 있으니, 보호 조치를 해제한다면 미국 내 회색곰 복원에 재앙이 시작될 것이라고 개탄했다. 환경 단체들은 관리국을 상대로 소송을 제기했고,[50] 회색곰의 멸종우려종 지위를 복원하는 법정 공방에서 결국 승소했다.[51] 재판부는 기후 변화가 옐로스톤 내 회색곰의 주요 식량원인 백송whitebark pine에 미치는 영향을 미국어류및야생동물관리국이 제대로 분석하지 못했다고 판결했다.[52] 옐로스톤의 기온은 1950년대 이후 평균 1.3도 상승했으며,[53] 백송이 자생하는 1,524미터 이상 고도에서 상승 폭이 가장 컸다.[54] 2022년에는 백송도 멸종위기종 목록에 오르게 될 것이었다.

연방 정부 소속 과학자들은 자체적으로 옐로스톤에 살고 있는 회색곰의 식량원 조사에 착수했다.[55] 이들은 백송이 급감해 곰들이 더 낮은 고도에서 먹이를 찾게 되면서 사람들과 충돌할 가능성이 높아진다는 데 동의했다.[56] 또한 새끼 곰의 생존율이 감소하면서 전체 개체군의 성장률이 둔화하기 시작한 시기와 백송의 고사 시기가 2002년으로 일치한다는 사실도 확인했다.[57] 하지만 연구팀은 옐로스톤 내 회색곰의 다양한 식단과 적응력을 높이 평가했다.[58] 이 곰들은 다른 개체군에 비해 고

제3부
북아메리카

기에 더 의존했고,[59] 이미 많은 수가 백송이 많지 않은 지역에 살고 있었다.[60] 연구팀의 의견에 따르면 새끼 곰과 한 살배기 곰의 사망이 늘고 있는 이유는 백송이 집단 고사했기 때문이 아니라 너무 많은 회색곰이 너무 좁은 지역에서 붐빈 채로 살아가고 있기 때문이었다.[61] 이들은 보고서에서 "옐로스톤의 회색곰 개체수의 감소는 관찰하지 못했으며,[62] 개체군 성장률이 2000년대 초반부터 둔화하고 있다는 사실만 확인했다. 이것은 개체수가 환경 수용력carrying capacity*에 가까워졌다는 것을 나타내는 지표일 수 있다"라고 밝혔다.

연방 정부 관계자들은 옐로스톤의 회색곰 개체군에 관한 보호 조치 해제를 재권고했다.[63] 와이오밍주에서 평생을 산 레이번은 주 내 회색곰의 위태로운 미래와 트로피 사냥의 재개 가능성에 우려를 표했다. 이상하게도 그는 자신 역시 사냥을 즐긴다고 했다. "하지만 회색곰은 절대 쏘지 않을 겁니다"라고 해명했다. 그러면서도 그는 자신이 사람들에게 극성스러운 곰 보호 활동가bear-hugger로 오해받을까 봐 걱정했다. 솔직히 털북숭이 의상만 봐서는 그렇게 해석하는 것도 무리는 아니었다. 상징적인 곰을 향한 애정에도 불구하고 레이번이 가장 우려하는 것은 트로피 사냥이 미칠 경제적 영향이었다. "이 지역의 관

---

* 특정 환경이 수용할 수 있는 특정 종의 최대 개체수를 뜻한다.

광 산업은 곰에 기반을 두고 있어요. 저도 가이드 일을 하고 있고 지금까지 회색곰을 보여주려고 인솔한 사람이 수백 명은 되죠." 두툼한 서류철을 든 과학자들이 우리를 지나쳐 사람들 틈을 비집고 건물 안으로 들어갔다. 어쩌다 곰 벨보이가 된 레이번은 이쑤시개로 만든 발톱으로 문을 잡아주며 말을 이었다. "전 회색곰 개체수가 건강한 수준에 이르렀으면 하는 거예요. 사람들을 데리고 야생동물과 간헐천을 보러 갈 때면 한 명도 빠짐없이 '오늘 곰을 보나요?'라고 묻는다니까요."

로키산맥 인근 서부 주들을 다녀보면 곰 보호 활동가의 관점이 지배적인 것처럼 보일 것이다. 옐로스톤국립공원 주변 관광 마을들은 곰 모티브에 크게 기대고 있다. 간판만 봐도 쓰리 베어스 로지부터 베어투스 바비큐, 러닝베어 팬케이크 하우스까지 온통 곰 일색이다. '회색곰 횡단 지점grizzly xing'이라는 문구가 새겨진 머그잔은 기념품 가판대마다 쌓여 있다. 옐로스톤국립공원에서 반경 160킬로미터 내에 있는 빵집이라면 달콤한 페이스트리인 베어 클로bear claw를 팔지 않는 곳이 없을 정도다. 하지만 **진짜** 곰 발톱인 베어 클로를 손에 넣고 싶어 하는 사람들이 아직 분명히 있었다.

제3부
북아메리카

트로피 사냥은 야생을 인간의 자만심을 충족하기 위해 정복하고 정화해야 하는 대상으로 보는 식민지 시대 사고방식에 뿌리를 둔 시대착오적 관습처럼 보일지도 모르나, 이런 세계관의 잔재는 취약한 회색곰과 마찬가지로 21세기에도 사라지지 않고 남아 있다. 북아메리카에서 인간과 회색곰이 어떻게 공존해나갈 수 있을지 이해하려면 회색곰이 생태학적으로 얼마나 중요한 동물인지 열변을 토하는 곰 옹호 단체는 물론이고, 더 나아가 쉽게 접하기 어려운 당사자의 관점을 들어볼 필요가 있었다. 사냥꾼과 이야기를 나누어봐야 했다.

나는 오리건주 동부에 있는 사무실에서 TV 프로그램 〈스티브의 야외 탐험Steve's Outdoor Adventures〉의 진행자 스티브 웨스트Steve West를 만났다. 키가 크고 덩치도 우람해 회색곰과 맞붙어도 조금은 승산이 있을 듯한 부류의 남성이었다. 둥근 얼굴 위로 짧게 다듬은 모래색 턱수염이 얼핏 턱선처럼 보였다. 그날 그는 가슴에 딱 달라붙는 체크무늬 셔츠를 입고 자신의 TV 프로그램 로고가 찍힌 위장색 야구모자를 쓴 차림으로 나를 맞았다. 그는 처음에는 주로 사슴과 엘크 고기를 목적으로 사냥을 시작했다가 1990년대에 알래스카에서 미국흑곰과 회색곰을 잡으며 트로피 사냥에 입문했다고 설명했다.[64] 곰이 특히 매력적인 이유로는 위험성을 들었다. "사람들이 회색곰을 사냥하는 건 도전 정신을 불러일으키기 때문입니다."

웨스트는 지금껏 많은 곰을 사냥했다. 그중에서도 그가 최고로 꼽는 곰은 캐나다 브리티시컬럼비아주 정부가 트로피 사냥 금지 조치를 도입하기 전에 그레이트 베어 우림great bear rainforest의 풀이 우거진 강어귀에서 전장총으로 쓰러뜨린 곰이었다. 하지만 종을 가리지는 않았다. 카리스마 있는 거대 동물에 식견이 높은 그는 나미비아의 오릭스영양oryx, 오스트레일리아의 물소, 캐나다의 사향소 같은 전 세계의 굉장한 야수들을 하나씩 정복해나갔다.[65] 오리건주 북동부 라그랜디 중심가 근처 단층 건물에 자리한 사무실의 나무 패널 벽은 유리 눈을 박아 넣은 이국적인 사냥 기념물들로 장식되어 있었다. 나는 이 으스스한 동물원을 둘러보다가 통나무 위에 붙박인 퓨마와 눈이 마주쳤다. 웨스트가 내 시선을 쫓았다. "아, 그놈 말이죠. '캣질라catzilla'라고 하는 고양잇과 동물이에요. 유타주에서 양을 잡아먹고 있던 걸 잡았죠. 아주 굉장한 사냥이었습니다." 그가 향수에 젖은 채 회상했다. "개들이 찾아냈는데 두 번을 놓쳤죠. 사냥을 마치고 나니 발에서 피가 나고 있더군요."

하지만 퓨마도 회색곰 앞에서는 무색해졌다.

"회색곰의 뒤를 밟는 건 다른 동물을 뒤쫓는 것과 완전히 다릅니다." 복도를 따라 걸으며 찬사받은 전리품을 하나하나 살펴보던 중에 웨스트가 말을 이었다. "인간 대 곰의 경쟁이라는 게 작용해요. 물론 라이플이나 보트가 있으니 무기 면에서

제3부
북아메리카

는 유리하지만 그래도 위험 요소가 없지 않죠.”

웨스트가 진행하는 프로그램의 한 회차에는 그가 썰물 때 브리티시컬럼비아주 회색곰을 총으로 쏘는 모습이 담겼다.[66] 400킬로그램이 넘는 거구가 강어귀의 얕은 물속으로 쓰러지며 냈을 엄청난 소리는 빗소리와 메아리치는 총성에 가려져 들리지 않았다. 위장복 차림의 웨스트는 의기양양하게 공중에 주먹을 들어 보이며 소형 금속 보트를 타고 뒤따라오던 가이드를 향해 소리쳤다. “와, 이거 아주 대단한 놈인데요.” 그런 다음 해수가 섞인 강물 안으로 손을 뻗어서 곰의 젖은 두 귀를 잡아 머리를 끌어 올린 뒤 카메라 앞에서 자세를 취했다. “사냥은 바로 이런 맛에 하는 거죠!”

회색곰 사냥은 그에게 강렬하고도 짜릿한 흥분을 안겨주었다. 회색곰을 잡으려면 기술과 집중력이 필요했다. “잘못하면 된통 당할 수 있어요. 실수가 있어선 안 됩니다. 빗맞히면 안 돼요. 그러면 다친 곰을 추격해야 하니까요.” 웨스트는 뒤를 밟는 과정이 회색곰 사냥의 진정한 묘미라고 했다. “곰을 쏘고 나면 끝은 좀 싱겁달까요.” 그가 말한 싱거운 결말의 증거인 브리티시컬럼비아주 회색곰은 이제 사무실 입구 위에 걸려 방문객을 맞이하고 있었다. 얼굴은 험상궂게 으르렁대는 모양으로 만들어져 있었고 팔은 티라노사우루스처럼 앞으로 축 늘어져 있었다. TV에서 보았던 풀을 먹는 곰과는 닮은 구석이 전혀 없었다.

웨스트는 여러 불곰 관리 정책을 병행하는 방안을 지지한다고 했다. 그는 알래스카주의 브룩스폭포처럼 수렵인의 출입을 금지하는 곳이 있어야 한다고 생각했다. 이곳에서는 관광객 수천 명이 목조 전망대에서 불곰이 연어를 잡는 모습을 구경할 수 있었다. 동시에 알래스카주에는 곰 사냥이 가능한 지역도 있었다. 그가 보기에 '알래스카주는 완벽한 절충안'이었다. 하지만 전 세계에서 불곰 사냥이 여전히 합법인 곳은 점점 더 줄어들고 있었다. 나는 이 점을 염두에 두고 웨스트에게 수렵 허가 지역으로 새롭게 부상하고 있는 옐로스톤국립공원에 관해 물었다. 그는 망설임 없이 대답했다.

"첫 태그*는 제가 살 겁니다."[67]

2017년 초 옐로스톤국립공원의 회색곰은 연방법 보호 대상에서 또다시 해제되었다.[68] 라이언 징키Ryan Zinke 내무부 장관은 이 조치를 가리켜 "미국 야생동물 보전 역사에서 손꼽히는 성공 사례이자 수십 년의 노고가 이루어낸 궁극의 결실"이라고 칭했다.[69] 1년도 지나지 않아 와이오밍주와 아이다호주 정부는

* 포획한 동물에 이름과 장소 등을 명기해 부착하는 확인 표지로 수렵할 수 있는 개체수를 제한하는 용도로 쓰인다.

제3부
북아메리카

트로피 사냥을 개시한다고 공표했다.[70] 두 주 정부는 당첨 시 곰을 잡을 수 있는 태그 23개를 추첨했다. 추첨에 참여하는 비용은 20달러도 되지 않았다.[71]

트로피 사냥꾼들은 옐로스톤국립공원에서 가장 사랑받는 동물인 회색곰 그리즐리399를 해치울 생각에 군침을 흘렸다.[72] 이 암곰은 새끼 곰 둘 또는 셋을 데리고 길을 따라 느릿느릿 걷는 모습이 카메라에 자주 포착되었다. 그래서 세계적으로 유명한 야생동물 사진작가 토머스 맨겔슨Thomas Mangelsen은 태그를 따내 방아쇠를 당기는 대신 셔터를 눌러 곰의 생명을 구하고 싶다는 생각으로 추첨에 참여했다.[73] 추첨에 응모한 인원은 7,000명이 넘었다.[74] 태그 22개는 와이오밍주, 1개는 아이다호주 사냥꾼에게 돌아갔는데, 맨겔슨은 기적적으로 이 명단에 포함되었다.[75] (스티브 웨스트는 당첨되지 못했다.) 하지만 당첨 여부는 곧 중요하지 않게 될 것이었다.

회색곰을 보호 대상에서 또다시 제외한다는 발표가 있고 나서 환경 단체들과 아메리카 원주민 부족들은 정부를 상대로 재차 소송을 걸었다. 어떤 소송은 미국어류및야생동물관리국이 서부 전역의 개체군들을 재연결하는 일을 우선순위로 삼는 대신 고립된 옐로스톤 내 회색곰 개체군을 보호 대상에서 해제하는 결정을 내렸다는 점을 문제 삼았다.[76] 또 다른 소송에서는 연방 정부가 회색곰의 보호 대상 여부를 결정할 때 부족들과 협의하도록 한 법적 요건을 무시했다는 주장이 제기되었다.[77] 앞서 샤이엔족cheyenne, 블랙피트족blackfeet, 동부 쇼쇼니족eastern shoshone, 북부 아라파호족northern arapaho 부족민들은 잭슨홀 근처 호숫가 로지에서 반대 집회를 열었다. 캐나다와 미국 부족 대표들은 커다란 나무 테이블에 둘러앉아 멸종우려종인 회색곰을 북아메리카 전역에서 복원하고 소생시키자는 내용의 그리즐리 조약grizzly treaty(지난 150년 동안 이런 국제 협정이 체결된 것은 이번이 겨우 세 번째였다)을 체결했다.[78] 서명에 참여한 부족 수는 100개가 넘었다. 당시 크로크리크수족crow creek sioux tribe 족장이었던 브랜던 새주Brandon Sazue는 내게 다음 내용의 서한을 보내왔다. "우리 부족은 보호구역으로 강제 이주한 이후로 회색곰과 분리되었지만 회색곰을 잊은 적은 없습니다. 우리 부족이 생겨나던 때 사람들에게 치유와 치료의 관습을 행할 수 있게 가르쳐준 것이 바로 위대한 회색곰이었기에, 회색곰은 최초의 '주술사'로 여겨집니다. (…) 이 대륙의 원주민들이 영적으로 다시 각성한 시기가 1970년대 이후 회색곰이 다소 회복된 시기와 일치한다는 것은 우연이 아닙니다. 이 회복은 1870년대의 개척 정신으로 회귀하려는 보호 조치 해제, 트로피 사냥 재개와 함께 끝나버리고 말 것입니다."

옐로스톤 내 회색곰 개체군의 보호 대상 해제 결정에 관한 사건을 담당한 재판부의 판결은 트로피 사냥이 재개되기 직전

제3부
북아메리카

에 나왔다. 재판부는 미국어류및야생동물관리국이 "임의로 일관성 없이" 행동했으며,[79] 옐로스톤 회색곰에 관한 보호 조치를 해제한 것은 궁극적으로 법적 권한을 넘어선 월권행위라고 판시했다.[80] 결정문에는 옐로스톤 외 지역의 다른 다섯 개 개체군을 고려하지 않는 것은 "좋게 말해 지나치게 단순하고 나쁘게 말해 기만적일 것"이라고 밝혔다.[81] 회색곰이 서식지 간 거리를 거의 좁혀온 상황에서 보호 조치를 해제한다는 것은 회색곰 복원에 엄청난 지장을 초래할 것이었다. 미국어류및야생동물관리국이 상징적인 회색곰을 보호 대상에서 제외하는 데 성공하려면 회색곰이 미래에도 오래 살아남을 수 있도록 고립된 개체군들을 다시 모이게 하고 유전적 연결genetic linkage을 확보하는 일에 집중해야 할 것이었다.[82] 따라서 트로피 사냥이 부활할 일은 없어 보였고, 보호 조치는 복구되었다.

이 판결은 회색곰을 무기한으로 보호하기 위해 열심히 싸운 환경 단체들과 부족들에게 승리를 안겨주었다. 하지만 아메리카 대륙에 늘어나고 있는 회색곰과 가까이에서 살아야 하는 이들에게는 전혀 반갑지 않았다.

블랙 바트Black Bart는 트리나 브래들리Trina Bradley가 곁에 두

어도 괜찮다고 느끼는 유일한 곰이다.[83] 몸무게가 400킬로그램에 달하는 이 커다랗고 새까만 회색곰은 몬태나주 버치크리크에 있는 그의 목장에서 6년 가까이 살았다. 바트는 얌전했고 말썽을 부리는 일도 전혀 없었다. 게다가 집에 곰이 있으니 어중이떠중이를 쫓아내기에도 좋았다. "보통 3월이면 산에서 내려와 대초원으로 이동하는 곰들이 목장 근처를 꽤 많이 지나가요. 바트가 같이 산 뒤로 얼씬거리는 곰이 훨씬 줄었어요."

브래들리에게는 목장주의 피가 흘렀다. 그는 남쪽으로 26킬로미터가량 떨어진 몬태나주 듀파이어크리크 근처 소 목장에서 자랐다. 아버지는 지주에게 고용되어 목장 일을 했고 브래들리와 남자 형제들도 어린 나이부터 자연히 일을 거들었다. 말을 탔고 소도 몰았다. 자유 시간이 생기면 밖에서 빈둥거리며 보냈지만, 늘 집에서 부르는 소리를 들을 수 있는 거리에 있었고 경비견도 함께였다. 그의 말에 따르면 듀파이어크리크 근처에는 1980~1990년대에도 곰이 있었다고 한다. 글레이셔국립공원에서 그리 멀지 않다 보니 북부 대륙 분수계에 사는 회색곰이 돌아다니다가 목장의 소를 죽이는 일이 종종 있었다.

브래들리는 와이오밍주 캐스퍼에 있는 대학교에 진학해 농업경영학을 공부했다. 하지만 스물두 살 때 차 사고를 심하게 당해 "한동안 다리를 절게 되면서" 몬태나주 본가로 돌아올 수밖에 없었고 건강을 회복하던 중에 지금의 남편을 만났다. 그

제3부
북아메리카

는 계획대로 학교에 돌아가는 대신 시댁 농장으로 들어와 앵거스종의 소와 쿼터호스종의 말 그리고 딸을 키우며 18년을 살았다. 시아버지가 버치크리크에 있는 목장을 샀던 1956년에는 주변에 회색곰이 없었다고 하는데, 1990년대에 되돌아온 최초의 곰은 송아지 한 마리를 죽였다. 당국은 신속하게 덫을 놓아 곰을 처리했다. "그 곰은 제가 여기로 이사 오기 전에 관리국 직원들이 본 마지막 곰이었어요. 곰들이 듀파이어크리크에서 저를 따라온 게 분명해요."

몬태나주의 곰들이 개체수와 서식지를 늘려가면서 브래들리 같은 목장주들은 속이 타들어 가고 있다. 사유지를 점령하는 곰들이 점점 많아지면서 인간이나 가축과 마주치는 일이 늘어나고 있기 때문이다. 브래들리 가족이 사는 회록색 본채는 약 1,420헥타르 규모의 건초지와 목장 소유 목초지로 둘러싸여 있으며 이들은 이곳에서 소 250마리가량을 방목한다. 브래들리는 내가 소가 몇 마리나 되냐고 물었을 때 핀잔을 주었다. "그건 돈을 얼마나 버는지 묻는 거랑 똑같아요. 당신이 상관할 일이 아니죠." 그는 농담 반 진담 반으로 나를 꾸짖었다. 본채 거실에 난 창문에서는 구릉을 이룬 건초지와 저 멀리 눈 덮인 로키산맥 꼭대기가 한눈에 들어왔고, 브래들리는 이렇게 밖이 훤히 내다보이는 창 앞에 서서 곰들이 지나가는 모습을 종종 지켜본다고 했다. "회색곰은 정말 멋진 동물이고 전 회색곰을 보는 걸 좋아해요. 하지만 우리 집 마당이나 우리가 키우는 소들 사이에 서 있는 곰을 보는 건 즐거운 일이 **아니죠.**"

목장의 아침은 소들에게 건초와 미네랄, 비타민 보충제인 '고형 농후사료'를 먹이는 일로 시작된다. 내가 브래들리와 이야기를 나누던 때는 봄철 분만이 끝난 시점이라 목장의 소들은 대부분 본채 뒤 목초지에서 사육되고 있었다. "저기가 블랙 바트를 마지막으로 본 곳이에요. 저곳에서 시간을 보내곤 했죠." 오후가 되면 브래들리는 소 떼 사이를 지나다니며 아프거나 다치거나 죽어가는 소가 없는지 확인한다. 그는 거의 매달 나타나는 회색곰들 때문에 늘 총을 지니고 다닌다고 했다. 그래도 브래들리의 목장은 심각한 약탈depredation(곰에게 죽임을 당한 가축을 말하는 용어)을 경험한 적은 없었다. "그냥 우리가 운이 좋았던 것 같아요. 아니면 우리 소들이 성질이 정말 못됐거나요." 1.6킬로미터도 안 되는 거리에 사는 이웃은 매년 15~20마리의 송아지를 잃는다고 했다.

몇 년 전 브래들리는 "곰을 보호하는 한편 몬태나주 주민의 의견을 청취하고 이익을 고려할" 목적으로 주 정부가 운영하는 회색곰자문위원회Grizzly Bear Advisory Council의 위원으로 위촉되었다.**84** 그는 몬태나주 농업을 촉진하고 보호하는 일에 열성적이었고 자신이 그랬듯 미래 세대들이 땅에서 뛰놀며 자랄 수 있기를 바랐다. 이를 어렵도록 가로막는 존재가 바로 회색곰이었

제3부
북아메리카

기에 그는 회의에 나가기 시작했다. 다른 목장주들과 이야기를 나누고 주 정부 관계자들을 모두 알아갔다. 브래들리는 사람들이 주변에 있는 회색곰에 대처할 수 있게끔 도움을 주고 싶었다. "여기 사람들 대부분은 그저 지쳤어요. 곰도 지겹고 곰과 부딪치는 것도 지긋지긋하죠. 아이들을 나가 놀게 하지 못하는 것도 넌더리가 나고요. 공공재인 야생동물을 위해 우리 수입을 희생해야 하는 것도 지겹고요." 축산업자들이 흔하게 하는 주장 중 하나였다. 포식동물이 야생에 돌아오기를 바라는 사람들은 진보적 도시민들인데, 뒷마당에 나타나는 회색곰을 감당해야 하는 이들은 정작 따로 있다는 말이었다. "이건 야영이나 배낭여행 같은 게 아니거든요. 우리는 선택의 여지가 없어요. 우리는 밖으로 나가야 하고 소를 돌봐야만 해요. 그리고 그곳에는 아마도 곰이 있을 거고요."

주 정부의 야생동물 관리인들은 회색곰이 멸종위기종보호법에 따라 계속 보호받는 한 연방 정부와 협의를 거치지 않고는 소를 죽인 곰들을 이주시키거나 안락사시키는 등의 처리가 불가능하다. 목장주들은 이런 제약이 문제를 일으키는 곰들을 처리하기 어렵게 만든다고 믿는다. (환경 단체들과 과학자들은 회색곰이 주 정부들이 주장하는 것만큼이나 많은 가축의 죽음에 책임이 있는지 오랫동안 의문을 제기해왔다.[85]) 위원회 회의에서는 북부 대륙 분수계에서도 보호 조치를 해제해야 한다는 논의가 나왔지만,[86] 미국어류및야생동물관리국은 옐로스톤 사건에서 겪은 낭패가 교훈이 되었는지 2021년 미국 본토 48개 주에 서식하는 회색곰은 멸종위기종보호법에 따라 여전히 멸종 우려 범주에 해당한다고 권고했다. 하지만 브래들리는 동의하지 않았다.

"회색곰은 더 이상 보호받을 필요가 없어요. 유니콘 같은 존재가 아니라고요."

"그렇다면 이상적으로는 곰의 수가 몇 마리면 충분하다고 생각하시나요?"

"회색곰이 멸종위기종 목록에 등재되었을 때 몬태나주 전체에는 300마리에서 400마리 정도밖에 없었어요. 그 정도가 충분했던 것 같아요."

많은 목장주는 경계를 침범해오는 곰들에게 더 큰 처벌을 내리기를 바란다. 가축을 공격했다면 실수를 만회할 기회를 여러 번 주는 대신 개체군에서 바로 격리하기를 바란다. 충돌 예방책에 자금을 더 할당하기를 바란다. 그리고 무엇보다도 곰이 보호 대상에서 해제되기를 바란다. 하지만 미국 전역에서 곰 개체수가 확실히 복원되었다고 과학적으로 증명되기 전까지는 할 수 있는 일이 많지 않다. 브래들리는 마당에 있는 닭들과 염소들 주위에 전기 울타리를 설치했지만, 목장 전체에 전기 울타리를 두르는 것은 현실적인 해결책이 아니라고 강조했다. 지금으로서는 블랙 바트가 다른 곰들을 겁주어 쫓아버리는 것에 의지할 수밖에 없었다.

"이만한 경비 곰이 또 없다니까요."

크리스 서빈Chris Servheen이 회색곰을 처음 본 것은 몬태나주 헬레나 근처 스케이프고트 야생지대scapegoat wilderness에서였다.[87] 20대 초반에 대학교 친구 몇몇과 배낭여행을 하던 그는 초원에 들어섰다가 커다란 그루터기를 헤집으며 곤충을 찾고 있는 회색곰을 발견했다. "우리는 몇 시간 동안 나무 뒤에 서서 곰을 그저 지켜보았습니다. 회색곰은 당시 상황이 전부 기억날 정도로 머릿속에 강렬한 인상을 남기는 재주가 있었죠. 시간이 지났는데도 얼마나 많은 게 떠오르는지 정말 놀랍습니다. 그게 회색곰의 마력이에요."

서빈은 미국어류및야생동물관리국에서 전국 회색곰 복원 조정관으로 35년 동안 근무하다 2016년 은퇴한 미국의 내로라 하는 회색곰 전문가다.[88] 전성기에는 미국 48개 주에서 곰의 절멸을 막는 중책을 맡았다. 그리고 분명 꽤 좋은 성과도 거두었다.

서빈은 미국 동부 해안 지역에서 자랐으나 어린 시절 푹 빠졌던 내셔널지오그래픽 야생동물 특집 방송에 영향을 받아 야생생물학을 전공하기 위해 몬태나주로 이사를 왔다. 그는 존 크레이그헤드John Craighead의 지도 아래 흰머리수리bald eagle 연구를 먼저 시작했다.[89] 존 크레이그헤드는 매와 회색곰에 집중한 미국 환경 보호 활동가로 명성을 얻은 크레이그헤드 쌍둥이 중한 명이었다. 크레이그헤드는 인공 사육한 독수리 몇 마리를 집에서 키웠고, 서빈은 주로 이 새들을 연구 대상으로 삼았다. 하지만 박사과정 때는 회색곰으로 방향을 틀었다. 이것은 시의적절한 결정이었다. 당시 회색곰은 겨우 3년 전 멸종위기종 목록에 오른 터라 한창 주목을 받던 주제였다. 서빈은 1981년 박사과정을 마친 뒤 회색곰 복원 조정관이라는 신설된 직책을 수락했지만, 회색곰의 미래를 밝게 전망하지는 않았다. 그는 회색곰의 종말을 기록하며 몇 년을 보내다가 절멸 위험이 있는 다른 동물을 맡게 되리라고 생각했다. 회색곰이 멸종위기종 목록에 등재되었을 때만 해도 옐로스톤 주변 개체군에는 새끼를 낳는 암컷이 30마리밖에 남아 있지 않았다.[90] 그는 "당시 회색곰이 **정말** 멸종될 뻔했다는 것을 인식하는 게 중요합니다"라고 강조했다.

서빈은 30년이 넘도록 곰 회의에 꾸준히 참석했다. 옐로스톤에서든 노스캐스케이즈에서든 캐비닛-야크에서든 카우보이 모자 무리 사이로 불쑥 튀어나온 그의 벗어진 머리를 볼 수 있었다. 윗입술 위로는 세월이 흐르며 갈색에서 회색으로 변한 덥수룩한 말발굽 모양 콧수염이 늘어져 있었다. 관리국에서 아직 일하고 있던 2015년 그는 옐로스톤 지역 곰에 관해 보호 조치를 해제할 때가 되었다고 강경히 주장했다.[91] 법정 공방이 길어지며 실행이 미뤄지고 있기는 했지만, 그는 옐로스톤 개체군에 이어 어쩌면 북부 대륙 분수계 개체군도 보호 대상에서 제외되어야 할지 모른다고 생각했다. 이 개체군들은 생태적 복원 목표에 도달했고, 보호 조치 해제 이후에도 개체수를 잘 관리한다면 오랫동안 살아갈 수 있을 것이 분명했다.

당시 서빈은 "멸종위기종보호법의 목적은 종을 더 이상 보호가 필요하지 않은 상태로 만드는 것"이었다고 말했다.[92] "이 법은 보호종 목록을 영원히 유지해야 하는 야생보호법과 달라요. 문제를 해결하는 게 목표입니다." 그는 옐로스톤 내 회색곰의 경우 문제가 해결되었다고 믿었다.

서빈은 이제 몬태나주 미줄라에서 가족과 배낭여행을 다니고 플라이낚시를 하며 은퇴 생활을 보내고 있었다.[93] 하지만 그는 관리국을 떠났을 때를 딱히 은퇴로 보지 않았다. 회색곰 복원 조정관으로 일했던 마지막 몇 해 동안 그는 연방 정부가 회색곰에게 가장 이익이 되는 일을 하는 대신 주 정부들에 휘둘리고 있는 것을 걱정했다. 미국어류및야생동물관리국이 회색곰의 보호 조치 해제를 다시 준비할 때 서빈은 회색곰이 보호종에서 제외된 이후에 일어날 수 있는 개체수 감소를 막기 위한 안전장치를 마련하자는 내용을 골자로 회색곰 사망률 관리 방안 지침을 작성했다.[94] 예를 들어, 회색곰 사망률이 너무 높아지면 엘로스톤 개체군에 관한 보호 조치를 복구할 수 있게 하자는 것이었다. 하지만 그가 작성한 문서는 안전장치가 삭제된 채로 돌아왔다. 그는 이것이 복원 프로그램의 신뢰성을 약화하며 보호 조치 해제를 "생물학적으로 신뢰할 수 없고 법적으로 변호할 수 없게" 만든다고 생각했다. 그는 사실상 소송이 확실시된 상황을 직면한 상태에서 이런 계획을 옹호할 사람이 다름 아닌 자신이라는 사실을 깨닫고 "사임했다."

이것은 그가 마음속에 그렸던 영예로운 은퇴가 아니었다. "회색곰 복원 프로그램은 멸종위기종보호법에서 손꼽히는 성공 사례 중 하나입니다. 복원하기 어려운 종인데 그걸 해낸 거죠. 하지만 막판에 되지도 않는 온갖 정치 공세를 받으면서 다소 빛이 바랬어요." 당시 서빈은 이런 이야기를 전혀 언급하지 않았다. 그가 퇴직한 배경에 의문을 품는 사람도 손에 꼽았다. 그는 예순다섯의 나이와 더불어 재임 중에 회색곰의 절멸을 성공적으로 막아낸 사람이었으니 말이다. 이제 그는 한가롭게 시간을 보내는 대신 회색곰이 새롭게 처한 위험을 인식시키는 일을 사명으로 삼았다.[95] 나는 우리가 마지막으로 이야기를 나눴던 2015년 이후로 상황이 달라졌다는 점을 고려할 때, 인터뷰를 하고 있는 2021년에도 그가 여전히 회색곰을 보호 대상에서 제외해야 한다고 생각하는지 궁금했다.

서빈은 단호하게 아니라고 대답했다. 그는 자신이 "오랫동안 보호 조치 해제를 지지했다"라고 인정했다. 관리국이 보호 조치가 더 이상 필요하지 않은 수준으로 옐로스톤의 곰 개체수를 회복시켰다고 믿었으며 주 정부가 성숙하고 품위 있게 관리 책임을 이어 맡기를 바랐다고 했다. 하지만 최근 "몬태나주 의회의 행보는 대형 육식동물 관리에 있어서 주 정부를 더 이상 신뢰할 수 없다는 사실을 입증했다." 서빈은 서부 지역에서 나타나고 있는 우려스러운 동향을 "반反포식동물 히스테리"라고 부르며 지적했다.[96] 2021년 봄 공화당 주도의 몬태나주 의회는 수렵 면허만 있으면 주에서 보호하지 않는 늑대를 무한히 덫으로 잡아 죽일 수 있도록 허용하는 법안을 통과시켰고,[97] 스포트라이트와 미끼 덫의 사용도 허가했다.[98] 다른 법안은 늑대 사냥에서 발목 덫과 목 올가미를 사용할 수 있는 기간을 곰이 굴 밖에 나와 있는 시기까지 연장했다.[99] 마지막으로 의회는 몬태나주에서 한 세기 동안 금지되었던 관행인 사냥개를 활용한 봄철 미국흑곰 사냥을 승인했다.[100, 101] 이런 히스테리가 대체로 늑대에 집중되어 있기는 했지만, 서빈은 회색곰을 비롯한 다른 모든 포식동물이 피해를 보게 되리라고 생각했다. 이것은 인간의 안전을 위협하는 모든 위험 요소를 제거한다는 명백한 운명 manifest destiny*의 사고방식을 향한 전례 없는 퇴보였다. "이런 상황을 지켜보고 있자니 정말 끔찍합니다. 회색곰이 연방법으로 보호되지 않는다면 몬태나주가 회색곰에게 무슨 짓을 할지는 안 봐도 뻔해요."

나는 그에게 미국이 현실적으로 감당할 수 있는 회색곰 수가 몇 마리라고 생각하는지 물었다. 미국 서부에서 회색곰과 직접적으로 연관 있는 사람을 만날 때마다 거의 매번 던졌던 질문이었다. 환경 보호 옹호자들은 인간 중심적 세계관을 맹렬히 비판했고 인간에게 어떤 희생이 따르든 간에 수만 마리의 곰과 행복하게 살 수 있다고 믿었다. 이들은 회색곰 개체수를 세 배로 늘리기 위해 캘리포니아주와 그랜드캐니언, 로키산맥 남부에 곰이 돌아올 수 있도록 로비 활동을 벌였다.[102] 한편 트리나 브래들리 같은 사람들은 지금보다 훨씬 적은 수의 곰을 원했다. 그리고 대부분은 개체군들의 유전적 연결과 건강에 초점을 맞추며 수치로 답을 주지 않으려 했다. 하지만 서빈은 과학자답게 정확히 계산한 답을 바로 내놓았다. 그가 생각하는 적정 개체수는 3,000~3,400마리였다.

그는 수치를 생태계별로 나누어 설명했다. 옐로스톤 광역 생태계와 북부 대륙 분수계 생태계의 서식지는 2,000마리까지 수용할 수 있었다. 비터루트 생태계에는 300~400마리까지 살 수 있었고, 셀커크 생태계와 캐비닛-야크 생태계는 150마리

---

* 19세기 미국의 팽창주의를 정당화했던 문화적 신념을 말한다.

까지 가능했다. 노스캐스케이즈 생태계에는 지금 당장은 곰이 한 마리도 없지만 400마리까지 살 수 있었다. 따라서 미국 본토 48개 주에서 회색곰 개체수를 두 배로 늘리려면 인간의 진정한 노력이 분명 필요했다. 우려스럽게도 미국인들은 다른 방향으로 움직이고 있는 듯했다. 서빈은 전체 개체수가 증가하는 대신 오히려 하락이 시작될 수도 있다고 경고했다. "회색곰은 특수한 동물입니다. 회복력이 낮고 한정된 외진 지역에 서식하죠. 회색곰을 보존하려면 우리의 행동도 회색곰을 대하는 방식도 달라져야 합니다."

2023년 초 미국어류및야생동물관리국은 옐로스톤 광역 생태계와 북부 대륙 분수계 생태계의 회색곰을 연방법 보호 대상에서 제외할지를 재검토하겠다고 밝혔다. 회색곰이 미국 48개 주에서 개체수를 계속 늘려가며 결국 서식지 간의 거리를 좁히게 될지 여부는 이제 우리의 행동에 달렸다. 우리는 불편을 무릅쓰면서까지 이름난 포식자와 주변 환경을 공유할 수 있을까? 하지만 나는 캐비닛-야크 생태계를 벗어나 비터루트 생태계로 내려온 곰들을 떠올리며 자연이 늘 허락을 요하거나 인간의 정치에 얽매이는 것은 아니라는 현실을 직시해야 했다. 그리고 어쩌면 훨씬 더 주목해야만 할 사실도 있었다. 미국 본토에서 곰들이 남쪽과 동쪽으로 이동하는 동안 다른 회색곰 무리는 북쪽을 향하고 있었다.

제7장

얼음 위를 걷다

EIGHT BEARS

북극곰, 캐나다

Polar bear, Canada

Ursus maritimus

캐나다 허드슨만 기슭은 화이트아웃whiteout*에 가려 잘 보이지 않았다. 때는 11월 중순이었고 어두운 해수면 위로는 얼음이 서서히 얼어붙으며 퍼즐 조각을 맞춰나가고 있었다. 해빙은 곧 해안에 이르며 육지 세계와 바다 세계를 연결할 예정이었다. 그러고 나면 이 지역에 서식하는 600여 마리의 북극곰은 고리무늬물범ringed seal을 사냥하러 해빙으로 떠나 수수께끼 같은 삶을 살다가 이듬해 봄이 되면 바위투성이의 툰드라로 돌아올 것이었다.[1] 나는 환경 보호 단체인 국제북극곰협회Polar Bears International, PBI의 공식 연구 차량인 툰드라 버기 원tundra buggy one 안에서 흰색으로 위장한 채 얼음 위를 방랑하는 곰을 찾으려

* 눈이 많이 내려 주변이 온통 하얗게 보이는 현상을 가리킨다.

고 단조로운 풍경을 유심히 살폈으나 아무런 소득이 없었다. 이곳에서는 흰색의 색조, 즉 백자색porcelain, 골백색bone white, 달걀껍질색eggshell, 유백색milky white, 진주색pearl을 능숙히 구분할 줄 알아야 했다. 북극곰을, 그것도 눈보라 속에서 발견한다는 것은 눈이 굉장히 밝다는 뜻이었다. 바람이 해안지대를 에어낼 듯 사납게 몰아치는 가운데 우리는 버기를 타고 계속 나아갔다. 곰들은 해변에 늘어선 키 작은 버드나무 사이에 피신해 있을 듯했다.

'버기'는 마치 고래가 물 위로 뛰어오르듯 커다란 잿빛 바위들이 툰드라 풀숲을 뚫고 나타나는 캐나다 순상지를 돌아다니기 위해 타고 있던 거대하고 흉물스러운 장갑차를 표현하기에는 약한 단어다.* 북극곰 생물학자 비제이 커시호퍼BJ Kirschhoffer가 운전하는 눈처럼 새하얀 버기는 앞뒤로 길어진 토요타의 랜드 크루저Land Cruiser를 연상시켰고, 영구동토 표면으로부터 높이가 1.8미터나 되는 큼직한 타이어가 차체를 받치고 있어 호기심 많은 북극곰보다도 키가 컸다. 바위에 부딪혀 이리저리 요동치는가 하면 앞서 지나간 버기들이 파놓은 깊은 구멍에 빠져 휘청거리는 것이 트럭보다는 보트 같은 느낌이었다. 이 지역 토박이인 렌 스미스Len Smith가 취약한 툰드라 생태계를 찾은 관

---

* 버기는 보통 비포장도로를 주행하는 경량형 차량을 가리키며 유아차를 뜻하기도 한다.

제3부
북아메리카

광객과 촬영진을 안전하게 실어 나르기 위해 1980년 덤프트럭과 통학버스를 한데 섞어 개발한 차량이 툰드라 버기의 시초였다.[2] 버기들은 1950년대에 군대가 닦아놓은 그물망 같은 길을 따라 움직였다. 길가에는 바람에 꺾여나간 깃발 모양의 나무들, 세찬 바람이 불어오는 쪽의 가지들이 부러지고 없는 검은 가문비나무들(Picea mariana)이 혹독한 환경을 증명하듯 서 있었다. 바람이 어찌나 거센지 나무속을 갈라보면 나이테마저 한쪽으로 몰려 있다고 했다. 하늘 위에서 큰검은등갈매기great black-backed gull들이 깍깍 울었다. 와이퍼가 전면 유리창 위에서 버둥거렸지만 펑펑 쏟아지는 눈을 밀어내지는 못했다. 타이어가 돌 때마다 계기판 위에 놓인 형형색색의 곰 퇴치용 공포탄과 탄환이 달그락댔다. 나는 배터리가 다 닳을까 봐 파카 안쪽 주머니에 넣어놨던 휴대폰을 꺼내 기온을 확인했다. 체감온도가 영하 23도였다. 북극곰들이 돌아다니지 않는 것도 당연했다.

다행히 내부를 나무 패널로 두른 버기는 아늑했다. 사람들과 옹기종기 모여 앉아 오전 11시부터 아이리시 크림irish cream 리큐어를 섞은 커피를 슬쩍슬쩍 홀짝이고 있었기에 더더욱 그랬다. 이 버기는 좌석 버스처럼 생긴 실내에 관광객을 태우고 눈보라 속을 질주하는 십여 대의 관람용 버기와 달리 연구팀이 북극곰의 이동 기간에 맞춰 며칠 또는 몇 주 동안 툰드라에 잠복해 얼음 위를 걷는 곰의 습성을 관찰할 수 있도록 설계되었다. 뒤편에는 이층 침대와 실제로 불을 피울 수 있는 벽난로, 위스키 은닉처(북극 과학자들은 고급 위스키만을 취급한다고 믿어도 좋다)가 갖춰져 있었고 외부에는 허드슨만에 사는 곰들의 모습을 전 세계로 송출하는 생중계 채널과 연결된 감시 카메라 네 대가 달려 있었다.

나는 이렇게 북극으로 여행 올 날을 오랫동안 꿈꿨다. 지금껏 나는 어떤 곰을 가장 좋아하냐는 질문을 받을 때마다 머뭇거리고 얼버무렸다. "다 똑같이 좋아하죠"라고 요령 있게 대답해 넘기기는 했다. 태양곰은 혀가 축 늘어진 게 귀여웠다. 회색곰은 미국 야생의 상징이었다. 게다가 대왕판다를 마다할 사람이 어디 있을까? 얼마나 유쾌한 녀석인지 몰랐다. 하지만 모두거짓말이었다. 내가 가장 좋아하는 곰은 단연코 북극곰이었다. 북극곰에게는 남다른 매력이 있었다. 털은 반투명하고 가죽은 까만 온통 하얀 곰이라니. 북극곰은 바다표범을 먹었다! 수컷은 몸무게가 450킬로그램이 넘기도 했다! 수십만 년 전 회색곰에서 갈라져 나왔다지만 어찌 되었든 북극곰은 진기한 동물이었고 그런 동물을 바로 앞에서 볼 수 있다는 것은 행운이었다.[3] 아니, 아주 가까이 가볼 수만 있어도 좋을 것 같았다.

수천 년 전 빙하가 후퇴하며 생긴 얕은 구혈甌穴 호수로 우묵우묵 패인 이 혹한의 툰드라 땅에서는 하루 전날 곰 수십 마리가 거니는 모습이 발견되었다. 인근 마을 매니토바주 처칠을 찾은 관광객들은 비싼 파카 차림으로 툰드라 인이라는 레스토랑에 앉아 북극 곤들매기arctic char*의 살점을 베어 물며 자신들이 얼마나 운이 좋은지 떠들어댔다. 처칠은 전 세계에서 북극곰을 매우 쉽게 볼 수 있는 장소로 꼽힌다. 북극곰 무리가 예측할 수 있는 일정에 맞춰 공항과 기차역, 슈퍼마켓 근처에 나타나는 현장이 북극권 내에 또 어디 있겠는가? 실제로 마을로 들어오는 황량한 길을 따라 선 표지판은 매니토바주에 속한 처칠이 '세계 북극곰의 수도'임을 선언하고 있었다. 나는 이 말이 언제까지 유효할 수 있을지 의심스러웠다.

전 세계에 있는 북극곰은 약 2만 6,000마리로 추정된다.[4] 이 추정치에 따르면 북극곰은 개체수가 네 번째로 많은 곰종으로, 숫자가 점점 줄고 있는 여러 곰종과 비교하면 대부분 개체군이 그럭저럭 잘 살아가고 있는 것처럼 보인다. 이누이트족 중에는 북극곰 개체수가 늘고 있으며 북극에 서식하는 곰이 너무 많다고 주장하는 이들도 많다.[5] 하지만 북극곰은 피할 수 없는 벼랑으로 내몰리고 있다. 느리지만 꾸준하게 기어오르던 빨간 선이 갑자기 고꾸라져 X축 아래로 완전히 사라져 버린 개체수 예측치 그래프를 보고 있자면 얼지 않는 바닷속으로 잠겨 들어가는 북극곰의 모습을 보는 듯하다. 지난 20년 동안 진행

---

* 연어과 민물고기다.

된 기후 변화는 북극곰의 사냥터인 해빙을 완전히 파괴했다.[6] 얼음이 없으면 북극곰은 굶어 죽는다. 이곳 처칠까지 멀리 여행을 온 이들은 언제 사라질지 모르는 풍경을 보러 온 관광객들이었다. 마치 댐이 들어서기 전 마지막 몇 주 동안 양쯔강에서 배를 탔던 사람들이나 산호초가 하얗게 변하며 죽어가는 그레이트배리어리프great barrier reef에서 스노클링을 하는 사람들처럼 말이다. 이 모든 풍경은 40년 안에 사라질 수도 있었다. 처칠은 아북극 남쪽에 있어 연구자들과 방문객들이 접근하기 좋은 곳이지만, 서식하는 곰들이 기후 변화로 가장 먼저 절멸할 가능성도 높은 지역이었다.

허드슨만은 캐나다의 세 개 주와 한 개 준주準州가 접한 넓은 내해內海지만, 엄밀히 따지면 누나부트nunavut준주에 속한다고 여겨진다. 현지 사람들은 썰물 때 허드슨만의 모래 해변을 따라 걷다 보면 어느새 북쪽에 있는 누나부트준주 땅에 서 있게 된다고 농담하곤 한다. 그린란드와 스발바르제도 부근에서 항해 경력을 쌓은 영국 탐험가 헨리 허드슨Henry Hudson은 1610년 이곳을 발견했을 당시 탐험을 즐기는 담대한 17세기 남성이라면 으레 그렇듯 전설 속 북서항로를 찾아 헤매고 있었다.[7] 하지만 허드슨 역시 야심만만하게 항해를 떠났던 선조들처럼 길을 잃고 말았다. 그는 나중에 캐나다가 될 땅의 한복판에 있는 이 거대한 해수역을 우연히 발견하고는 아시아로 가는 항로를 발견했다고 착각했다. 이후 석 달 동안 만의 가장자리를 살폈으나 출구는 보이지 않았다. 11월이 되자 배는 빙해에 갇혀버렸다. 허드슨의 완강한 요구 때문에 선원들은 서쪽으로 다시 나아가기 전에 해안에서 혹독한 겨울을 나야 했다. (이때쯤 얼음 위에는 북극곰들이 나와 있었다. 작은 위안이랄까.) 허드슨의 명령과 추위에 지칠 대로 지친 선원들은 이듬해 봄에 반란을 일으켰고 본선에 딸려 있던 작은 배에 허드슨과 십 대 아들을 태워 만에서 표류하게 내버려두고 떠났다.[8] 그 뒤로 허드슨의 소식을 들은 사람은 아무도 없었다.

허드슨만은 북서항로로 이어지지는 않지만 역시 허드슨의 이름을 딴 허드슨해협을 빠져나가 북대서양에서 갈라져 나온 래브라도해로 흘러 들어간다. 허드슨과 선원들이 운 나쁘게 발견했듯 만의 표면은 늦가을이면 얼음으로 뒤덮인다. 이런 환경은 허드슨의 원대한 계획을 방해하고 때 이른 죽음을 불러왔는지도 모르나, 만 해안에 서식하는 독특한 북극곰 개체군을 만들어내기도 했다.[9] 다른 북극권 지역에서는 해빙이 여름에 줄어들기는 해도 1년 내내 녹지 않아서 북극곰들은 뭍에 오를 일이 거의 없이 얼음 위에서 생애 대부분을 보낸다(적어도 기후 변화가 일상 용어가 되기 전까지는 그랬다). 하지만 허드슨만의 해빙은 철에 따라 얼었다 녹았다를 반복한다. 따라서 이 지역 북극곰들은 얼음 위에 최대한 오래 머물려고 애쓰지만 언젠

가는 서둘러 떠나야 할 시점이 찾아온다. 곰들은 뭍에 올라와 얼음이 돌아올 때를 기다리며 여름과 초가을을 보낸다. 처칠 주변 툰드라지대에는 특히 곰이 많다. 해빙이 봄에는 가장 늦게 부서져 사라지고 가을에는 가장 먼저 얼어붙는 곳이기 때문이기도 하다.[10] 허드슨만 서부 주변에서 이동하는 곰들은 이곳에서 해빙을 오르내리며, 그럴 때면 마을을 종종 지난다.

한 번에 몇 달씩 육지에 머물러야 할 때면 곰들은 이웃들과 알아가는 것 말고는 딱히 할 일이 없다. 늦가을에 어린 수곰들은 지루함을 달래려고 질퍽거리는 해변에서 힘겨루기를 하며 논다. 다른 곰들은 파도에 밀려온 다시마를 우적우적 씹는다. 임신한 암곰들은 캐나다 서북부를 흐르는 매켄지강의 삼각주를 제외하고 미국흑곰, 북극곰, 불곰 세 곰종이 한데 모이는 유일한 곳인 와푸스크국립공원Wapusk National Park에서 부드러운 토탄 더미에 굴을 파고 들어간다.[11] 회색곰은 한때 매니토바주에서 사라졌다고 여겨졌으나 1990년대에 와푸스크에 다시 모습을 나타내기 시작했다. 과학자들은 회색곰의 한 종류인 배런그라운드 회색곰barren-ground grizzly bear*이 누나부트준주에서 남쪽으로 흩어지고 있다고 생각한다.[12] 회색곰은 2008년 이후 와푸스크국립공원에서 매년 발견되고 있다. 북극곰에게 얼음이 영

---

* 캐나다 북부의 척박한 툰드라지대에서 발견되는 회색곰을 가리킨다.

제3부
북아메리카

원하지 않다는 것은 살진 고리무늬물범을 사냥할 수 있는 겨울과 봄에 몸을 최대한 불려놓아야 한다는 뜻이다. 북극곰의 위장에는 최대 몸무게의 20퍼센트나 되는 먹이가 들어갈 수 있다.[13] 북극곰은 육지로 돌아오자마자 기각류pinniped* 한 마리도 보기 힘든 곳에서 4개월 이상을, 임신한 암곰은 8개월 동안이나 단식한다.[14] 놀랍게도 북극곰은 먹을 것이 궁한 이 기간에 몸무게가 매일 약 1킬로그램씩 빠지다가 얼음이 돌아오는 날을 맞는다.

오늘이 바로 그날인 듯했다. 관광객들의 대화를 엿듣던 때가 12시간 전이었는데 곰을 찾으러 나서고 보니 그새 두꺼운 얼음 끝이 해안과 맞닿아 있었다. 전날 육지에 나타났던 곰들은 육중한 몸을 지탱할 수 있을 만큼 꽁꽁 언 얼음에 마침내 만족하며 한 마리도 빠짐없이 겨울을 나기 위해 떠났다. 내게는 나쁜 소식이었지만 곰들에게는 좋은 소식이었다. 최근 허드슨만의 결빙 시기가 늦어지며 단식 기간이 늘어난 탓에 곰들은 극도로 허약한 상태였다. 그 주에 기상 패턴이 갑자기 바뀌어 바다가 예상외로 빨리 언 덕분에 살을 찌울 시간이 늘어났을 것이다.

나는 뜻밖의 상황에 당혹스러웠지만 느긋해 보이려고 애쓰

---

* 물개, 바다표범, 바다코끼리처럼 지느러미발이 있는 해양 포유류를 말한다.

며 앤드루 더로처Andrew Derocher 옆에 앉았다. 더로처는 키가 크고 수염이 희끗희끗한 캐나다인으로 몸집이 두 배는 커 보이는 두툼한 파카를 입고 있었다. 다들 재킷을 몇 겹씩 껴입고 목도리와 털모자로 무장한 차림이라 누구 하나 외양을 파악하기 어렵기는 했다. 나는 북극곰만큼이나 더로처를 무척 만나보고 싶었다. 그는 기후 변화가 연구 의제를 장악하기 전부터 북극곰을 연구한 몇 안 되는 과학자 중 한 명이었다. 그가 이학석사 과정을 밟고 있던 1980년대 중반만 해도 북극곰은 캐나다에서 번성하고 있었다. 캐나다 정부가 포획할 수 있는 북극곰 수를 제한하고 토착민이나 토착민 가이드를 대동한 스포츠 사냥꾼에게만 사냥을 허가한 지 10년이 넘었을 때였다. (캐나다는 북극곰 가죽 수출과 북극곰 스포츠 사냥을 여전히 허가하는 유일한 국가다.[15]) 이런 규제가 시행되면서 많은 곰 개체군이 회복되고 있었다. "당시 우리가 했던 연구는 그저 기본적인 생태에 초점이 맞춰져 있었어요. 포획이 생태에 미치는 여파와 곰 개체수를 알아내려 했죠." 툰드라 위를 덜커덕거리며 달리는 버기 안에서 그가 말했다.

1990년대 중반 그는 사냥이 금지된 스발바르제도 북극곰들의 체내에 높은 수준으로 축적되고 있다는 오염 물질의 위험성을 연구하러 노르웨이로 떠났다. 하지만 상황은 곧 가열되기 시작했다. "이런 곳에서 동물들이 어떻게 살아가는지 알아가

제3부
북아메리카

는 것도 재밌는 일이죠. 하지만 이제는 요즘 현실과 크게 관련이 없어 보이는 북극곰의 자연사를 연구한다는 것이 허영처럼 느껴집니다. 북극곰이 얼마나 큰 곤경에 처해 있는지 생각하면……, 그다지 즐겁지 않아요." 그의 서글픈 표정에서 좌절감이 묻어났다. 더로처는 현재 캐나다 앨버타주의 에드먼턴에 있는 앨버타대학교에서 북극곰과학연구소Polar Bear Science Lab를 이끌고 있으며 국제북극곰협회의 과학 고문을 자원해 맡고 있다. 봄철 현장 연구 기간에는 곰의 수를 세기 위해 버기보다 승차감이 훨씬 좋은 헬리콥터를 타고 툰드라를 이동하며 허드슨만 서부에서 대부분 시간을 보낸다.

더로처는 1984년 여름 처칠에 처음 도착했다. 비가 많이 내리는 밴쿠버 출신의 앳된 대학생이었던 그는 북극권 부근의 아북극권에 와본 적이 한 번도 없었다. 그에게 눈은 활강 스키를 위한 것 이상도 이하도 아니었다. 이렇듯 경험이 턱없이 부족했지만 헬기를 타고 현장에 나온 첫날 그의 손에는 마취총이 쥐어졌다. 그가 맡은 과학적 임무는 암곰을 마취시킨 뒤 목에 무선 위성 추적 장치를 다는 것이었다(수곰은 목이 두개골보다 굵어서 무선 장치를 매달 수 없다). 더로처는 얼마 지나지 않아 임신한 암컷 한 마리를 발견했다. 그는 방아쇠를 당겨 암곰을 맞혔다. 명중이었다! 커다란 곰은 휘청거렸지만 쓰러지지는 않았다. 공포에 질린 그가 지켜보는 가운데 곰은 얕은 호수를 향해 비틀거리며 걸어가기 시작했다. 그러더니 의식을 거의 잃은 상태로 물속으로 고꾸라져 몸이 반쯤 잠기고 말았다. 조종사가 몸을 돌리더니 그에게 내리라고 단호히 말했다. "정신을 차리고 보니 제가 헬리콥터 랜딩 스키드landing skid에 서서 호수로 뛰어내리고 있더군요." 더로처는 허리까지 오는 차디찬 물에 몸을 담근 채 곰의 코가 물에 빠지지 않게 하려고 안간힘을 썼다. "몸이 꽤 무거웠어요. 게다가 그때까지도 휘청거리고 있었죠." 조종사가 지원을 요청하러 기지로 돌아간 사이 더로처는 곰과 단둘이 물속에 남겨져 있었다. 조종사가 돌아온 뒤 그들은 물에 흠뻑 젖은 채 잠에 빠져 있는 곰을 육지로 끌어 올렸다. "암곰의 상태는 괜찮았어요." 더로처가 어깨를 으쓱했다. "돌아가서 새끼들을 낳았죠." 그는 오다가다 암곰의 가족을 만날 때면 암곰이 자신을 기억할지 궁금하다고 했다.

이른 오후 우리는 마침내 석회암 색깔의 암곰 한 마리를 발견했다. 곰이 해빙에서 처음 내려올 때는 깨끗한 바닷물로 몸을 막 씻은 상태라 털이 하얗게 보일 것이다. 하지만 나중에는 흙이나 토탄의 타닌 성분 때문에 연노란색을 띠게 된다.[16] 우리는 호수에 빠진 툰드라 버기를 밀다가 바지가 벗겨진 남자의 일화에서 유래한 이름의 노팬츠호수no pants lake를 금방 지난 참이었고 암곰은 만에 나갔다가 돌아오는 길인 듯했다. 빙질이 암곰의 성에 차지 않았던 것이 분명했다. 버기 안에 흐르던 잡담이 뚝 그쳤다. 나는 사람들을 제치고 반대편 창가로 달려가 유리창에 얼굴을 바싹 붙이고는 마음속에 그렸던 위엄 있는 북극의 동물을 보기 위해 눈을 가늘게 뜨고 세차게 휘날리는 눈발 사이를 주시했다. 더로처는 몸을 거의 움직이지 않았다. 그처럼 평생을 북극곰들과 부대끼며 산 사람이 버기를 타고 곰을 구경한다는 것은 저명한 동물학자 제인 구달Jane Goodall이 디즈니랜드 매직킹덤에서 정글크루즈를 타고 애니메트로닉스animatronics 기술로 만든 고릴라 로봇을 보는 격이었다. 그는 쌍안경을 차분히 눈으로 가져가 곰을 잠시 관찰하더니 건강 상태가 좋아 보인다고 말했다. 하지만 그것이 북극 전역의 상황을 말해주지는 않는다고 덧붙였다. 그가 주초에 만났던 한 살배기 곰들은 매년 이맘때쯤 평균 크기보다 약간 작아 보였다고 했다. 게다가 허드슨만 서부 북극곰의 몸집은 1980년대 이후로 줄어들고 있었다.[17] 우리가 탄 버기는 툰드라를 거니는 암곰을 향해 조금씩 가까이 다가갔다. 나는 숨을 죽였다. 끝없이 펼쳐진 하얀 풍경 위로 암곰의 까만 눈과 코가 짙은 삼각형을 그리고 있었다. 무엇을 하려는 걸까? 눈 속을 뒹구려는 걸까? 달음박질을 칠까? 나는 카리스마 넘치는 북극곰이 다음에 어떤 행동을 하든 담아낼 각오로 카메라를 들어 올렸다. 암곰은 9미터쯤 떨어진 거리에서 작은 버들 뒤로 몸을 웅크리더니 주위를 살피고는 변을 보았다.

전 세계 북극곰은 스발바르제도의 혹독한 빙원부터 시베리아 연안의 축치해chukchi sea, 그린란드, 막대한 유전으로 유명한 알래스카주 노스슬로프에 이르기까지 다섯 개 국가에 걸쳐 19개 개체군으로 분포한다. 하지만 그중 대부분인 약 1만 6,000마리는 캐나다 북부 북극제도에 서식한다.[18] 아북극권에서는 허드슨만 남부와 서부, 데이비스해협이 위도상 북극곰 서식지의 최남단을 이룬다.

얼음 바다에서 태어났다는 뜻의 학명(*Ursus maritimus*)*을 가진 북극곰은 몇십만 년 전 불곰 계통에서 갈라져 나왔다. 과학자들은 지구의 많은 부분이 언 상태와 녹은 상태를 오가던 때 바다에 의존해 살아가는, 도무지 상상할 수 없는 생물인 곰이 어떻게 나타나게 되었는지에 관한 가설 몇 가지를 내놓고 있다. 많은 불곰 무리는 빙하기에 혹한과 식량 감소로 절멸했다.[19] 얼음이 북방을 점령하자 살기 좋은 땅을 찾아 남쪽으로 나아간 무리도 있었다. 다른 무리들은 바다 근처로 피신했고 상대적으로 온화한 해안의 공기에 힘입어 간신히 생명을 유지했다. 그 결과 알래스카주 남동부 애드미럴티섬, 배러노프섬, 치차고프섬

---

* 바다곰sea bear이라는 뜻이다.

제3부
북아메리카

에서는 북극곰과 미토콘드리아 DNA가 매우 유사한 우르수스 아르크토스 시트켄시스(*Ursus arctos sitkensis*)라는 독특한 불곰 아종이 생겨났다.[20] 그러나 북쪽 해안의 불곰들은 다른 불곰들과 떨어져 고립된 것으로 추정된다. 이 곰들은 먹이를 찾으려고 바다에 의지했고 바다는 이들을 영원히 바꿔놓았다.

지질학자 찰스 피즐Charles Feazel은 북극곰과 마주쳤던 인상적인 순간을 연대순으로 기록한 책《백곰White Bear》에서 "북극곰은 갈색에서 흰색으로, 육지에서 바다로, 잡식동물에서 육식동물로 넘어왔을 뿐만 아니라 곰의 사계절을 완전히 뒤바꿔 놓았다. 그들에게 겨울은 활동하는 시기고 여름은 단식하고 휴식하며 힘을 아끼는 시기다"라고 언급했다.[21] 이런 근본적인 변화에도 불구하고 북극곰을 자세히 살펴보면 어깨에 살짝 올라온 혹이나 길고 날카로운 발톱처럼 계통을 유추할 수 있는 단서가 여전히 존재한다.

북극곰은 나중에 이누이트족 이전 고대 에스키모 문화 공동체로 기원전 500년부터 서기 1000년까지 지속되었던 도싯족dorset과 함께 이 극한 환경을 가로지르게 된다. 도싯족은 바다표범이 얼음에 난 숨구멍 위로 올라오기를 기다리거나 고래와 바다코끼리를 작살로 잡으며 대부분 해빙 위에서 사냥했다.[22] 활과 화살을 사용하지 않았기 때문에 북극곰 같은 육상동물은 잘 사냥하지 않았다. 그들의 생존은 북극곰과 마찬가지로 해빙에 전적으로 달려 있었다. 도싯족이 사라진 뒤 번성한 툴레족thule은 오늘날의 알래스카 땅에서 세력을 확장하기 시작해 11세기 무렵에는 북극 동부를 지배했고 멀리는 허드슨만까지 진출하기도 했다. 이누이트족은 툴레족의 후손이었으며 이누이트 문화에서 북극곰은 더 큰 인정을 받았다.[23] 이누이트족이 북극곰에게 바다표범을 사냥하는 법을 배웠다는 이야기도 전해진다.[24] 이누이트족에게는 이수마isuma,[25] 즉 같은 사고방식을 지녔다고 여긴 두 동물이 있는데 바로 큰까마귀raven와 북극곰이다.[26] 이누이트족은 북극곰, 즉 **나누크**를 '위대한 하얀 동물the great white one'이나 '늘 방랑하는 동물the ever-wandering one' 등 여러 이름으로 부른다.[27, 28] 이누이트족은 도싯족과 달리 북극곰을 사냥한다. 하지만 이들은 북극곰을 사냥하는 것을 바다표범이나 고래, 순록, 바다코끼리를 사냥하는 것과는 무척 다른 경험으로 받아들인다. 그저 고의로 계획한 사냥이 아니라 우연한 행운의 순간이기 때문이다.

툴레족이 북아메리카 북극 지역을 가로질러 이동하던 바로 그 무렵, 노르드인nordmän 여행자들은 스칸디나비아에서 북극곰을 처음 접하고 북극곰이 등장하는 이야기를 써 내려가고 있었다.[29] 그중 가장 눈길을 끈 이야기로는 1252년 노르웨이 국왕 호콘 4세Haakon IV가 영국 국왕 헨리 3세Henry III에게 북극곰을 선물했다는 일화가 있다.[30] 호콘 4세는 그린란드와 아이슬란드를 자국의 지배 아래 둔 팽창주의적 군주였다. 한편 헨리 3세는 런던 탑에서 맹수들을 가둬 키우는 것으로 유명했다. 처음에는 주 장관들이 하루에 4수sou*밖에 안 되는 비용으로 북극곰에게 먹이를 제공할 예정이었으나, 헨리 국왕은 이후 과감히 (아마도 돈을 절약할 목적으로) 곰이 제 앞가림을 할 수 있어야 한다는 결정을 내렸다.[31] 헨리 국왕은 곰 조련사에게 서한을 보내 이렇게 지시했다.

얼마 전 노르웨이에서 온 백곰의 사육을 네게 맡기노라.[32] (…) 물이 없는 곳에서 채울 입마개와 사슬을 준비하고 곰이 템스강에서 물고기를 잡거나 몸을 씻을 때 잡아맬 수 있는 길고 튼튼한 줄도 마련하도록 하라.

왕실은 서둘러 입마개와 사슬을 만들어 커다란 곰을 개처럼 강둑까지 산책시킬 수 있게 했다. 강둑에 이르면 곰은 말뚝에 맨 긴 줄에 묶인 채로 강물을 헤엄치며 물고기를 직접 잡을 수 있었다.[33] 북극곰은 헨리 3세가 3년 동안 가장 애지중지한 동물이었다. 애석하게도 1254년 프랑스 국왕 루이 9세Louis IX가 호콘 4세를 한 수 앞섰다. 그는 아프리카코끼리를 선물했다.[34]

* 프랑스 옛 화폐단위로 20분의 1 프랑에 해당한다.

14~19세기 유럽 소빙하기에 북극곰은 노르웨이 본토와 아이슬란드에 개체군을 형성할 정도로 북극 해빙artic ice pack을 자주 가로질렀을 것이다.[35] 살아 있는 새끼 곰과 가죽을 찾는 수요 때문에 이 개체군은 나중에 절멸했지만 말이다. 이후 사람들은 고래기름과 바다코끼리의 엄니를 구하기 위해 스발바르와 그린란드 인근 해역으로 항해를 시작하며 북극곰을 훨씬 더 많이 마주치게 되었다. 고국의 불곰에만 익숙했던 선원들은 새끼 백곰에게 족쇄를 채워 유럽으로 데리고 돌아오곤 했다. 성체 곰은 다른 문제였다. 1595년 네덜란드 선장 빌리암 바렌츠 William Barents의 북극 원정에서는 선원들이 곰을 만나 목숨을 잃는 사고가 발생했다. 러시아 바이가치섬 근처 작은 섬에서 다이아몬드를 찾던 도중 선원 두 명이 바람을 피할 수 있는 함몰지에서 휴식을 취하고 있었는데 "갑자기 크고 날렵한 곰이 나타나서 선원 한 명의 목을 잽싸게 물었다."[36] 다른 선원들이 곰을 쫓아내려고 해보았지만 곰은 두 명을 모두 죽여 집어삼켰다. 네덜란드 항해사 헤릿 더페이르Gerrit de Veer의 일지에 적힌 이 사건은 북극곰이 인간을 공격한 역사 시대의 첫 기록이 되었다.[37] (선원들은 나중에 눈 사이를 쏴서 곰을 쓰러뜨렸다.) 이런 공격들은 북극곰을 신화 속 맹수처럼 묘사했던 르네상스 시대 지도 제작자들의 마음을 무겁게 짓눌렀던 것이 틀림없다. 초기 북극 지도를 보면 '이곳에는 백곰이 있다hic sunt ursi albi'라는 경고문이

제3부
북아메리카

있는 경우를 발견할 수 있다.[38] 유럽인들의 관점에서 곰은 혹독하고 신비로운 북방에서 극복해야 할 또 하나의 장애물이었다.

북극곰은 주로 상상의 영역에 사는 문화적 상징의 자리를 지켜왔다. 느림보곰이나 미국흑곰, 불곰과 달리 북극곰은 찾아나서지 않는 한 만날 일이 없다시피 하다. 이 진귀한 동물은 코카콜라를 꿀꺽꿀꺽 들이켜는 백곰의 모습으로 광고 마스코트로서 차용되었고, 우리는 주로 이런 묘사를 통해 북극곰을 이해하게 되었다. 우리가 북극곰과 맺고 있는 관계는 북극곰을 이해하는 방식뿐만 아니라 멸종으로 몰아가는 방식 면에서도 추상적이다. 우리는 웅담을 채취한다며 북극곰을 우리에 가두지 않는다. 서식지에 들어가 불도저로 집을 밀어버리지도 않는다. 오히려 북극곰이 위기에 처한 것은 인간 특유의 지리적 편향 때문이다. 우리가 얼음을 터전으로 살아가는 생물들은 신경 쓰지 않고 지구 대기에 온실가스를 끊임없이 내보내는 동안, 녹아가는 북극은 저 멀리 뒷전에 밀려나 버린 탓이다.

카리스마 넘치는 북극곰도 인류세의 희생양이라는 사실에는 의심의 여지가 없다. 인간 활동이 배출하는 온실가스는 지구 대기에 열을 가둔다. 열은 태양 복사를 반사하며 하얗게 반짝이는 북극 해빙을 녹인다.[39] 해빙이라는 덮개가 없으면 태양 광선은 대신 어두운 바닷물에 흡수된다. 그러면 해양이 가열되며 북극 전역의 온난화를 가속한다. 결국 기온이 상승하면 해빙은 표면이고 바닥이고 할 것 없이 녹아내리게 된다.

북극은 세계 평균보다 세 배가량 빠르게 뜨거워지며 반세기 전 어느 과학자도 상상할 수 없었던 속도로 파괴되고 있다. 위성 자료에 따르면 여름 해빙은 1979년 이래 약 3분의 1이 소실되었다.[40] 게다가 오늘날 얼음은 두께가 더 얇고 균열도 가 있다. 두껍고 견고한 다년빙multiyear ice은 남아 있는 해빙의 1퍼센트에 불과하다. 또한 허드슨만 인근 계절성 해빙 지역에서 얼음이 얼지 않는 기간은 해가 갈수록 길어지고 있다. 이르면 2035년 북극 전역에서 여름 해빙이 완전히 사라질 수도 있다는 관측이 나온다.[41]

북극의 해빙은 산림의 토양과 같다. 북극 해양생물의 순환은 얼음에 좌우된다. 동물성 플랑크톤과 조류는 이끼나 지의류처럼 해빙 밑면에서 무성하게 자란다. 수백만 마리의 극지대구polar cod는 이 뒤집힌 식탁을 찾아 야금야금 먹이를 먹는다. 배고픈 바다표범은 물고기를 잡아먹고 산다. 그리고 북극곰은 겨울과 봄이면 살진 바다표범이 고개를 내밀기를 기다리며 숨구멍 곁을 몇 시간씩 지킨다. 바다표범이 마침내 모습을 드러내면 입을 확 낚아채서 무력하게 늘어진 몸을 얼음판 위로 끌어 올

제3부
북아메리카

린 뒤 지방만 골라먹기 위해 내장이 다 드러나도록 살을 갈기 갈기 찢으며 하얀 풍경에 피투성이 현장을 만든다. 무게가 보통 70킬로그램가량 되는 성체 바다표범 한 마리면 8일을 먹지 않고 버틸 수 있을 만큼 충분한 열량을 얻는다.

하지만 해빙이 없으면 북극곰은 사냥을 제대로 할 수 없다.[42] 캐나다 북극권high arctic에서는 한때 얼음 바다에서 평생을 살았던 곰들이 해빙이 녹으면서 여름철이면 해안으로 내몰리는 일이 점점 늘어나고 있다. 흰기러기, 솜털오리, 새알, 산딸기류, 다시마처럼 육지에서 구할 수 있는 먹이는 곰들을 무한정 먹여 살리기에 턱없이 부족하다.[43] 북극곰들이 단식의 달인이라고는 하나 결국 나중에는 생존율이 떨어지는 시점에 도달할 것이다. 과학자들은 허드슨만 서부에 사는 수곰의 단식 기간을 약 210일 또는 약 7개월째에 접어드는 시점까지라고 본다.[44] (암곰은 먹이를 먹지 않고 더 오래 버틸 수 있다.) 40년 전 이 지역 곰들이 해안에서 머문 기간은 120일이었다. 당시 굶어 죽는 성체 수곰은 3퍼센트도 되지 않았고 대부분은 전성기를 지난 늙은 곰이었다. 최근 연구 결과에 따르면 얼음이 얼지 않는 기간이 210일로 늘어날 경우 전체 성체 수곰의 3분의 1에서 2분의 1가량이 굶어 죽을 수 있다고 한다.[45]

터무니없는 시나리오가 아니다. 허드슨만 서부의 겨울 해빙은 이미 과거에 비해 1주 빨리 부서지고 2주 늦게 형성되고 있다.[46] 성체 곰들이 육지에서 보내는 기간이 3~4주 더 늘어났다는 뜻이다. 2015년 북극곰들은 약 177일 간 단식했는데,[47] 이런 극단적인 식생활은 개체수에 악영향을 미쳤다. 북극곰 개체수는 1987년 이래 50퍼센트가량이 줄었으며 2016년 이후 감소율만 약 27퍼센트에 이른다.[48] 인근 허드슨만 남부의 개체수는 불과 5년 만에 943마리에서 780마리로 감소했다.[49] 남부 지방의 다른 개체군들 역시 마찬가지로 곤경에 빠져 있다. 2021년 미국어류및야생동물관리국은 북극해 일부를 이루는 알래스카 보퍼트해 남부 해역의 개체수가 2010년 이래 1,526마리에서 겨우 780마리로 50퍼센트 가까이 감소했다고 발표했다.[50]

토론토대학교 스카버러캠퍼스의 생태학자 페테르 몰나르 Péter Molnár와 국제북극곰협회 과학자들은 북극곰 개체군들이 임계 생리 한계critical physiological limit*에 이를 것으로 예상되는 시점을 최근 연표로 정리했다.[51] 연표에 따르면 전 세계 북극곰 개체군의 일부가 이르면 2040년부터 번식 장애를 겪기 시작할 가능성이 '매우 높다.' 2080년이면 알래스카와 러시아에 서식하는 북극곰의 상당수가 심각한 상황에 놓일 것이다. 온실가스 감축을 위해 인위적인 조치를 취하지 않는다면 북극곰은 이번 세기말이 지나면 캐나다 북극제도 최북단에 위치한 섬의

---

* 기온 등 환경 요인의 변화로 정상적인 생리 작용이 어려워지는 상태를 말한다.

제3부
북아메리카

무리인 퀸엘리자베스제도에만 남게 될 것이다. 온실가스 배출량을 감축한다고 해도 일부 개체군은 여전히 세기말이 되기 전에 절멸할 것이다. "중요하게 강조할 점은 이 추정치도 보수적인 편에 들 것이라는 겁니다." 국제북극곰협회 수석 과학자인 스티븐 앰스트럽Steven Amstrup이 자신들이 개발한 예측 모델은 곰들이 단식에 들어가는 시점의 신체 상태를 실제보다 더 양호하게 가정하고 있을지도 모른다는 설명과 함께 말했다. "우리가 예상하는 영향은 아마 훨씬 더 빠르게 나타날지도 몰라요."

처칠에서는 아무도 문을 잠그지 않는다. 칙칙한 회색과 파란색으로 칠해진 조립식 주택들은 돌아다니는 북극곰을 운 나쁘게 마주친 사람이 긴급히 피신해야 할 때를 대비해 현관문이 늘 열려 있다. 보아하니 도둑보다는 곰이 더 큰 걱정거리인 듯하다. 녹슨 픽업트럭과 차도 마찬가지다. 하나같이 문이 열려 있다. "그냥 늘 경계하는 거죠. 전 외출할 때마다 작은 권총을 챙겨요. 곰들이 현관 앞까지 들이닥친 적도 있었거든요." 처칠에서 오래 산 주민이자 현지에서 헬리콥터 운항관리사로 일하는 존 브라우너Joan Brauner가 말했다. 처칠에 있는 식당들은 손님들이 가게를 나서기 전에 볼 수 있도록 '양옆을 살피세요'라는 안내 문구를 붙여두었다. 차가 아니라 곰을 조심하라는 뜻이다.

처칠의 가장자리는 관광객들과 고등학교 졸업반 학생들이 조잡한 낙서를 남겨놓은 선캄브리아기 바위로 둘려 있기도 하지만 보행자의 접근을 경고하는 파랗고 하얀 사각형 표지판으로 에워싸여 있기도 하다. 북극곰들이 한창 이동하는 시기에 눈 덮인 마을 거리를 활보하는 사람은 많지 않다. 주민들은 거의 모든 활동을 차에 의지한다. 툰드라에 동이 트면 무장한 경찰관들이 출근과 등교가 시작되기 전에 순찰차를 타고 마을을 돌며 골목에 숨어 있는 곰이 없는지 살핀다. 매일 밤 10시면 공습경보가 울린다.[52] 전시의 유물인 경보가 북극곰을 피하기 위한 자발적 통금 시간을 알리는 용도로 바뀌어 활용되고 있다.

사람들은 대개 과학적 목적보다 병적인 호기심을 충족할 목적으로 곰의 공격성을 여러 방식으로 적나라하게 묘사해왔다. 느림보곰은 매년 사람을 가장 많이 죽이기 때문에 전 세계에서 가장 치명적인 곰으로 여겨지기도 한다. 사람이 살지 않는 캐나다와 러시아 북부 산림에 주로 서식하는 불곰은 매년 약 여섯 명의 사람을 죽이며, 위협으로 감지했던 대상이 항복하면 보통은 공세를 늦춘다. 북극곰은 사람을 죽이는 일이 더욱더 드물어서 150년 동안 일으킨 사망 사고가 손에 꼽을 정도다. 하지만 북극곰이 막상 42개나 되는 톱니 모양 이빨과 폭이 30센티미터에 이르는 정찬용 접시만 한 발로 공격을 가하면 살아남을 사람은 거의 없다. 불곰에게 공격받아 사망한 사람의 비율은 14퍼센트지만 북극곰의 경우 그 비율이 거의 두 배에 이른다.[53]

20세기 북아메리카에서 북극곰의 공격으로 사망했다고 기록된 사건 중 몇몇은 동물원에서 일어났다. 정신 질환이 있거나 약에 취한 남성이 곰 사육장에 뛰어들어 벌어진 참사였다.[54] 일례로 1976년에는 정신 병력이 있던 마흔세 살의 남성 라피엣 허버트Lafayette Herbert가 볼티모어의 매릴랜드동물원 Maryland Zoo in Baltimore의 곰사 울타리를 넘었다가 모Moe, 몰리 Mollie, 틸리Tillie라는 이름의 북극곰 세 마리에게 물어뜯겨 숨지는 일이 있었다.[55, 56] 경찰관들이 최루탄으로 곰들의 접근을 막으며 갈기갈기 찢긴 시신을 쇠갈퀴로 수습하는 데만 세 시간이 걸렸다. 동물원이 아닌 곳에서 발생한 사고로는 랭킨만 근처에서 사망한 해티 애밋낙Hattie Amitnak의 사례를 들 수 있다.[57] 그는 허드슨만 야영지에서 이미 두 사람을 해친 북극곰의 주의를 돌려보려다가 변을 당했다. 그리고 매니토바주 처칠에서도 두 번의 사고가 일어났다.

1968년 열아홉 살의 이누이트족 남성 폴로지 미코Paulosie Meeko는 처칠 근처 툰드라에서 곰을 마주쳤다.[58] 곰은 뛰어올라 그를 잡아챈 뒤 발톱으로 목을 그었다. 곰은 이후 현장에 도착한 경찰에게 사살되었다. 15년 뒤인 1983년 11월 마흔여섯 살의 남성 토미 무타넨Tommy Mutanen은 까맣게 불탄 처칠 모텔이란 건물에 몰래 들어가 불길이 휩쓸고 간 실내에 남아 있는 물건 들을 뒤지고 있었다.[59] 그는 여전히 멀쩡한 고기 저장고를 발견 하고는 파카 주머니를 생고기로 채우기 시작했다.[60] 그다음에 무슨 일이 일어났는지는 주민들도 정확히 알지 못했지만, 무타 넨은 주방에서였든 거리에서였든 북극곰의 습격을 받고 두개 골을 물린 채로 눈더미 위를 지나 근처 가게 문 앞까지 끌려 나 왔다. 사람들은 손에 잡히는 대로 물건을 집어던지며 곰의 입 에서 무타넨을 빼내려 했고 나중에는 한 남성이 북극곰을 향 해 총을 쏴 무타넨의 몸 위로 쓰러뜨렸다.[61] 하지만 이미 너무 늦은 뒤였다. 현지 언론은 마을 주민들이 재빠르게 "덧문을 닫 고 집 안에 머무르며 또 있을지 모를 북극곰 공격에 대비했다" 라고 보도했다.[62] 두 사건의 관계자들은 모두 허드슨만의 해빙 감소를 공격의 원인으로 지목했다.

굶주린 북극곰 수백 마리가 얼음 가장자리로 이동하는 바 로 그 길목에 처칠이 놓이게 된 것은 꽤 불운한 일이다. 처칠강 의 담수와 만의 해수가 합류하는 지점에서 가까운 처칠은 원 래 17세기 북아메리카 모피 무역을 위해 설립된 영국 거대 기 업 허드슨만 회사Hudson's Bay Company가 무역 거점으로 삼으려고 조사한 곳이었다. 이곳은 대서양과 연결되어 있어 북방림에서 수확한 모피를 유럽으로 다시 실어 보내기에 더할 나위 없이

제3부
북아메리카

좋은 입지였다. 북극곰의 먹이가 될 수도 있다는 위험을 무릅쓸 만큼 이윤이 컸던 것이 분명하다. 1682~1990년 처칠과 인근 요크 팩토리york factory에서 실려 나간 북극곰 가죽은 4,093개나 되었다.[63]

사냥이 과도하게 이루어지면서 모피 무역은 1800년대 후반 쇠퇴의 길을 걸었지만, 처칠은 제2차 세계대전 때는 미 공군 기지로, 이후에는 북극곰을 활용한 관광 중심지로 변모하며 시대에 발맞추어 왔다. 바닷속 철장 안에서 백상아리를 구경하는 철장 다이빙이 그렇듯 치명적인 거대 동물을 가까이서 관찰하는 경험이 주는 위험에는 거부할 수 없는 매력이 있었다. 오늘날 처칠에는 연중 약 900명의 사람이 살고 있다. 이들 대부분은 관광업 종사자로 호텔 매니저나 요리사, 버기 가이드, 개썰매 조종수, 오로라 전문 가이드, 기념품점 계산원 등으로 일한다.

에린 그린Erin Greene은 요가 강습을 하지 않을 때면 켈시대로 끝에 있는 피프티 에이트 노스Fifty Eight North라는 기념품점에서 계산대를 보며 툰드라 버기를 타러 온 관광객들에게 자질구레한 곰 장식품을 판매한다. 내가 어느 저녁 그를 만난 것도 이 가게에서였다. 가게 안을 메운 관광객들은 북극곰 티셔츠와 곰 똥이라는 라벨이 붙은 초콜릿을 구경하고 있었다. 부분 염색한 갈색 머리에 겨자색 털모자를 눌러쓴 그는 편안한 분위기를 풍겼지만, 커다란 갈색 눈에는 긴장이 어려 있었다. 그는 친구의 숙모와 삼촌이 처칠에서 운영하는 집시네Gypsy's라는 빵집에서 서빙 일을 하려고 2013년 여름 몬트리올에서 이사를 왔다고 했다.[64] 처음에는 얼마나 오래 이곳에 머물지 확신할 수 없었으나 여름에서 가을로 계절이 바뀌던 무렵 좀 더 있어 보기로 마음먹었다. 곧 그의 인생을 평생 좌우하게 될 결정이었다.

2013년 11월 1일 새벽 그는 밤늦게까지 이어진 핼러윈 파티를 마치고 친구 두 명과 함께 집으로 걸어가고 있었다.[65] 처칠에서 핼러윈은 복잡한 행사다.[66] 공교롭게도 북극곰들이 매년 이동하는 기간의 한중간에 치루어지기 때문이다. 그래서 해가 지기 전 헬리콥터들이 마을을 몰래 돌아다니는 곰이 없는지 살피고 안전을 점검한 뒤에야 아이들은 과자를 얻으러 동네를 돌아다닐 수 있다. 악귀와 도깨비로 분장한 아이들이 집집이 문을 두드리며 투시롤 사탕과 스니커즈 초코바를 달라고 조르는 동안에는(처칠 거리에서 무서워해야 할 것이 괴물이라도 되는 양 말이다) 왕립 캐나다 기마 경찰과 소방대, 지역 전력 회사에서 나온 자원 활동가들이 차를 타고 마을을 순찰한다. 그린이 파티 장소를 빠져나왔을 때는 새벽 5시에 가까운 시간이었다. 통금 경보가 울린 지 오래였고 순찰팀은 집에 돌아가고 없었다. 거리에는 새벽어둠을 밝혀줄 호박 초롱 불빛 하나 남아 있지 않았다. 눈 덮인 길을 조용히 걷던 그와 친구들은 귀신 같은 하

제3부
북아메리카

얀 형체가 골목에서 돌진해오는 것을 발견했다. 셋은 있는 힘껏 내달렸지만 역부족이었다. 전속력으로 시속 40킬로미터까지 달릴 수 있는 북극곰은 당시 서른 살이던 그린을 몇 초 만에 따라잡은 뒤 머리에 이빨을 찔러넣었다.

그린은 북극곰이 공격해오면 어떻게 행동해야 할지 생각해본 적이 종종 있었다.[67] 처칠 곳곳에 붙은 경고 표지판을 볼 때도 그랬고 악몽을 꿀 때도 그랬다.[68] 하지만 실제로 그 일이 일어나고 있었다. 곰이 까만 눈을 그에게 고정했을 때 그는 곰이 자신을 선택하리라는 것을 직감했다.[69] 그는 마을 거리 한복판에서 세계 최고 포식자의 입에 붙들려 있었다. 그린은 하릴없이 팔다리를 버둥거리며 주먹으로 곰을 연거푸 때렸다. 곰의 입에서 잠시 풀려났을 때 그는 곰이 머리 대신 팔다리를 공격해주길 바라며 팔로 얼굴을 가려보려 했다.[70] 곰은 다시 이빨을 드러내더니 이번에는 어깨를 물어 그린을 들어 올리고는 봉제 인형처럼 휘휘 흔들어댔다. 따뜻한 피가 얼굴을 타고 흘러내렸다. 그는 친구들을 향해 비명을 질렀지만 정작 귀에 들리는 것은 곰이 살을 물어뜯는 소리뿐이었다.

같은 시간, 정수 시설 운영 관리사로 일하다 퇴직한 빌 에이욧Bill Ayotte은 이미 기상해 TV 앞 안락의자에 몸을 묻고 있다가 근처에서 나는 소란스러운 소리를 들었다.[71] 새벽잠이 없는 예순아홉의 이 남성은 잠옷 바지와 스웨터, 슬리퍼만 걸친 차림으로 집 밖으로 달려 나갔고,[72] 북극곰이 여자를 입에 물고 "이리저리 흔들어대는" 광경을 목격했다.[73] 에이윳은 여자가 곧 죽을까 봐 걱정스러운 마음에 현관에 있던 눈삽을 반사적으로 집어 들고 곰이 눈을 돌릴 때까지 머리를 겨냥해 내리쳤다. 곰은 피투성이가 된 그린의 몸을 떨구고 에이윳의 왼쪽 다리 뒤쪽으로 달려들었다. 억센 이빨이 잠옷을 뚫고 무릎 뒤 살을 파고들었다.[74] 그린은 그사이 비틀거리며 인가로 뛰어가 도움을 청했다. 곰은 이제 에이윳에게 분노를 발산하며 귀 연골을 잡아 뜯고 있었다. 이 소리는 동네 사람들을 모두 깨웠다. 사람들은 양말과 잠옷 차림으로 뛰쳐나와 소리를 지르고 신발을 던지며 에이윳을 향한 잔인한 공격을 어떻게든 멈춰보려 했다.[75] 하지만 소용없었다. 상황 판단이 빨랐던 이웃 한 명이 트럭에 올라타 곰의 까만 눈에 헤드라이트를 비추고 경적을 울리며 돌진하자 곰은 그제야 에이윳을 내려놓고 덤불 속으로 달아났다.[76]

그린은 공격이 영영 끝나지 않을 것처럼 느껴졌다고 당시를 회상했다. 하지만 실제로는 고작 몇 분 만에 일어난 일이었다.[77] 곰이 마침내 공격을 멈췄을 때 그의 두피는 한쪽이 찢겨 있는 상태였다. 무릎은 살이 벌어질 정도로 깊이 베었고 동맥은 세 개나 끊겨 있었다. 에이윳의 귀도 뜯겨 나갔다. 이후 관계자들이 곰을 사살했지만, 평소 마을을 서성대는 북극곰이 얼마나 많은지 보여주기라도 하듯 처음에는 엉뚱한 곰을 쏘기도 했다.[78] 만

제3부
북아메리카

신창이가 된 두 사람은 항공기에 실려 매니토바주 위니펙에 있는 병원으로 이송되었다. 그린은 머리에 의료용 스테이플러를 스물여덟 군데나 박고 수혈도 여러 차례 받았다.[79] 에이욧은 귀를 다시 붙이는 성형수술을 받았다. 오늘날 그린과 에이욧은 북극곰에게 공격받고도 살아남은 매우 한정된 소수의 집단에 속한다.

"예전에도 곰이 대단하다고 생각했어요. 이제는 경외감이 훨씬 더 커졌죠. 먹잇감이 된다는 게, 목숨을 지키려고 싸워야 한다는 게 어떤 건지 아니까요." 그린은 사고 뒤에 처칠을 떠나 몬트리올로 돌아갔다. 하지만 대도시에 있으니 지난 경험이 비현실적으로 다가와 생각을 정리하는 일이 더욱 어려워졌다고 털어놓았다. 상처는 아물었지만 마음은 그렇지 못했다. "몬트리올로 돌아갔을 때 어떤 거리감이 느껴졌어요. 그곳 사람들은 제가 겪은 일을 이해하지 못했죠." 그는 고립감에 휩싸였다. 결국 자신의 트라우마에 공감해주고 사고 뒤에 힘이 되어준 사람들 곁에 있기 위해 북쪽으로 돌아가기로 결심했다. "여기에 있는 것만으로도 마음이 어느 정도 치유되었어요."

그가 자신을 공격했던 동물을 본떠 만든 수백 개의 물건에 둘러싸여 일과를 보낸다는 사실은 다소 아이러니하고 조금은 꺼림칙하기까지 했다. 진열대에 놓인 물건들은 인형, 자석, 장신구, 초콜릿 할 것 없이 새까만 눈으로 우리를 쳐다보고 있었다.

하지만 그는 신경이 쓰이지 않는 듯했다. "처음에는 뭘 봐도 무섭긴 했어요. 하지만 곰한테 악감정은 없습니다. 그 곰은 그냥 곰이 하는 행동을 했을 뿐이에요." 그래도 그가 몇 달밖에 살지 않았던 처칠에 굳이 머무르려 하는 이유를 이해하지 못하는 사람이 대부분이었다. "아무래도 그런 성격이 따로 있나 봐요." 그가 계산대에 팔꿈치를 기대며 말했다. "이상하게 생각할지도 모르지만 사람보다는 곰한테 공격당하는 편이 차라리 낫달까요." 포스기 옆으로는 니들 펠트로 만든 북극곰 장식품이 가득 든 작은 마분지 상자가 보였다. 페루 케추아족 여인들이 만든 것들로 가게에서 판매할 수 있게끔 그린이 직접 주선했다고 했다. 수익금은 안데스 안경곰 연구 기금을 조성하는 일에 쓰일 목적이었다. 그린은 이것을 긍정적 측면으로 보았다. "사고를 당하기 전에는 이런 곰이 있는지도 몰랐어요. 북극곰 덕분에 이제는 페루에 있는 곰도 알게 되었죠!"

그린이 당했던 것과 같은 공격은 북극이 녹아내리면서 더 높은 빈도로 일어나고 있다. 최근 생물학자들은 북극곰을 충돌로 몰고 갔던 원인을 파악하기 위해 지난 145년 동안 북극곰이 사람을 공격했던 사건 기록을 모두 정리해 분석했다.[80] 현장 기지에 침입하거나 마을에서 문제를 일으킬 때가 잦은 가해자는 굶주린 성체 수곰인 경우가 가장 많았다. 1960~2009년 환북극 지역에서 일어난 북극곰 공격 건수는 47건이었다(다시 말

제3부
북아메리카

하지만, 피해자가 사망에 이르는 일은 드물었다).[81] 우려스러운 실상은 최근 10년 치 자료에서 드러났다. 북극의 많은 지역에서 해빙 면적이 사상 최저치에 도달했던 2010~2014년 북극곰이 사람을 공격한 것은 총 15건으로, 4년 만에 역대 최대치를 기록했다. 게다가 2000년 이후 북극곰 공격은 대부분 해빙이 거의 없거나 얇은 7~12월 사이에 발생하고 있었다. "곰 관련 신고가 정말 많이 늘어났습니다. 역사적으로 곰이 발견된 적이 없는 곳에 곰이 나타났다는 보고도 많이 들어오고 있고요."[82] 연구에 참여한 곰 생물학자 중 한 명이 말을 덧붙였다. "설상가상으로 해빙 소실 때문에 해운과 관광, 연구, 산업 활동이 늘어나면서 북극을 찾는 사람이 많아지고 있어요. 인간과 곰이 충돌하기 쉬운 최악의 상황이 만들어지고 있는 거죠." 처칠의 북극곰들이 얼음이 돌아오기를 기다리며 해안에서 보내는 기간은 1980년대에 비해 약 한 달이 더 길어졌다. 먹이 없이 보내는 시간도, 문제를 일으킬 시간도 한 달이나 길어진 것이다. 그린과 에이웃 같은 이들은 북극곰으로부터만 피해를 입은 것이 아니었다. 그들도 기후 변화의 피해자였다.

헬리콥터가 지평선 위로 낮게 날며 바위투성이의 허드슨만 해안을 불과 몇 미터 위에서 맴돌았다. 나는 형광 주황색 방한복을 입은 수염 난 남자가 조종사를 향해 팔을 흔들며 일련의 수신호를 보내는 모습을 지켜보았다. 조종사는 남자의 암호화된 지시를 해독할 수 있을 만큼 가까이에 있는 것이 분명했다. 헬기는 공격에 나선 말벌처럼 지면으로 돌진하더니 바위 사이에 숨어 있던 하얀 털투성이를 찾아냈다. 눈처럼 하얀 형체는 당황한 듯 필사적으로 도망치며 만 바깥쪽 가장자리의 얇은 얼음층을 향해 내달렸다. 그러고는 얼지 않은 바닷물 속으로 풍덩 뛰어들었다. 머리 위에서는 금속 기계가 윙윙 소리를 내며 위협적으로 날았다.

나는 위니펙에서 전세기를 타고 처칠에 도착한 지 한 시간도 안 되어 벌써 곰 한 마리를 만났다. 지난번 처칠에서 변을 보던 암곰 말고는 북극곰을 한 마리도 찾아내지 못했을 때 이 툰드라 마을로 돌아와야 한다는 것을 직감했다. 이번에는 실패할 위험을 줄이기 위해 3주 일찍 북쪽으로 떠나왔다. 핼러윈 전에 도착하면 이동을 시작한 북극곰들이 만으로 떠나기 전에 그들을 만나볼 수 있었다. 그렇게 국가 사적지인 메리곶cape merry으로 향하던 길에 근처 해양 관측소 건설 현장을 지나다가 길가에 세워진 환경 보호관의 트럭을 우연히 발견했다. 그리고 이내 헬기 소리를 들었다.

요지부동인 북극곰을 움직이는 일은 어려울 수 있다. 회색

제3부
북아메리카

곰은 훈련된 개들을 풀어놓으면 되고 흑곰은 취사도구가 달그락거리는 소리를 들으면 나무에서 내려오지 않는다지만, 북극곰은 대개 강력한 수단이 필요하다. 헬리콥터, 고무탄을 장전한 라이플, 설상차, 조명탄 같은 것들 말이다. 그날 해안가를 순찰하던 환경 보호관 여섯 명이 맞닥뜨린 곰은 그해 초 엄마 곁을 떠난 두 살배기 수곰이었다. 어린 수곰은 영역과 짝짓기 상대를 지키고자 공세를 취하는 더 큰 성체 수곰들을 피해 다니며 곰의 세계에서 자신의 자리를 여전히 찾아가는 중이었다.

하지만 어린 곰이 고른 피신처에는 문제가 있었다. 이곳은 야생동물 관리인들이 마을 주변 다음으로 최우선 대응구역으로 지정한 지역 내에 있었고 그만큼 마을과 매우 가까웠다. 이곳에서 처칠 중심가까지는 3킬로미터도 채 되지 않았다. 이 곰이라면 5분 만에 이동할 수 있는 거리였다. 게다가 해양 관측소 건설 현장에는 인부들이 이미 나와 일을 하고 있었다. 라이플을 어깨에 메고 헬리콥터를 지휘하는 수염 난 남자는 이들이 사적으로 고용한 곰 경비 요원이었는데, 그가 곰을 발견하자마자 마을의 24시 북극곰 신고 번호로 전화를 했던 것이다.[83] (환경 보호관들은 곰이 마을 주변을 돌아다닌다는 신고를 매년 300건까지 받는다.)

나는 헬리콥터가 다시 급강하하는 모습을 쌍안경으로 지켜보았다. 고집스러운 곰이 다시 나타나 만으로 돌아갈지 두꺼운 얼음으로 덮인 가까운 처칠강으로 직행할지 망설이고 있었다. 곰이 주저하는 사이 바위 뒤에서 눈덧신토끼snowshoe hare가 튀어나와 깡충깡충 달아났다. 곰 경비 요원은 마을에서 멀어지는 방향인 강 쪽으로 곰을 몰려고 연속으로 조명탄을 쐈다. 운이 좋아 도망에 성공할지라도 곰은 이 불쾌한 경험을 기억하고 인간과 영원히 관련지어 생각하게 될 것이었다. 헬기는 또다시 방향을 틀어 곰을 괴롭혔다. 혼란스러운 상황이었지만 그 안에는 나름의 체계가 있었다. 주민 한 명당 북극곰 한 마리꼴인 처칠에서 두 종이 공존하기 위해서는 이런 방법이 필요했다.

처칠의 북극곰 경계 프로그램polar bear alert program을 운영하는 본부는 마을의 유일한 은행과 우체국이 있는 각진 연녹색 건물에 자리 잡고 있다. 우체국에서는 관광객들이 출입국 심사를 받을 때 '세계 북극곰의 수도'에 가보았다며 자랑할 수 있는 도장을 여권에 찍어주기도 한다. 나는 전날 메리곶에 나와 있던 환경 보호관 한 명과 북극곰 관리에 관한 이야기를 나누기 위해 약속을 잡아놓은 상태였다. 아직 한낮이고 내가 묵는 호텔에서 본부 사무실까지는 몇 블록뿐이니 걸어가도 안전하겠다 싶었다.

제3부
북아메리카

나는 갓 내린 눈이 부츠 아래에서 뽀드득거리는 소리를 들으며 수박 한 통에 20달러가 넘는 가격이 붙어 있는 노던 스토어라는 슈퍼마켓과 시포트 호텔을 지나쳤고 2018년 화재로 전소된 집시네 빵집의 까맣게 탄 잔해와 철물점을 지나 격자 모양으로 뻗은 주택가로 들어섰다.[84] 1970년대 사회주택을 연상시키는 아파트 건물들은 옆면마다 8미터에 이르는 기하학적이고 기발한 북극곰 벽화가 그려져 있었다. 털이 덥수룩한 은여우 한 마리가 영구동토 위로 간격을 띄워 지은 오두막집 아래에 굴을 짓고 사는 모습도 보였다. 나는 불안한 마음에 저 멀리 어두운 만 쪽을 힐끗 살폈다. 쾌청한 쪽빛 하늘이 물이끼로 뒤덮인 습원의 비밀을 감추고 있었다. 움직이는 하얀 형체는 곰일 수도 눈더미 위로 몰아치는 바람일 수도 있었다. 파카 모자에 달린 털 때문에 주변 시야가 좁았고 들려오는 소리도 작았다. 문득 공포가 엄습했다. 거리는 텅 비어 있었다. 흉포한 곰에게 나는 손쉬운 먹잇감이었다. 두려움에 걸음을 재촉했다.

내가 성한 몸으로 무사히 사무실에 도착했을 때 앤드루 스클라룩Andrew Szklaruk은 픽업트럭을 막 세우고 있던 참이었다. 중년의 나이인 그는 흰 피부에 숱이 줄어든 연한 적갈색 머리를 하고 있었다. 나는 그가 이끄는 대로 건물 안으로 들어가 다른 보호관들이 몸을 녹이고 있는 휴게실 뒤편의 작은 회의실로 향했다. 벽을 따라 늘어선 유리 진열장에는 지난 관리 체제의 흔적인 다리 올무와 총, 진정제 따위가 전시되어 있었다. 북극곰 경계 프로그램은 처칠의 가장 대담한 북극곰들을 처리하기 위한 정부 조직이다. 보통은 보호관 여섯 명이 한 팀을 이루는데 올해는 인원이 부족하다고 했다. 그래서 매니토바주 북부의 다른 지구에서 근무하던 스클라룩이 이번 철에 팀을 이끌 사람으로 파견된 것이었다. "어제 곰은 어떻게 되었죠? 감옥에 갔나요?" 여기에서 감옥은 정부가 운영하는 북극곰 수용 시설 D-20을 말했다. 툰드라에 세워진 과거 군용기 격납고를 개조해 만든 이 시설은 1980년 초 개소했으며,[85] 당시에는 문제를 일으킨 곰들을 해빙이 얼 때까지 수용할 수 있는 감방 20개가 있었다. "아뇨, 어제는 잡아 가둔 곰이 없었어요. 하지만 정말 바쁜 날이었죠." 스클라룩이 대답했다. "올해 들어서 제일 바빴어요. 그 전날 밤에 신고 전화를 다섯 통 받았거든요. 마을에 들어온 곰이 세 마리나 있어서 쫓아내느라 자정부터 아침 8시까지 깨어 있었죠. 그중 하나가 돌아오는 바람에 헬리콥터를 동원해야 했던 거고요." 그는 곰이 마침내 완전히 떠나기까지는 그 뒤로도 세 시간이 더 걸렸다고 했다.

북극곰 경계 프로그램이 1960년대에 북극곰 통제 프로그램이라는 이름으로 처음 설립되었을 당시에는 마을 쓰레기장에서 배를 채우려고 처칠로 들어오는 대부분 곰을 사살할 수 있는 권한이 있었다.[86, 87] (북극곰은 남쪽 지방에 사는 친척과 마찬가지로 질 좋은 쓰레기 매립지의 진가를 알아본다.) 이 해결책을 두고 여론이 악화하자 프로그램은 곰을 살상하지 않으면서 대처하는 방향으로 서서히 진화했다. 그러면서 북극곰 감옥도 생겨났다. "아마 한 해 걸러 한 번은 감방이 꽉 차는 것 같아요." 스클라룩이 회의실 테이블에 놓인 통계 자료 뭉치를 뒤적이며 설명했다. 그는 회전의자에 앉아 무심히 몸을 좌우로 돌렸는데, 그럴 때마다 커다란 북극곰 가죽이 걸려 있는 뒤쪽 벽이 눈에 들어왔다. 가죽에 붙어 있는 곰의 머리를 보지 않고는 그를 보기가 어려웠다. 스클라룩은 북극곰 감옥이 개소한 이래 수용한 곰이 2,300마리가 넘는다고 말을 이었다.[88] 이후로 더 많은 곰이 들어올 수 있게 감방 여덟 개를 증설했으며 그중 다섯 개에는 나날이 더워지는 처칠의 기후를 견딜 수 있게 도와주려고 냉방장치를 설치했다고 했다.[89] "곰이 얼마나 많이 나타날지 알 길이 없어서 감방을 다 채우지는 않으려고 해요." 곰들은 감금되는 동안 깨끗한 대팻밥을 깐 잠자리와 식수를 제공받지만 먹이는 예외다.[90] 인간과 먹이를 연관시켜 생각하지 않도록 하기 위해서였다. 게다가 곰들은 어차피 단식 중이기도 했다.

북극곰 감옥은 저널리스트의 출입을 허용하지 않는다. 아무리 사정해도 기껏해야 정부가 배포한 시설 소개 영상과 자주 하는 질문과 답변을 정리한 자료집을 받아볼 수 있는 정도다. (다 경험에서 나오는 말이다.) 자료집에는 이를테면 이런 질문이 실려 있다. "감방은 어떤 자재로 만들어졌나요?"[91] 아래에는 흥미진진한 대답이 이어진다. "벽은 철근 콘크리트 블록 벽돌로, 천장과 문은 철창살로 되어 있습니다. 바닥은 콘크리트이며 배수 홈통이 내장되어 있습니다."[92] 내가 영상을 돌려보고 반원형 격납고 건물을 길가에서 간절한 눈빛으로 바라보며(커다란 북극곰이 잠자는 모습이 반원형 벽을 꽉 채워 그려져 있다) 알아낸 내용에 따르면 감옥 내부는 동굴 같은 마구간의 모습을 하고 있다. 곰들은 포획된 시점에 따라 며칠 만에 풀려나기도 하고 몇 주씩 갇혀 있기도 했다. 북극곰 경계 프로그램 팀은 얼음이 얼기 직전 처칠에서 북쪽으로 80킬로미터가량 떨어진 곳까지 진정제를 맞은 북극곰들을 헬리콥터로 수송한 뒤 허드슨만에 얼기 시작한 해빙 가장자리에 풀어준다.[93] 풀려난 곰은 모두 어깨 혹에 초록색 가축 마커로 표시가 되어 있다. 현지 주민들은 종종 핫초코를 들고나와서 겨울을 보내기 위해 떠나는 곰들에게 손을 흔들며 배웅한다. 스클라룩은 "이동 기간마다 처리하는 곰이 보통 30~50마리 정도" 된다고 했다(처리란 누구라도 곰과 물리적으로 접촉했다는 뜻이다). 하지만 몇십 년 전과 달리 곰을 죽이는 일은 드물었다. 처칠에서 인간과 곰의 충돌은 1970년에서 2004년 사이 증가했으나, 1999년 이후로는 충돌이 여전히 증가하고 있다고 볼 만한 뚜렷한 추세가 나타나지

제3부
북아메리카

않았다.[94] 여기에는 몇 가지 요인이 있었다. 첫째로 곰을 마을로 끌어들이던 쓰레기 처리장이 2006년 폐쇄되었다.[95] 둘째로 북극곰 개체수가 상당히 감소했다. 마지막으로 야생동물 관리 전략이 개선되었다. 처칠은 헬리콥터를 동원하는 등 조기 개입을 통해 대부분 곰보다 한 발 앞서 충돌에 대처할 수 있었다. 배고픈 곰들이 마을을 배회하고 허드슨만 툰드라가 앞으로 수십 년 안에 야윈 곰들을 위한 난민 수용소가 될 가능성이 높은 상황에서 이렇듯 유리한 고지를 점하는 것은 대단히 중요했다.

툰드라 버기 원 뒤쪽에는 국제북극곰협회 보전 부문 수석 부장인 제프 요크Geoff York가 네모난 안경 너머로 눈을 가늘게 뜬 채 지역 위성 지도를 보여주는 커다란 컴퓨터 모니터를 들여다보고 있었다. 군살 없는 탄탄한 체격의 그는 버기가 예고도 없이 갑자기 앞으로 휘청거릴 때도 균형을 잃지 않았다. 추위에 튼 그의 손가락이 제어 장치 위를 맴돌았다. 여러 색깔의 네모가 지도를 따라 조금씩 움직였다. 근처에 있는 여섯 대가량의 관광용 버기를 나타내는 것이었다. 그가 설명했다. "군에서 쓰던 프로그램을 개조한 거예요. 저희는 '베어더BEARDAR'라

고 부릅니다."⁹⁶

요크는 알래스카 북극곰을 연구하며 대부분 경력을 쌓았지만, 북극곰이 이동하는 철이면 매년 처칠을 찾았다. 그가 최근 집중하고 있는 연구 주제는 인간과 북극곰의 충돌이었다. 145년 동안의 충돌 기록을 정리한 논문을 공동 집필했고, 충돌을 줄이기 위한 국제 조직인 북극곰서식국가충돌연구위원회 Polar Bear Range States Conflict Working Group, CWG의 수장을 지내기도 했다. 요크는 늘 새로운 해결책을 찾아다녔다. 원래 군에서 위협을 감지하기 위해 개발한 일명 베어더라는 신형 레이더 시스템도 그렇게 발견했다. 그는 시스템이 주변 환경에 있는 북극곰을 감지할 수 있게 재교육하고 있었다. 시간이 지나면 시스템은 북극곰을 알아보고 추적하기 시작하며 야생동물 관리인들에게 곰의 위치를 전송하고, 관리인들은 바로 출동해 곰이 더 가까이 오기 전에 겁을 주어 처칠 밖으로 쫓아버릴 수 있게 된다. 현재 이 시스템은 레이더에 감지된 사물은 무엇이든 잡아내는 카메라와 함께 툰드라에 세워진 고급 관광호텔인 툰드라 버기 로지 지붕에 설치되어 있었다.

요크는 여우나 곰, 관광용 버기처럼 툰드라에서 흔히 볼 수 있는 대상을 식별하도록 시스템을 훈련하고 있었다. 시스템은 순록과 더 작은 동물들을 구분하는 데는 다소 어려움을 겪고 있었지만 "사실 순록에 관한 오경보는 크게 걱정할 일이 아니

제3부
북아메리카

었다." 레이더가 처칠 주민센터에 설치되어 있었을 때는 사람과 설상차, 개를 구별하는 법을 배웠다. 이 레이더의 주요 이점은 인식 범위가 396미터에 이른다는 것이다. "맨눈으로 9미터까지밖에 보지 못한다면 곰을 놓치고 말 겁니다." 요크가 설명했다. 레이더 시스템은 눈과 어둠, 바람을 모두 뚫을 수 있었다. 요크의 팀은 시스템을 조작해서 반짝이는 불빛이나 시끄러운 소리로 호기심 많은 곰에게 겁을 주고 근처 보행자들에게 곰의 존재를 알리도록 하는 방안도 구상하고 있었다. 만약 그린이 핼러윈 파티를 마치고 나오던 때에 이런 시스템이 가동되고 있었다면 그는 아무 탈 없이 집에 돌아갈 수 있었을지도 모른다. 곰두 마리도 여전히 살아 있지 않을까.

요크의 장기 목표는 베어더 또는 유사 기술을 다른 북극 지역에도 도입하는 것이다. 처칠이 시작점이 된 이유는 그저 마을을 지나다니는 북극곰이 너무 많기 때문이지 공격해오는 일이 잦아서가 아니었다. 2018년 누나부트준주에서는 남성 두 명이 서로 다른 북극곰에게 공격받아 사망하는 사고가 발생했다.[97] 첫 번째 사고가 있었던 누나부트준주 아바이엇 근처에서는 이후 몇 주 사이 북극곰 다섯 마리가 죽임을 당했고 사체는 수습되지 않고 방치되었다.[98] 현지 사냥꾼들은 정부가 그해 키발리크 지역에 할당한 12개의 태그를 이미 다 소진한 상태였으니 이 곰들은 불법으로 사살된 것이었다.[99] 누나부트준주에서 일어난 사고를 계기로 지역사회에서는 고통과 분노가 용솟음 치듯 터져 나왔다. 이누이트 집단들은 정부에 사냥 규제를 완화하고 할당량을 늘릴 것을 촉구했다.[100] 캐나다의 많은 이누이트 공동체는 북극곰 개체수가 감소하고 있다고 정반대의 주장을 펼치는 서구 과학자들과 갈등을 빚었다. 베어더는 이런 의견 차이를 좁히는 데 도움이 될 것이다. 요크는 아바이엇 같은 지역사회뿐만 아니라 2011년 이래 북극곰 공격으로 인한 사망 사고가 두 번이나 있었던 스발바르제도의 롱위에아르뷔엔도 이런 기술의 혜택을 볼 수 있기를 바란다.[101]

북극곰을 멸종으로부터 구하는 것은 현장에서 할 수 없는 일이다. 베어더는 더 작은 문제를 위한 해결책이다. 요크는 관리 목적의 사살과 보복 사냥의 제한을 통해 북극곰 수십 마리의 생명을 구할 수 있을지는 몰라도 북극곰의 생존을 진정으로 위협하는 요인은 기후 변화라고 말한다. "북극곰의 얼음 서식지는 영원히 사라지고 있어요." 요크가 한숨지었다. 버기 밖으로는 바람이 윙윙 불었다. "우리는 느리게 진행되는 재앙을 목격하고 있는 겁니다." 북극곰을 구하려면 앞으로 10년 안에 해결책의 방향을 전환해야만 하며 이때를 놓치면 너무 늦어지고 말 것이다. 당장 내일 온실가스 배출을 모두 중단한다고 해도 이미 대기 중에 퍼져 있는 온실가스가 씻겨 내려가고 얼음이 역사적 수준으로 회복되기까지는 수십 년이 소요될 것이 분명

제3부
북아메리카

하다. 웅담 유통은 막을 수 있고, 숲은 살리거나 새로 조성하면 되고, 광산은 폐쇄하면 된다. 하지만 북극곰을 구하기 위해 얼음을 지켜내는 일은 우리 모두의 엄청난 노력을 필요로 할 것이다.

그렇다면 북극곰은 앞으로 어떻게 될까?

북극곰은 얼음과 눈으로 만들어진 동물이자 북극을 정의하는 존재다. 이는 우화적 표현이 아니라 어원에 근거한 진실이다. '북극arctic'이라는 단어는 그리스어로 곰을 뜻하는 아르크토스arktos에서 유래했다. 북극곰은 생명의 순환, 즉 어류와 바다표범, 바다코끼리의 주기적 변화를 관장한다. 북극곰이 없다면 먹이사슬은 정점에 이르지 못하고 정체 상태를 유지하다가 결국 무너지고 말 것이다. 포식자가 사라졌다고 해서 피식자가 번성하는 일은 없다. 피식자 역시 얼음과 추위에 의존하기 때문이다.

북극곰은 이번 세기말을 넘겨 살아남을 가능성이 매우 적다. 현재 북극곰은 마지막으로 활발한 모습을 보여주고 있다. 이 세상에서 영영 사라지기 전 마지막으로 북극을 호령하고 있는지도 모른다. 캐나다 북극권을 누비던 위대한 백곰은 머지않아 또다시 도무지 상상할 수 없는 생물이 되어버릴 것이다.

물론 녹아버린 고국을 떠나온 디아스포라diaspora로서 동물원에 남는 북극곰도 있을 것이다. 우리에 갇혀 고개를 앞뒤로 단조롭게 흔드는 곰을 찾은 이들은 지구상에서 가장 위엄 있고 독특하게 적응한 동물들의 얼어붙은 은신처였던 북극의 과거를 절대 알지 못할 것이다. 미래의 북극에 들어서게 될 초고속 해운 항로와 암석 광산이 뿜어내는 휘황찬란한 불빛은 북극의 밤을 가르며 북방성northerness*의 마지막 흔적인 빛과 어둠의 영원한 춤을 위협할 것이다. 그리고 북극곰은 마치 얼음 속에 갇힌 듯 우리의 집단기억 속에 얼어붙은 채 남아 있을 것이다.

그렇지만 북극에서 곰이 사라질 일은 없다. 지구가 온난해지면서 툰드라의 이끼와 지의류는 더 큰 관목으로 대체될 것이다. 북방림은 다른 제약이 없다면 북쪽으로 일제히 이동해 녹은 영구동토로 얽힌 뿌리를 뻗으며 새로운 땅을 정복해나갈 것이다. 낙엽송과 가문비나무는 사라져 가는 툰드라를 제 땅이라고 주장할 것이다. 그러니까 이 나무들이 불타기 전에는 말이다. 그리고 불곰은 수십만 년 전 처음 바닷가로 피신했던 것처럼 녹색으로 변한 길을 따라 극지로 이동할 것이다. 다만

* 《나니아 연대기》의 작가 C. S. 루이스Clive Staples Lewis가 어린 시절 북방 민족의 신화와 문학을 접하며 느꼈던 차갑고 광활하며 아스라한 북방의 이미지와 북방을 향한 동경과 갈망을 표현하기 위해 만들어낸 말이기도 하다.

제3부
북아메리카

이제 얼음과 바다표범이 없는 바다는 불곰의 형질을 바꿔놓을 일도 없다.

이동은 이미 시작되었다. "회색곰은 수백 년 동안 서식지가 축소되었던 시기를 지나 이제 사방으로 범위를 확장하고 있어요." 툰드라 버기에서 이야기를 나누던 중에 앤드루 더로처가 말했다. 회색곰은 몬태나주 평원으로 이동하며 옐로스톤 광역 생태계와 북부 대륙 분수계 생태계의 간극을 좁히는 한편 북극 툰드라로도 몰려들고 있었다. 더로처는 최근 처칠에서 동쪽으로 조금 떨어진 곳에 현장 연구를 나갔다가 해빙 가장자리 위에 있는 회색곰을 목격했던 때를 회상했다. "그 지역에서 회색곰을 본 건 처음이었습니다." 2010~2014년 캐나다 북반부에 위치한 노스웨스트준주에 속하는 캐나다 북극제도 서부에서는 회색곰 16마리가 사냥당하거나 포획되거나 발견되었으며, 그중에는 해안에서 24킬로미터 떨어진 해빙 위에 있던 곰도 있었다.[102] 2019년 7월 북극해에 있는 북위 71도의 러시아 브란겔섬에서는 섬을 돌아다니는 불곰을 보여주는 증거 사진이 원격 카메라 트랩에 처음 포착되었다.[103] 이처럼 얼음으로 뒤덮인 외딴 지역에서 불곰을 보았다는 보고는 일찍이 한 번도 없었다.

2012년 4월 과학자들은 더욱 특이한 광경을 목격했다. 북극곰 목에 위성 추적 장치를 채우는 프로젝트의 일환으로 북극권 상공을 높이 날고 있던 정부 소속 과학자 두 명은 빅토리

아섬 근처에서 창밖을 내다보았다가 회색곰이 북극곰으로 보이는 곰과 함께 해빙을 따라 이동하는 모습을 발견했다.[104] 하지만 그 곰은 북극곰이 아니었다.

회색곰이 서식지를 확장하며 일어난 흥미로운 현상은 또 있었다. 2006년 미국 아이다호주에서 온 예순여섯 살의 사냥꾼 짐 마텔Jim Martell은 캐나다 노스웨스트준주 뱅크스섬의 남쪽 끝에서 안내인과 함께 북극곰 사냥 여행에 나섰다.[105] 이곳에서 그들은 아주 독특한 곰을 마주쳤다. 곰은 크림색 털 군데군데 갈색이 돌고 발톱이 길었으며 등에는 혹이 있고 얼굴은 접시 모양으로 오목했다. 마텔은 방아쇠를 당겼다. 당시 남쪽으로 129킬로미터 떨어진 연구기지에 있었던 더로처는 이누이트족 사냥꾼이 마텔의 사냥 안내인과 무전으로 나누는 대화를 우연히 들었다.[106] 안내인은 마텔이 쏜 곰의 정체를 바로 알아챘다.[107] 바로 피즐리곰pizzly bear*이었다.

불곰과 북극곰은 상당히 최근 한 계통에서 갈라져 나왔기 때문에 사자나 호랑이가 '라이거liger'를 낳을 수 있고 말과 당나귀가 노새mule를 만들 수 있듯 이종교배를 해서 잡종을 만들 수 있다.[108] 하지만 대부분 이종교배종과 달리 북극곰과 회색곰 사이에서 태어난 피즐리곰 암컷은 생식 능력이 있다. 피즐리곰

---

* 북극곰polar bear의 p와 회색곰grizzly bear의 izzly를 합친 말이다.

이 서로 짝짓기를 하면 새끼 피즐리 또는 '그롤라grolar**'가 번식을 통해 더 많은 개체수를 보존하게 되는 것이다. 일부 과학자들은 마텔이 잡은 야생 잡종의 최초 증거인 피즐리곰을 근거로 회색곰이 따뜻해진 기온의 영향을 받아 북쪽으로 이동하면서 이종교배가 곧 광범위하게 이루어지게 되리라는 이론을 내놓았다.[109] 2006년 처음으로 피즐리곰의 존재가 기록된 이래 북극 툰드라에서는 다른 잡종 곰이 여럿 발견되었다.[110] 정부 소속 과학자들이 발견한 불곰을 따라다니던 '북극곰'도 피즐리곰 계통으로 추정되었다. 하지만 나중에 이 잡종 곰들을 조사해보니 놀랍게도 북극을 휩쓸고 있는 이종교배의 물결은 수컷 회색곰과의 교미에 남달리 몰두한 암컷 북극곰 한 마리에서 비롯된 것이었다.[111] 조사한 피즐리곰 중 네 마리는 이 암곰의 자식이었고 나머지는 손주였다. 이 암곰은 분명 취향이 확실했다.

더로처는 이종교배된 곰이 북극을 지배하게 되리라는 전망에 회의적이었다. 그는 동물들이 서식지를 확장할 때는 대부분 수컷이 선봉에 서기 때문에 수컷 회색곰이 북극으로 흘러 들어와 암컷 북극곰과 짝짓기하는 모습이 목격되는 것이라고 했다. 하지만 북극곰은 이종교배가 일어나는 속도보다 훨씬 더 빠르게 사라질 가능성이 높았다. 게다가 북극곰은 불곰에

***

** 피즐리곰의 또 다른 이름으로 회색곰grizzly bear의 gr과 북극곰polar bear의 olar를 합친 말이다.

서 진화했으므로 피즐리곰과 회색곰이 계속 번식한다면 불곰 유전자가 우세해질 것이 분명했다. 결국 잡종 곰은 회색곰으로 회귀하게 될 것이다. 이런 현상은 한때 알래스카 애드미럴티섬, 배러노프섬, 치차고프섬에 살았던 북극곰들 사이에서 이미 일어났다. "기후가 온난해지자 북극곰 대부분이 떠나거나 죽었고 그나마 남은 북극곰은 불곰 유전자에 잠식되었다."

결국 "북극곰 서식지가 줄어드는 속도와 회색곰 서식지가 늘어나는 속도 중 어느 쪽이 더 빠를지 결정하는 경쟁이 벌어지고 있는 셈"이라고 말하며 더로처는 다음과 같은 결론을 내렸다. "하지만 제 생각에는 북극곰이 대패하고 회색곰이 캐나다 북극권을 장악할 것이라고 봅니다."

에필로그

"곰에 쫓겨 퇴장."

_윌리엄 셰익스피어William Shakespeare, 《겨울 이야기》 중에서

고대의 어느 시점에 인간과 곰은 갈림길에 이르렀다. 인간은 이 길을, 곰은 저 길을 택했다. 땅에 남겨진 발자국만으로는 누가 어느 길을 갔는지 알아보기 어려웠을 것이다. 하지만 그곳에서부터 우리의 이야기는 달라졌다. 인구수는 가파르게 늘어났고, 곰 개체수는 주춤하다 곤두박질쳤다. 그 뒤로 인간과 마주칠 때면 곰은 대개 고초를 겪었다.

곰은 수천 년 동안 우리 곁에서 함께 걸어왔지만 앞으로도 나란히 걸으리라는 보장은 없다. 2100년이면 전 세계 인구수는 110억에 육박할 것이라고 내다본다. 인구가 한 명 늘 때마다 자연계는 더 큰 위기에 직면한다. 농업 확대를 위한 산림 개간도, 지구를 덥히는 이산화탄소와 메탄 배출량도 증가할 것이다. 새로운 세대들 역시 대형 포식동물을 두려워하며 말살하려 들지

도 모른다.

물론 인간은 마음만 먹으면 야생동물에게 놀라울 정도로 큰 연민과 이타심을 발휘할 수 있다. 인간은 회색곰이 안전하게 길을 건널 수 있도록 고속도로를 따라 생태 육교를 설치해 주었다.[1] 미국흑곰이 문제에 휘말리지 않도록 곰이 열기 어려운 음식물 쓰레기통 모델을 수십 개 고안했다. 그리고 느림보곰의 요구를 충족시켜주기 위해 서식지 내에 인공 수원과 흰개미 둔덕, 굴을 조성했다. 나는 세계 각지에서 곰을 지키기 위해 분투하고 있는 사람들을 찾아 나섰고 그들을 만날 수 있었다. 장허민은 대왕판다를 번식시켜 야생으로 재도입하는 방법을 알아내는 일에 평생을 바쳤다. 장래에 기후 변화로 중국의 대나무 숲이 고사하면 그가 해온 연구의 중요성이 드러날 것이다. 니시트 다라이야와 아르주 말릭은 인도 구자라트주 느림보곰의 물 수요를 파악하는 데 열심이었다. 미국 볼더의 곰 돌보미들은 배고픈 미국흑곰들을 돌보려고 주말을 포기했다. 베트남의 애니멀즈아시아 땀다오곰구조센터 직원들은 풍투옹에서 만난 곰 사육업자들보다 그 수가 훨씬 많았다. 국제북극곰협회 보전 부문 수석 부장 제프 요크는 군용 레이더 시스템을 손보며 할 수 있는 선에서 최대한 북극곰을 구하려고 노력하는 일을 포기하지 않았다.

하지만 기후 변화와 인구 증가, 서식지 소실은 해결이 쉽지 않은 어려운 문제다. 얼음이나 구름은 한번 사라지고 나면 쉽게 되돌릴 수 없다. 웅담 유통은 막을 수 있을지 몰라도 과학계에 따르면 반달가슴곰은 온난화로 인해 이번 세기말까지 힌두쿠시 히말라야 지역 내 서식지의 상당 부분을 잃게 될 가능성이 높다.[2] 태양곰 역시 야생동물 거래는 피할 수 있을지 몰라도 팜유 플랜테이션이 국제 공급망 수요를 맞추기 위해 태양곰의 숲속 서식지를 파괴하는 일은 우리가 소비량을 줄이지 않는 한 계속될 것이다.

운무림에서 해빙까지 이어진 대장정을 돌이켜 볼 때 이번 세기말을 넘겨서도 번성할 운명인 듯한 곰은 단 세 종, 대왕판다와 미국흑곰 그리고 불곰뿐이다. 실로 '곰 세 마리'라는 동화 같은 미래가 아닌가.

우리가 곰에게 자리를 내주지 못한다면 전 세계의 많은 곰이 유리창 뒤에만 존재하는 미래는 현실로 굳어질 것이다. 곰을 잃는다는 것은 인간이 세상을 향해 걸어나가는 여정을 곁에서 지켜봐 준 아름답고도 깊은 관계를 잃는다는 뜻과도 일맥상통한다. 우리는 할아버지, 삼촌, 어머니, 주술사, 스승을 잃게 될 것이다. 그리고 어떤 면에서는 우리 안의 야성을 일부 잃어버리게 될지도 모른다. 곰이 없다면 숲도 우리의 이야기도 텅 비어버릴 것이 분명하다.

감사의 말

이 세상에 곰은 여덟 종밖에 없을지 몰라도 곰을 염려하는 사람은 수도 없이 많다. 나는 곰에 관해 보도를 하고 이 책을 쓰며 운 좋게도 이런 분들을 많이 만나는 기회를 얻게 되었다.

무엇보다 연구 내용과 지혜를 나눠주고 곰을 쫓는 이들을 뒤쫓을 수 있게 도와준 전문가들에게 크나큰 신세를 졌다. 산티아고 프로아뇨Santiago Proaño, 베키 주그Becky Zug, 로드리고 시스네로스Rodrigo Cisneros, 로드리고 카스트로Rodrigo Castro, 마누엘 모랄레스미테Manuel Morales-Mite, 프란시스코 카르스테는 안경곰을 찾는 여정에서 에콰도르 안데스산맥을 안내해주었다. 러스 밴혼, 데니세 체로, 카리나 세라노는 페루 운무림에서 훌륭한 과학적 동지가 되어주었다. 니시트 다라이야, 하렌드라 바르갈리, 지날 바즈린카르, 아르주 말릭, 타르 라테르, 인도 와일드라이프 SOS 직원들은 사실 확인을 꼼꼼히 해주었고 차이를 몇 잔씩 내주는 다정함을 보여주었다. 어린 시절 영감이 되어준 질 로빈슨Jill Robinson, 뚜안 벤딕슨, 베트남 애니멀즈아시아 직원들과 요하나 파이너Johanna Painer, 클레어 러프랜스Claire LaFrance, 포 포즈인터내셔널Four Paws International 직원들에게도 감사드린다. 프리더베어스의 로드 마빈Rod Mabin, 중 응우옌 반Dung Nguyên Văn, 네브 브로디스Nev Broadis, 브라이언 크루지, 응아 로웅Nga Loung에게는 이 책에 준 도움뿐만 아니라 전 세계에서 사육되고 있는 태양곰과 반달가슴곰이 모두 생츄어리에 이를 수 있게 노력하는 그들의 엄청난 연민과 인내에 감사하고 싶다. 장허민, 왕다쥔, 마크 브로디Marc Brody, 론 스웨이즈굿Ron Swaisgood, 그레천 데일리Gretchen Daily는 대왕판다와 중국의 대왕판다 보전 현황에 관한 지식을 나누어주었다. 제프 요크, 앤드루 더로처, 스티븐 앰스트럽, 애니 에드워즈Annie Edwards는 최전선에서 북극곰을 지키고 있었다. 크리스 서빈과 피터 얼래고나Peter Alagona, 제프 밀러Jeff Miller, 노아 그린월드Noah Greenwald, 잭 오엘프케Jack Oelfke, 재스민 미시배니언Jasmine Mishbanian, 트리나 브래들리, 파비안 로다스Fabian Rodas, 매슈 클라크Matthew Clark, 루이자 윌콕스Louisa Willcox, 데이비드 맷슨David Mattson, 수재나 페이즐리, 마이클 모언Michael Moen, 페테르 몰나르, 스티브 웨스트, 칼 래키, 존 베크만, 스티브 미셸Steve Michel, 빌 헌트Bill Hunt, 제니퍼 봉크, 헤더 존슨에게도 곰에 관해 나눠준 모든 대화에 감사를 전한다.

콜로라도주 볼더곰연합Boulder Bear Coalition의 설립자인 브렌다 리Brenda Lee는 도시의 뒷마당에 나타나는 곰들과 마주하게 해주었고 아주 다정한 기억으로 남아 있는 볼더곰돌보미와 함께한 많은 잠복근무에 참여할 수 있도록 주선해주었다. 멕시코 두랑고에 사는 브라이언 피터슨Bryan Peterson은 내가 콜로라도대학교 볼더캠퍼스에서 석사과정을 밟고 있을 때 쓰레기가 미국 흑곰에게 미치는 영향을 일찍이 알려주며 도움을 주었다.

마이클 코다스Michael Kodas는 내 인생과 경력에 지대한 영향을 미쳤다. 콜로라도대학교 볼더캠퍼스에서 석사과정의 지도교수를 맡아준 것에 더해 자신의 책 작업을 위해 애리조나주로 떠난 취재 여행에서 내가 따라다니며 배울 수 있게 해주었으며 저널리스트가 되는 방법도 가르쳐주었다. 그의 끊임없는 지지와 우정은 내게 이 세상 전부와 같았다.

많은 다른 이는 이 책을 구상하던 초기부터 꼭 출간해보라고 내게 용기를 북돋아 주었다. 친구이자 본받고 싶은 사람인 제임스 밸로그는 나의 경력이 아직 부족하던 시절에 훌륭한 멘토가 되어주었으며 책을 쓰도록 독려해주었다. 탁월한 편집자인 세라 머스그레이브Sarah Musgrave는 곰 여덟 종을 향한 무한한 열정을 보여주었고("충분히 해볼 만한 숫자네요!") 대왕판다를 취재해 보도할 수 있도록 중국에 파견까지 보내주었다. 톰 율

스먼Tom Yulsman과 케빈 멀로니Kevin Moloney는 콜로라도대학교 볼더캠퍼스에서 나의 석사과정을 지도해주는 도움을 주었다. 수전 트웨이트Susan Tweit는 내가 2016년 처음으로 작가 연수 프로그램(콜로라도주 설라이다에서 열린 테라필리아terraphilia)에 참여해 이 책에 관한 아이디어를 발전시킬 기회를 마련해주었다.

나는 여러 해 동안 보도를 하고 이 책을 쓰며 많은 친구의 지원과 조력을 받는 복을 누렸다. 알기르다스 바카스Algirdas Bakas와 카일 오베르만Kyle Obermann은 쓰촨의 낯선 문화와 도로를 탐험하는 동안 기운을 북돋아 주었다. 중국어의 귀재인 오베르만은 '판다 아빠' 장허민과 이야기를 나눌 때 그리고 이 책의 집필 과정에서 번역이 필요할 때 중요한 역할을 해주었다. 책 작업 때문에 잠시 머무를 곳이 필요했을 때 남는 방을 내어주고 다정한 말을 건네준 이들도 많다. 캐나다 빅토리아에 사는 에리카 기스Erica Gies와 피터 페얼리Peter Fairley (그리고 마오 주석), 미국 시애틀에 사는 제스 체임벌린Jess Chamberlain, 아이슬란드 레이캬비크에 사는 스바바르 조나탄슨Svavar Jonatansson, 미국 샌프란시스코에 사는 알리샤 솜지Alisha Somji와 아니시 비데Anish Bhide에게 감사를 전한다.

레일랜드 체코Leyland Cecco, 장마르크 페렐무터Jean-Marc Perelmuter, 앨릭스 카모나Alex Carmona, 켈시 심프킨스Kelsey Simpkins, 숀 스윙글러Shaun Swingler는 원고 검토를 도와주었고 벤 골드파브Ben

Goldfarb, 린지 부르공Lyndsie Bourgon, 데이비드 배런David Baron, 스콧 카니Scott Carney는 저술 경험을 나눠주었으며 샤론 가이넙Sharon Guynup, 레이철 뉴어Rachel Nuwer, 쿠마르 삼바브Kumar Sambhav, 케이티 데이글Katy Daigle은 여행과 편집에 관한 조언을 해주었다. 나오미 플리스Naomi Flis와 마이샤 문Maisha Moon은 글이 막힐 때면 와인 (여러) 병을 들고 찾아오거나 동네 술집에서 열리는 퀴즈 대회에 데려가거나 밤에 영화를 함께 봐주며 슬럼프를 극복할 수 있게 도와주었다.

이 책을 구체화하는 데 커다란 영향을 미친 경험으로는 2019년 11월 밴프예술창의센터Banff Centre for Arts and Creativity에서 산과 야생을 주제로 열린 글쓰기 연수 프로그램에 참여한 것을 꼽을 수 있다. 멘토였던 할리 러스태드Harley Rustad는 나처럼 자연을 향한 애정이 깊은 사람이었고 글 작업을 순조롭게 진행할 수 있도록 사려 깊으면서도 명확한 피드백을 해주었다. 그는 글을 쓰는 과정 내내 절친한 친구이자 응원자가 되어주었으며 포트 렌프루 작가 수련회Port Renfrew Writers' Retreat에서 책을 작업할 기회까지 마련해주었다. 창의센터의 동료 작가들인 토니 위톰Tony Whittome, 마르니 잭슨Marni Jackson, 마리아 코피Maria Coffey, 브라이언 홀Brian Hall, 루이즈 블라이트Louise Blight, 마이클 케네디Michael Kennedy, 케이트 롤스Kate Rawles, 리아넌 러셀Rhiannon Russell, 마르티나 핼릭Martina Halik, 캐서린 레너드Katherine Leonard에게도 끝없는 감사를 보낸다. 우리의 우정과 공동 창작 작업은 연수 프로그램에서 끝나지 않고 팬데믹 봉쇄 기간에 매달 서로의 원고를 합평했던 줌 회의를 통해 계속되었다. 이들은 세상이 멈춘 것만 같았을 때 내가 작업을 손에서 내려놓지 않게 도와주었고 끝까지 해낼 수 있도록 격려해주었다.

곰에 관한 나의 지난 고찰을 지면을 할애해 실어주고 지원해준 〈월루스Walrus〉, 〈내셔널지오그래픽〉, 〈예일 E360 Yale Environment 360〉, 〈바이오그래픽BioGraphic〉, 〈어드벤처 저널Adventure Journal〉, 〈앙루트EnRoute〉, 〈하이 컨트리 뉴스High Country News〉에도 감사를 전한다.

에이미 판덴베르흐Amy van den Berg에게는 그간의 노고와 대서양을 건너 이어지고 있는 우정에 감사하고 싶다.

첫 느낌부터 이 책을 믿어주고 출판사들에 제안해준 에이전트 웬디 스트로스먼Wendy Strothman에게 마음에서 우러난 감사를 전한다.

이 '곰 대장정'에 생기를 불어넣어 준 완벽한 동반자였던 편집자 맷 와일랜드Matt Weiland에게 감사한 마음이 가장 크다. 나는 우리가 생각하는 책의 방향성이 일치한다는 것을 바로 알아보았고, 그의 친절하고도 명쾌한 소통 방식과 곰 여덟 종을 향한 애정 덕분에 책을 쓰고 다듬는 일이 즐거웠다. 정말 감사드린다.

조부모님은 내가 산과 산이 품은 모든 생물을 향해 사랑을 싹틔우고 키워나갈 수 있게 도와주셨다.

마지막으로 어린 시절, 이야기 속 허구의 곰들인 베렌스타인 곰 가족부터 요기 베어Yogi Bear와 곰돌이 푸까지 나의 주변을 곰으로 채워준 부모님과 로키산맥에서 야영할 때면 사냥감을 찾아다니는 회색곰 이야기를 들려주며 나를 괴롭히는 것을 낙으로 삼던 친오빠에게 고맙다는 인사를 전하고 싶다. 만화 주인공과 살인마라는 상반된 서사는 《에이트 베어스》로까지 이어지게 한 나의 오랜 호기심의 원동력이었음이 분명하다. 이들의 사랑과 성원, 열성이 이번 여정 내내 나에게 버팀목이 되어주었음은 변하지 않는 사실임에 틀림없다.

에이트 베어스

미주

들어가며

1   Brittany Annas, "Bear Tranquilized after Climbing Tree at CU-Boulder's Williams Village Dorms," *Daily Camera*, April 26, 2012.

2   Kieran Nicholson, "Boulder Mountain Lion, House Cat Face Off," *Daily Camera*, October 18, 2011.

3   Mitchell Byars, "Neighborhood Bobcat Has (So Far) Charmed West Boulder," *Daily Camera*, November 16, 2015.

4   Jonathan Lewis et al., "Summarizing Colorado's Black Bear Two-Strike Directive 30 Years after Inception," *Wildlife Society Bulletin* 43, no. 4 (2019): 599–607.

5   Charlie Brennan and Joe Rubino, "Wildlife Officers Kill Boulder Bear Near Columbia Cemetery," *Daily Camera*, September 6, 2013.

6   Erika Strutzman, "The Bears' Problem," *Daily Camera*, September 10, 2013.

7   Associated Press, "2nd Bear Euthanized Near Boulder Elementary School," as appeared in *The Denver Post*, September 9, 2013.

8   Strutzman, "The Bears' Problem."

9   https://bearsandpeople.com/ordinance/

10   볼더곰연합 설립자인 브렌다 리와 볼더시의 도시야생동물 수석 조정관인 밸러리 매터슨Valerie Matheson과 여러 차례 논의를 거쳐 확인한 내용이다. 스노우매스, 애

스펀, 타호호수 인근 도시 등 더 작은 산간 도시들도 조례를 통과시켰지만 볼더시보다 인구수가 많은 곳은 없었다.

11   Mitchell Byars, "Bear Necessities: Sitters Help Keep an Eye on Boulder's Furry Visitors," *Daily Camera*, October 28, 2016; Gloria Dickie, "Out of the Wild," University of Colorado Boulder Master's Project, 2015.

12   애스펀경찰서 곰 전문가인 댄 글리든Dan Glidden과의 저자 인터뷰, 2014년 10월.

13   Associated Press, "Bear Swipes at, Injures Woman in Aspen Alley," as appeared in *The Denver Post*, July 28, 2014.

14   "Bear kills New Jersey Student in Nature Preserve," BBC, September 22, 2014.

15   Ruby Gonzales, "Bear Bites Woman Sleeping in Her Backyard; She Hits It with a Laptop," *Mercury News*, June 17, 2020.

16   Gaby Krevat, "Big Sky Man in Stable Condition after Grizzly Bear Attack Last Week," 7KBZK Bozeman, June 1, 2020.

17   Eric Grossarth, "Grizzly Bear Attacks Woman at Yellowstone," *East Idaho News*, June 24, 2020.

18   Mike Koshmrl, "Grizzly Attacks in 2020 Run at Record High," *Jackson Hole Daily*, July 23, 2020.

19   페테르 몰나르, 스티븐 앰스트럽과의 저자 인터뷰, 2020년 7월.

20   독일에서 곰은 1835년 바이에른 알프스산맥에서 찍힌 사진을 마지막으로 19세기 중반 멸종됐다. 그림 형제는 1780년대부터 1860년대까지 살았다. 《그림 동화》는 1812년 출간되었다.

프롤로그: 모두 함께 곤경에 빠져 있다

1   Michel Pastoureau, *The Bear: History of a Fallen King* (Cambridge, MA: Harvard University Press, 2011) 미셸 파스투로 지음, 주나미 옮김, 《곰, 몰락한 왕의 역사》(오롯, 2014); A. Irving Hallowell, "Bear Ceremonialism in the Northern Hemisphere," *American Anthropologist* 28, no. 1 (1926).

2   Lauren Henson et al. "Convergent Geographic Patterns between Grizzly Bear Population Genetic Structure and Indigenous Language Groups in Coastal British Columbia, Canada," *Ecology & Society* 26, no. 3 (2021).

3   캐나다 브리티시컬럼비아주 해안에 사는 원주민 부족인 헤일처크족Heiltsuk 장로

들과의 대화. "Skunkcabbage Is a Bear's BFF," *Pique Newsmagazine*.

4   Bernd Brunner, *Bears: A Brief History* (New Haven, CT: Yale University Press, 2007)
베른트 브루너 지음, 김보경 옮김, 《곰과 인간의 역사》(생각의나무, 2010), 4.

5   Edward B. Tylor, *Primitive Cultures: Researches into the Development of Mythology,
Philosophy, Religion, Art, and Custom, Vol. II* (London: John Murray, 1871), 231.

6   R. M. Alexander, "Bipedal Animals, and Their Differences from Humans," *Journal of
Anatomy* 204, no. 5 (2004): 321–30.

7   Ian Wei, *Thinking about Animals in Thirteenth Century Paris* (Cambridge, UK:
Cambridge University Press, 2020).

8   Remy Marion, *On Being a Bear* (Vancouver, BC: Greystone Books, 2021), 16.

9   John Muir, *A Thousand Mile Walk to the Gulf* (Boston: Mariner Books, 1998).

10   Aristotle, *History of Animals, Volume I: Books 1–3* (Cambridge, MA: Harvard
University Press, 1965) 아리스토텔레스 지음, 서경주 옮김, 김대웅 해설, 《동물지》
(노마드, 2023).

11   Pastoureau, The Bear.

12   Pastoureau, The Bear.

13   Bruce McLellan and David Reiner, "A Review of Bear Evolution," International
Association for Bear Research and Management, 1994.

14   대왕짧은얼굴곰giant short-faced bear은 1만 1,000년 전에서 1만 년 전 사이 멸종하
기 시작했다. 동굴곰의 멸종 시기는 더 불분명하다. 하지만 신뢰할 만한 방사성탄
소연대측정 결과에 따르면 최소 약 2만 4,200년 전으로 추정된다. 튀빙겐대학교
순고생물학자 에르베 보셰랑스Hervé Bocherens와 저자가 교환한 서신. Borcherens
et al., "Chronological and Isotopic Data Support a Revision for the Timing of Cave
Bear Extinction in Mediterranean Europe," *Historical Biology* 31, no. 4 (2019):
474–84.

15   Joscha Gretziner et al., "Large-Scale Mitogenomic Analysis of the Phylogeography of
the Late Pleistocene Cave Bear," *Scientific Reports* 9, article no. 10700 (2019).

16   Gretziner et al., "Large-Scale Mitogenomic Analysis." 에르베 보셰랑스와 저자가
교환한 서신. Rhys Blakely, "Cave Bear Was First Species Made Extinct by Humans,
Study Suggests," *The Times*, August 16, 2019.

17   Donald Grayson and David Meltzer, "Clovis Hunting and Large Mammal
Extinction: A Critical Review of the Evidence," *Journal of World Prehistory* 16, no. 4
(2002): 313–59.

18   McLellan and Reiner, "A Review of Bear Evolution."

19   "Pandas' Lineage Traced Back Millions of Years," *New York Times*, June 19, 2007.

20   Yibo Hu et al., "Genomic Evidence for Two Phylogenetic Species and Long-Term Population Bottlenecks in Red Pandas," *Science Advances* 6, no. 9 (2020).

21   Lydia T. Black, "Bear in Human Imagination and in Ritual," *Ursus* 10, no. 43 (1998): 343–47.

22   "Bear Ceremonialism," Exchange for Local Observations and Knowledge of the Arctic. https://eloka-arctic.org/bears/bear-ceremonialism

23   Andrew Chamings, "Behold the Wrath of Mei Mei and Squirt. Two Tiny Terriers Chase a Very Large Bear Out of California Home," *SFGate*, April 15, 2021.

24   Kris Millgate, "What Happens When You Plant a Pile of Bear Scat?" *Nature* blog, May 10, 2017.

25   IUCN, "Seventy-Five Percent of Bear Species Threatened with Extinction," November 12, 2007.

26   Arwen van Zanten, "Going Berserk: In Old Norse, Old Irish, and Anglo-Saxon Literature," *Amsterdamer Beiträge zur älteren Germanistik* 63 (2007): 43–64; Ruarigh Dale, "The Viking Berserker," University of Nottingham blog, March 11, 2014. https://blogs.nottingham.ac.uk/wordsonwords/2014/03/11/the-viking-berserker/

27   Von Pelin Tünaydın, "Pawing through the History of Dancing Bears in Europe," Früneuzeit-Info blog, the Research Institute for Early Modern Studies in Vienna, 2013; George Soulis, "The Gypsies in the Byzantine Empire and the Balkans in the Late Middle Ages," *Dumbarton Oaks Papers*, 1961.

28   Imogen Tilden, "Romania's New Year Bear Dancers-Alecsandra Raluca Drăgoi's Best Photograph," *The Guardian*, January 8, 2020.

29   캐나다 처칠에 위치한 잇사니탁박물관Itsanitaq Museum 큐레이터 로렌 브랜슨 Lorraine Brandson과의 저자 인터뷰, 2018년 11월. Joint Secretariat,"Inuvialuit and Nanuq: A Polar Bear Traditional Knowledge Study. Inuvialuit Settlement Region," 2015.

30   "Bear Mother," Bill Reid Centre at Simon Fraser University. https://www.sfu.ca/brc/imeshMobileApp/imesh-art-walk-/bear-mother.html

31   Douglas Clark et al., "Grizzly and Polar Bears as Nonconsumptive Cultural Keystone Species," *Facets* 6 (2021): 379–93.

32   Richard Hamilton, "Alkman and the Athenian Arkteia," Bryn Mawr College; Jessica

Ward, "The Cult of Artemis at Brauron," Women in Antiquity blog, March 20, 2017. https://womeninantiquity.wordpress.com/2017/03/20/the-cult-of-artemis-atbrauron/

33 "*Bestiarius*," University of Chicago. https://penelope.uchicago.edu/~grout/encyclopaedia_romana/gladiators/bestiarii.html

34 Symmachus Epistulae 2:46; Jillian Mitchell, "The Case of the Strangled Saxons," paper presented at the Classical Association Conference, University of Exeter, 2012.

35 K. M. Coleman, "Fatal Charades: Roman Executions Staged as Mythological Enactments," *Journal of Roman Studies* 80 (1990): 59.

36 Caroline Wazer, "The Exotic Animal Traffickers of Ancient Rome," *The Atlantic*, March 30, 2016.

37 Sean Nee, "The Great Chain of Being," *Nature* 435 (2005): 429; Tylor, 1871; Marion, *On Being a Bear*.

38 Pelin Tünaydın, "Pawing through the History."

39 Pelin Tünaydın, "Pawing through the History."

40 The Langham Letter. http://www.oxford-shakespeare.com/Langham/Langham_Letter.pdf

41 Journals of the Lewis and Clark Expedition, University of Nebraska. https://lewisandclarkjournals.unl.edu/item/lc.jrn.1805-05-05

42 US Fish and Wildlife Service, "Grizzly Bear in the Lower-48 States: Five-Year Status Review," March 2021, 3.

43 FAO, "State of the World's Forests 2012," 14.

44 Stephanie Simek et al., "History and Status of The American Black Bear in Mississippi," *Ursus* 23, no. 2 (2012): 159–67.

45 Florida black bear abundance study, Florida Fish and Wildlife Conservation Commission, 2017.

46 FAO, "State of the World's Forests 2012," 12.

47 Aldo Leopold, *A Sand County Almanac* (Oxford, UK: Oxford University Press, 2020) 알도 레오폴드 지음, 이동신 옮김, 《샌드 카운티 연감》(이다북스, 2023).

48 Leopold, *A Sand County Almanac*.

49 National Park Service, "The Story of the Teddy Bear." https://www.nps.gov/thrb/learn/historyculture/storyofteddybear.htm

50 Clifford Berryman, "Drawing the Line in Mississippi," *Washington Post*, November

16, 1902, accessed in Library of Congress digital archives.

51   Jon Mooallem, *Wild Ones* (New York: Penguin Books, 2013), 69.

52   "The Teddy Bear's Birthday," *Washington Post*, November 12, 2002.

53   USFWS 5-year grizzly status review, 2021.

54   Paul Owen, "Hungry Bear's Three-Day Trashcan Picnic Ends 12 Miles from Manhattan," *The Guardian*, May 20, 2015.

55   Global Forest Watch, "Forest Loss Remained Stubbornly High in 2021," April 28, 2022.

제1장 구름 위에 살다

1   Michael Bond, *A Bear Called Paddington* (New York: Dell, 1958) 마이클 본드 지음, 홍연미 옮김, 《내 이름은 패딩턴》(파랑새, 2014).

2   Harper Childrens, interview with Michael Bond, January 2002. https://web.archive.org/web/20020129134454/http://www.harperchildrens.com/hch/author/author/bond/interview2.asp

3   어떤 사료들은 마지막 아틀라스불곰이 1870년 모로코 북부 테투안산맥에서 죽임을 당했다고 언급하고 있다. 하지만 다음 자료에 따르면 아틀라스불곰은 "가장 최근 유골의 방사성탄소연대측정 결과는 현재로부터 1,600년 전을 가리키나, 19세기 중반에 사라진 것으로 여겨진다." Sebastien Calvignac et al., "Ancient DNA Evidence for the Loss of a Highly Divergent Brown Bear Clade during Historical Times," *Molecular Ecology* 17, no. 8 (2008): 196-70.

4   Calvignac et al., "Ancient DNA Evidence."

5   Harper Childrens interview.

6   E. H. Helmer et al., "Neotropical Cloud Forests and Páramo to Contract and Dry from Declines in Cloud Immersion and Frost," *PLoS ONE* 14, no. 4 (2019).

7   Leticia M Ochoa-Ochoa et al., "The Demise of the Golden Toad and the Creation of a Climate Change Icon Species," *Conservation & Society* 11, no. 3 (2013): 291-319; IPCC WGII Sixth Assessment Report, 2-29.

8   Helmer at al., "Neotropical Cloud Forests and Páramo."

9   Nature and Culture International, "Andean Cloud Forests."

10   IUCN Red List of Threatened Species Assessment, Andean Bear, assessed by I.

Goldstein, X. Velez-Liendo, S. Paisley, and D. Garshelis (Bear Specialist Group).

11   C. Tovar et al., "Diverging Responses of Tropical Andean Biomes under Future Climate Conditions," *Plos ONE* 8, no. 5 (2013).

12   Susanna Paisley and Nicholas Saunders, "A God Forsaken: The Sacred Bear in Andean Iconography and Cosmology," *World Archaeology* 42, no. 2 (2010): 245–60.

13   Paisley and Saunders, "A God Forsaken."

14   James B. Richardson III, *People of the Andes* (Montreal: St. Remy Press, 1994).

15   Paisley and Saunders, "A God Forsaken."

16   Lydia T. Black, "Bear in Human Imagination and in Ritual," *Ursus* 10, no. 43 (1998): 343–47.

17   Paisley and Saunders, "A God Forsaken."

18   Paisley and Saunders, "A God Forsaken."

19   Paisley and Saunders, "A God Forsaken."

20   Paisley and Saunders, "A God Forsaken"; Alan Taylor, "Peru's Snow Star Festival," *The Atlantic*, June 7, 2016.

21   Danielle Villasana, "Witnessing Peru's Enduring, If Altered, Snow Star Festival," *New York Times*, October 26, 2020. 러스 밴혼과의 저자 인터뷰, 2019년 7월.

22   Jean Chemnick, "When a Melting Glacier Is Seen as the Apocalypse," *E&E News*, November 1, 2011.

23   Vibeke Johannessen, "Where to See Ecuadorian Orchids," The Culture Trip, October 19, 2017.

24   "Ecuador's Moves against Foreign Investors," Reuters, June 18, 2009.

25   Roo Vandegrift et al., "The Extent of Recent Mining Concessions in Ecuador," report prepared for the Rainforest Information Centre, January 17, 2018.

26   Bitty Roy et al., "New Mining Concessions Could Severely Decrease Biodiversity and Ecosystem Services in Ecuador," *Tropical Conservation Science* 11, no. 2 (2018).

27   Vandegrift et al., "The Extent of Recent Mining," Table 1.

28   Stephanie Roker, "Ecuador to Grow Mining Industry to 4% GDP by 2021," *Global Mining Review*, November 2, 2018; Matthew DuPee, "Ecuador Has Big Plans for Its Mining Industry. But at What Cost?" *World Politics Review*, August 12, 2019.

29   "Ecuador: Cuenca Says 'No' to Mines in El Cajas National Park," *Telesure*, July 21, 2018.

30   프란시스코 카르스테와 저자가 교환한 서신, 2021년 6월.

31 Eduardo Franco Berton, "Poaching Threatens South America's Only Bear Species," *National Geographic*, May 31, 2019.

32 프란시스코 카르스테와의 저자 인터뷰, 2019년 7월.

33 Vandegrift et al., "The Extent of Recent Mining," Table 1; Ana Cristina Basantes, "Mining Company Pressing to Enter Ecuador's Los Cedros Protected Forest," *Mongabay*, May 22, 2020.

34 Michelle Pauli, "Michael Bond: 'Paddington Stands Up for Things, He's Not Afraid of Going to the Top and Giving Them a Hard Stare,'" *The Guardian*, November 28, 2014.

제2장 사선을 넘나들다

1 Gloria Dickie, "How to Make Peace with the World's Deadliest Bear," *National Geographic*, May 12, 2020.

2 IUCN Red List of Threatened Species Assessment, "*Melursus ursinus*, Sloth Bear," 2016.

3 느림보곰 공격 건수가 국가 차원에서 추적되고 있지는 않다. 하지만 1989~1994년 마디아프라데시주에서만 735명이 느림보곰에게 물어뜯겼으며 그중 48명이 사망했다. 따라서 연간 약 150건의 공격이 일어난다고 보는 것은 어느 추정치를 기준으로 해도 낮은 축에 들 것이다. Thomas Sharp et al., "Sloth Bear Attack Behavior and a Behavioral Approach to Safety" (2017).

4 전 세계 불곰 공격 피해자 수는 매년 평균 39.6명에 이른다. 2000~2015년 불곰 공격으로 인한 사망자 수는 95명이었고 연평균으로 따지면 6.3명이었다. G. Bombieri et al., "Brown Bear Attacks on Humans: A Worldwide Perspective," *Scientific Reports* 9, no. 1 (2019).

5 인도에는 느림보곰, 반달가슴곰, 불곰, 태양곰 등 네 종의 곰이 살고 있다.

6 Kenneth Anderson, *Man-Eaters and Jungle Killers* (London: Allen and Unwin, 1957).

7 Sumeet Gulati et al., "Human Casualties Are the Dominant Cost of Human-Wildlife Conflict in India," *Proceedings of the National Academy of Sciences* 118, no. 8 (2021).

8 Gulati et al., "Human Casualties Are the Dominant Cost," 3.

9 Aniruddha Dhamorikar et al., "Dynamics of Human–Sloth Bear Conflict in the

Kanha-Pench Corridor, Madhya Pradesh, India: Technical Report," 2017.

10　Ritesh Mishra, "Man Climbs Tree to Escape Bear Attack, Waits for 5 Hours for Help," *Hindustan Times*, December 7, 2020.

11　Mishra, "Man Climbs Tree to Escape Bear Attack."

12　World Wildlife Fund, "Assessment of Fuelwood Consumption in Kanha-Pench Corridor, Madhya Pradesh, Factsheet," 2014.

13　Sharp et al., "Sloth Bear Attack Behavior."

14　느림보곰은 약 시속 32킬로미터의 속도로 달릴 수 있다. 참고로 우사인 볼트Usain Bolt의 최고 시속이 44킬로미터다.

15　Global Biodiversity Information Facility, "*Melursus ursinus*, Shaw, 1971." https://www.gbif.org/species/144098885

16　Andrew Laurie and John Seidensticker, "Behavioural Ecology of the Sloth Bear (Melursus ursinus)," *Journal of Zoology* 182 (1977): 198.

17　Gulati et al., "Human Casualties Are the Dominant Cost," 7.

18　하렌드라 바르갈리, 니시트 다라이야와의 저자 인터뷰, 2019년 2월.

19　"Six Arrested in Killing of Two Sloth Bear Cubs in Akot," *The Hitavada*, June 16, 2020.

20　Shivakumar Malagi, "Gudekote Pleads: We Can No Longer Grin and Bear It," *Deccan Chronicle*, September 16, 2018.

21　Mayukh Chatterjee and Rudra Prasanna Mahapatra, "'Bear'ing the Brunt," *Down to Earth*, March 25, 2019.

22　전 인도야생동물연구소Wildlife Institute of India, 현 생태사회재단Foundation for Ecological Society 사업 팀장인 라비 첼람Ravi Chellam과의 저자 인터뷰, 2019년 2월.

23　Nisthi Dhariaya, Harendra Bargali, and Thomas Sharp, "*Melursus ursinus*," IUCN Red List of Threatened Species Assessment 2016, 2.

24　Rudyard Kipling, *The Jungle Book* (New York: Century Company, 1920) 러디어드 키플링 지음, 손향숙 옮김, 《정글북》(문학동네, 2010) 외 다수, 19.

25　Rudyard Kipling, *Something of Myself* (London: Macmillan, 1937).

26　Victoria Villeneuve, "Rudyard Kipling Wrote 'The Jungle Book' in this Snowy Vermont House," *National Trust for Historic Preservation*, September 26, 2017.

27　"Rudyard Kipling; An Anglo-Indian Icon or an Agent of Empire?" *Newstalk*, February 8, 2016.

28　Aniruddha Dhamorikar et al., "Characteristics of Human-Sloth Bear (*Melursus ursinus*) Encounters and the Resulting Human Casualties in the Kanha-Pench Corridor, Madhya Pradesh, India," *PLoS One* 12, no. 4 (2017).

29   Dharmendra Kumar, *Rethinking State Politics in India* (London: Routledge India, 2011).

30   Tana Mewada, "How Sloth Bears Were Trained to Dance to the Beat of a Drum," *International Bear News* 21, no. 3 (2012): 24–25.

31   Abishek Madan and Shreya Dasgupta, "The Swan Song of India's Dancing Bears," *Mongabay*, November 20, 2013.

32   "India's 'Dancing Bears' Retire in Animal Rights Victory," *Bangkok Post*, December 2, 2012.

33   Seshamani and Satyanarayan, "The Dancing Bears of India," 28.

34   Geeta Seshamani and Kartick Satyanarayan, "The Dancing Bears of India," World Society for the Protection of Animals report, 1997, 24–5.

35   Seshamani and Satyanarayan, "The Dancing Bears of India," 27.

36   Bosky Khanna, "India's Last Dancing Bear Celebrates 9 Years Of Freedom," *Deccan Herald*, December 18, 2018; Wildlife SOS, "Drawing a Curtain on the Age-Long Practice of Dancing Bears," December 18, 2018.

37   "Dancing Bears Given Sanctuary," *Economic Times*, September 12, 2007.

38   Rachel Bale, "Nepal's Last Known Dancing Bears Rescued," *National Geographic*, December 22, 2017.

39   "1987~1988년 가뭄 이후 125건의 공격이 일어났다"라고 언급했다. Himanshu Kaushik, "It's a Jungle Out There as Animal Attacks Rise," *Times of India*, June 9, 2019.

40   니시트 다라이야와 저자가 교환한 서신, 2022년 7월.

제3장 소프트 파워

1   Maggie Koerth, "The Complicated Legacy of a Panda Who Was Really Good at Sex," *FiveThirtyEight*, November 28, 2017.

2   633마리 중 130마리로 약 5분의 1이다. "World's Captive Panda Population Hits 633," *Xinhua*, January 3, 2021.

3   Rachel Kaufman, "How Do Giant Pandas Survive on a Diet of Bamboo?" *National*

Geographic, October 17, 2011.

4   Stephen O'Brien and John Knight, "The Future of the Giant Panda," *Nature* 325 (1987): 758–59.

5   O'Brien and Knight, "The Future of the Giant Panda."

6   Henry Nicholls, "Yes, We Have More Pandas," *The Guardian*, February 28, 2015.

7   Associated Press, "Panda Killed in China Earthquake Mourned," CBS News, June 10, 2008.

8   Kang Yi, "Tourist's Affection Enrages Panda," *ChinaDaily*, September 20, 2006.

9   Fuwen Wei et al., "The Value of Ecosystem Services from Giant Panda Reserves," *Current Biology* 28, no. 13 (2018): 2174–2180.e7.

10   "WWF's History." https://wwf.panda.org/discover/knowledge_hub/history/

11   Jianguo Liu et al., eds., *Pandas and People: Coupling Human and Natural Systems for Sustainability* (Oxford, UK: Oxford University Press, 2016).

12   George B. Schaller, *The Last Panda* (Chicago, IL: University of Chicago Press, 1994), 135.

13   Hallett Abend, "Rare 4-Pound 'Giant' Panda to Arrive in New York Soon," *New York Times*, December 20, 1936.

14   Vicki Constantine Croke, *The Lady and the Panda* (New York: Random House, 2005), 27.

15   Croke, *The Lady and the Panda*, 57.

16   Croke, *The Lady and the Panda*, 126.

17   Croke, *The Lady and the Panda*, 133.

18   Croke, *The Lady and the Panda*, 149.

19   Croke, *The Lady and the Panda*, 155.

20   Croke, *The Lady and the Panda*, 165.

21   Croke, *The Lady and the Panda*, 176.

22   David Owen, "Bears Do It," *New Yorker*, August 26, 2013.

23   Croke, *The Lady and the Panda*, 177.

24   Croke, *The Lady and the Panda*, 254.

25   Field#: FMNH 47432. https://collections-zoology.fieldmuseum.org/catalogue/2546658

26   Jemimah Steinfeld, "China's Deadly Science Lesson: How an Ill-Conceived Campaign against Sparrows Contributed to one of the Worst Famines in History,"

Index on Censorship 47, no. 3 (2018).

27   World Wildlife Fund, "History of the Giant Panda." https://wwf.panda. org/?13588/History-of-the-Giant-Panda

28   Associated Press, "Two Chinese Peasants Get Death Sentence for Selling Panda Skins," May 31, 1993.

29   Associated Press, "Chinese Man Gets 20 Years in Prison for Poaching Giant Pandas," November 26, 1998.

30   Criminal Law of China (2017), China Laws Portal – CJO (chinajusticeobserver. com).

31   Lifeng Zhu et al., "Genetic Consequences of Historical Anthropogenic and Ecological Events on Giant Pandas," *Ecology* 94, no. 10 (2013): 2346–57.

32   John MacKinnon and Robert De Wulf, "Designing Protected Areas for Giant Pandas in China," in *Mapping the Diversity of Nature*, ed. Ronald I. Miller (Dordrecht, Netherlands: Springer, 1994), 128.

33   장허민과의 저자 인터뷰, 2021년 7월.

34   Zhi Lu, Wenshi Pan, and Jim Harkness, "Mother-Cub Relationships in Giant Pandas in the Qinling Mountains, China, with Comment on Rescuing Abandoned Cubs," *Zoo Biology* 13, no. 6 (1994): 567–8.

35   Lu, Pan, and Harkness, "Mother-Cub Relationships in Giant Pandas," 567–8.

36   Lu, Pan, and Harkness, "Mother-Cub Relationships in Giant Pandas," 567–8.

37   Stephen O'Brien et al., "A Molecular Solution to the Riddle of the Giant Panda's Phylogeny," *Nature* 317 (1985): 140–144.

38   Schaller, *The Last Panda*, 11.

39   Schaller, *The Last Panda*, xvi.

40   John Ramsay Mackinnon, "National Conservation Management Plan for the Giant Panda and Its Habitat: Sichuan, Shaanxi and Gansu Provinces, the People's Republic of China: Joint Report," WWF & China's Ministry of Forests, 1989.

41   Chris Buckley and Steven Lee Myers, "China's Legislature Blesses Xi's Indefinite Rule. It Was 2,958 to 2," *New York Times*, March 11, 2018.

42   Benjamin Haas, "China Bans Winnie the Pooh Film after Comparisons to President Xi," *The Guardian*, August 7, 2018.

43   장허민과의 저자 인터뷰, 2021년 7월, 카일 오베르만의 통역.

44   Jennifer Holland, "Pandas: Get to Know Their Wild Side," *National Geographic*,

August 2016.

45　Holland, "Pandas: Get to Know Their Wild Side."

46　장허민과의 저자 인터뷰, 2021년.

47　장허민과의 저자 인터뷰, 2021년.

48　Sam Howe Verhovek, "So Why Are Pandas So Cute?" *New York Times*, May 11, 1987.

49　Peishu Li and Kathleen Smith, "Comparative Skeletal Anatomy of Neonatal Ursids and the Extreme Altriciality of the Giant Panda," *Journal of Anatomy* 236, no. 4 (2020): 724-36.

50　장허민과의 저자 인터뷰, 2021년. Alfie Shaw, "The Panda Who Didn't Know She Had Twins," BBC.

51　"Brief Introduction to Chengdu Research Base of Giant Panda Breeding." http://www.panda.org.cn/english/about/about/2013-09-11/2416.html

52　Holland, "Pandas: Get to Know Their Wild Side."

53　이 수치는 다소 불분명하다. 장허민은 사육 대왕판다 11마리가 방사됐으며 이 중 9마리가 살아남았다고 했다. 하지만 다음 자료는 방사된 사육 대왕판다가 12마리라고 언급하고 있다. Mingsheng Hong et al., "Creative Conservation in China: Releasing Captive Giant Pandas into the Wild," *Environmental Science and Pollution Research* 26 (2019): 31548-9.

54　Associated Press, "Chinese Pandas Get Zoo Enclosure Fit for a Queen's Reception," April 10, 2019.

55　Lisa Abend, "'Panda Diplomacy': A $24 million Zoo Enclosure Angers Some," *New York Times*, April 12, 2019.

56　Kathleen Buckingham et al., "Diplomats and Refugees: Panda Diplomacy, Soft 'Cuddly' Power, and the New Trajectory in Panda Conservation," *Environmental Practice* 15, no. 3 (2013): 1-9.

57　Zhang Yunbi, "Pandas 'Envoys of Friendship,'" *China Daily*, July 5, 2012.

58　Giant Panda Global, "Zoos and Breeding Centers." https://www.giantpandaglobal.com/zoos/

59　Alexander Burns, "When Ling-Ling and Hsing Hsing Arrived in the U.S.," *New York Times*, February 4, 2016.

60　Buckingham et al., "Diplomats and Refugees."

61　UPI, "Panda Imports Suspended While Policy Reviewed," December 20, 1993.

62 Buckingham et al., "Diplomats and Refugees," 1.

63 Buckingham et al., "Diplomats and Refugees," 5.

64 Schaller, *The Last Panda*, 156.

65 Schaller, *The Last Panda*, 156.

66 Schaller, *The Last Panda*, 156.

67 Christine Dell'Amore, "Is Breeding Pandas in Captivity Worth It?" *National Geographic*, August 28, 2013.

68 Meng Qingsheng, "Two Captive-Bred Pandas Released into Wild," CGTN, December 30, 2018.

69 Meng, "Two Captive-Bred Pandas Released into Wild."

70 James Owen, "First Panda Freed into Wild Found Dead," *National Geographic*, May 31, 2007.

71 Hong et al., "Creative Conservation in China," Table 1.

72 Christine Dell'Amore, "Giant Pandas, Symbol of Conservation, Are No Longer Endangered," *National Geographic*, September 4, 2016.

73 Jane Qiu, "Experts Question China's Panda Survey," *Nature*, February 28, 2015.

74 Zhaoxue Tian et al., "The Next Widespread Bamboo Flowering Poses a Massive Risk to the Giant Panda," *Biological Conservation* 234 (June 2019): 180–87.

75 Zhaoxue et al., "The Next Widespread Bamboo Flowering."

76 Gloria Dickie, "Green Glove, Iron Fist," *BioGraphic Magazine*, December 18, 2018.

77 Zhaoxue et al., "The Next Widespread Bamboo Flowering."

제4장 황금빛 액체

1 Yiben Feng et al., "Bear Bile: Dilemma of a Traditional Medicinal Use and Animal Protection," *Journal of Ethnobiology and Ethnomedicine* 5, article 2 (2009).

2 Rachel Fobar, "Bear Bile, Explained," *National Geographic*, February 25, 2019.

3 Feng et al., "Bear Bile."

4 Cynthia Graber, "Snake Oil Salesmen Were on to Something," *Scientific American*, November 1, 2007.

5 T. Achufusi et al., "Ursodeoxycholic Acid," National Library of Medicine, updated January 2022. https://www.ncbi.nlm.nih.gov/books/NBK545303/; URSO

Prescribing Information, US Food and Drug Administration, November 2009.

6　Lee Hagey et al., "Ursodeoxycholic Acid in the Ursidae: Biliary Bile Acids of Bears, Pandas, and Related Carnivores," *Journal of Lipid Research* 34, no. 11 (1993): 1911–17.

7　Hagey et al., "Ursodeoxycholic Acid," 1912. *Ursus americanus.*

8　Hagey et al., "Ursodeoxycholic Acid," 1912.

9　Fabio Tonin and Isabel Arends, "Latest Development in the Synthesis of Ursodeoxycholic Acid (UCDA): A Critical Review," *Beilstein Journal of Organic Chemistry* 20, no. 14 (2018): 470–83.

10　"Notice on Printing and Distributing the Novel Coronavirus Pneumonia Diagnosis and Treatment Plan," Office of the Chinese Medicine Bureau of the General Office of the Health Commission, March 3, 2020. http://www.gov.cn/zhengce/zhengceku/2020-03/04/5486705/files/ae61004f930d47598711a0d4cbf874a9.pdf

11　반달가슴곰은 약 18개 국가에 서식한다. 30개가 넘는 국가에서 발견되는 불곰에 이어 두 번째로 서식 범위가 넓다.

12　Lalita Gomez and Chris Shepherd, "Trade in Bears in Lao PDR with Observations from Market Surveys and Seizure Data," *Global Ecology and Conservation*, July 2018; Lorraine Scotson, "The Distribution and Status of Asiatic Black Bear *Ursus thibetanus* and Malayan Sun Bear *Helarctos malayanus* in Nam Et Phou Louey National Protected Area, Lao PDR," 2010, 28; Kaitlyn-Elizabeth Foley et al., "Pills, Powders, Vials, and Flakes: The Bear Bile Trade in Asia," TRAFFIC Southeast Asia report, 2011, vi, 7.

13　Sir Thomas Stamford Raffles, *Transactions of the Linnean Society, Vol. XIII*, March 1823, in the *Monthly Review*, 232.

14　T. Raffles, *Transactions of the Linnean Society*, 232.

15　Lady Sophia Raffles, *Memoir of the Life and Public Serves of Sir Thomas Stamford Raffles, F.R.S.* (London: Gilbert and Rivington Printers, 1830), 446.

16　S. Raffles, *Memoir of the Life*, 634.

17　Stephen Herrero, "Aspects of Evolution and Adaptation in American Black Bears (*Ursus americanus Pallas*) and Brown and Grizzly Bears (*U. arctos Linne.*) of North America," Panel 4: Bear Behaviour, in Vol. 2, *A Selection of Papers from the Second International Conference on Bear Research and Management, Calgary, Alberta, Canada, 6–9 November 1970*. IUCN Publications New Series no. 23 (1972), 221–231. Published by the International Association for Bear Research and Management.

18   Liya Pokrovskaya, "Vocal Repertoire of Asiatic Black Bear (*Ursus thibetanus*) Cubs," *Bioacoustics* 22, no. 3 (2013): 229–45. 질 로빈슨과의 저자 인터뷰, 2021년 3월.

19   IUCN SSC Bear Specialist Group et al., "Sun Bears: Global Status Review & Conservation Action Plan, 2019–2028," 2019, 4.

20   가브리엘라 프레드릭손과의 저자 인터뷰, 2021년 5월.

21   가브리엘라 프레드릭손과의 저자 인터뷰, 2021년.

22   Derry Taylor et al., "Facial Complexity in Sun Bears: Exact Facial Mimicry and Social Sensitivity," *Scientific Reports* 9, article no. 4961 (2019).

23   Hagey at al., "Ursodeoxycholic Acid," 1912.

24   저자 인터뷰, 2019년 3월. Animals Asia, "Convincing Vietnam's Most Notorious Bile Farm Village That Now Is the Time for Change," April 19, 2019.

25   2019년 베트남 취재 당시 NGO들은 농장에 남아 있는 곰을 약 400마리로 추산했다. 하지만 이후로 사망하거나 구조되는 곰이 나오면서 이 숫자는 감소했다.

26   뚜안 벤딕슨과의 저자 인터뷰, 2019년 3월.

27   정확한 수치는 확인하기 어렵다. 애니멀즈아시아는 중국에 있는 사육 곰이 1만 마리 이상 되며 다른 아시아 국가들에 1만 마리가 더 있다고 추정한다. 다음 문헌을 통해 확인한 바에 따르면 중국 웅담 농장에서 합법적으로 사육되고 있는 곰의 수가 2만 마리다. 세계동물보호단체의 이 보고서는 정식으로 발표되지 않았지만, 세계동물보호단체가 이 수치를 얻기 위해 중국 국무원 발전연구센터와 단기간 협력했음을 저자와 교환한 서신을 통해 확인했다. "Cruel Cures: The Industry Behind Bear Bile Production and How to End It," World Animal Protection report, 2020, 9; C. Iwen and G. Shenzhen, "Research on the Current Situation of Chinese Bear Bile Industry and Strategies for Transition," investigation report for Central State Council, Beijing, 2016.

28   "Bear Bile Farming—2022 Status," Free the Bears report. https://freethebears.org/blogs/news/bear-bile-farming-2022-status

29   Peter J. Li, "China's Bear Farming and Long-Term Solutions," *Journal of Applied Animal Welfare Science* 7, no. 1 (2004): 71–80.

30   Feng et al., "Bear Bile."

31   Susan Mainka and Judy Mills, "Wildlife and Traditional Chinese Medicine: Supply and Demand for Wildlife Species," *Journal of Zoo and Wildlife Medicine* 26, no. 2 (1995): 193.

32   Foley et al., "Pills, Powders, Vials, and Flakes," 6.

33 Peter Li, "China's Bear Farming and Long-Term Solutions," *Journal of Applied Animal Welfare Science* 7, no. 1 (2004): 71-81.

34 저자 인터뷰. Moon Gwang-lip, "Vietnamese Urge Koreans Not to Travel for Bear Bile," *Korea JoongAng Daily*, October 27, 2009.

35 WAP, "Cruel Cures," 4.

36 "사육업자 중에는 굉장한 부자들도 있어서 그 사람들이 부르는 곰 값은 어차피 줄 수도 없어요. (…) 푹토현에서 큰 농장을 운영하는 사람들은 큰 집에 살고 고급 차를 몰죠.", 뚜안 벤딕슨과의 저자 인터뷰, 2019년 3월.

37 Animals Asia, "Five Things You Need to Know about Bear Bile Farming," November 1, 2021.

38 Animals Asia, "What Is Bear Bile Farming?" 2017.

39 Animals Asia, "Six Horrific Ways Bear Bile Is Extracted for Traditional Medicine," January 10, 2018.

40 Animals Asia, "Six Horrific Ways."

41 Animals Asia, "Why Bear Bile Farming Persists in Vietnam," October 7, 2014.

42 Animals Asia, "From 4,300 Caged Bears on Bile Farms in Vietnam to a Future with None," July 19, 2017.

43 Animals Asia, "From 4,300 Caged Bears."

44 Animals Asia, "Bear Numbers Fall on Vietnam's Bile Farms," January 8, 2015.

45 Animals Asia, "Bear Numbers Fall."

46 프리더베어스의 로드 마빈, 매슈 헌트Matthew Hunt와 저자가 교환한 서신. 공식적으로 집계된 수치는 없으며 다른 아시아 국가들에서도 수백 마리가 더 구조되었으나 베트남에서는 구조된 담즙곰의 수를 300~500마리로 추산한다.

47 World Animal Protection, "End in Sight for Cruel Bear Bile Industry in Vietnam," January 9, 2017.

48 Shreya Dasgupta, "Vietnam's Bear Bile Farms Are Collapsing—But It May Not Be Good News," *Mongabay*, July 11, 2018.

49 Brian Crudge et al., "The Challenges and Conservation Implications of Bear Bile Farming in Viet Nam," *Oryx* 54, no. 2 (2018): 256.

50 Animals Asia, "These Broken Paws Have Become a Symbol of Bile Farm Cruelty," January 20, 2017.

51 Elizabeth Burgess et al., "Brought to Bear: An Analysis of Seizures across Asia, 2000-2011," TRAFFIC report, 2014, 19.

52 Daniel Willcox et al., "An Assessment of Trade in Bear Bile and Gall Bladder in Vietnam," TRAFFIC report, 2017, 30.

53 IUCN Red List of Threatened Species Assessment, *Helarctos malayanus and Ursus thibetanus*.

54 IUCN Red List of Threatened Species Assessment, Asiatic black bear.

55 IUCN SSC Bear Specialist Group et al., "Sun Bears: Global Status Review & Conservation Action Plan, 2019–2028," 17.

56 Roshan Guharajan et al., "Does the Vulnerable Sun Bear *Helarctos malayanus* Damage Crops and Threaten People in Oil Palm Plantations?" *Oryx* 53, no. 4 (2019): 1–9; Thye Lim Tee et al., "Anthropogenic Edge Effects in Habitat Selection by Sun Bears in a Protected Area," *Wildlife Biology*, 2021.

57 Guharajan et al., "Does the Vulnerable Sun Bear *Helarctos malayanus* Damage Crops," 17; G. C. Tan, "Sun Bear Found Caught in Snare Near Oil Palm Plantation in Kedah," *The Star*, July 10, 2021.

58 IUCN SSC Bear Specialist Group et al., "Sun Bears: Global Status Review," 17.

59 Brian Crudge et al., "The Status and Distribution of Bears in Vietnam, 2016," Free the Bears and Animals Asia Technical Report, 2016.

60 Crudge et al., "The Status and Distribution of Bears," 6.

61 질 로빈슨과의 저자 인터뷰, 2021년 3월.

62 뚜안 벤딕슨과의 저자 인터뷰, 2019년 3월.

63 뚜안 벤딕슨, 찐 후옌 짱Trinh Huyen Trang과의 저자 인터뷰, 2019년과 2021년.

64 Animals Asia, "Poachers Left This Sun Bear Orphaned and Alone—Now Heroes Have Rebuilt Her Life," August 28, 2017.

65 Bella Peacock, "Malaysian Popstar Thought Pet Bear Was a Dog," 9News Australia, June 13, 2019.

66 Peacock, "Malaysian Popstar."

67 Also see Scotson, "The Distribution and Status of Asiatic Black Bear *Ursus thibetanus*," 28.

68 미얀마가 "세계적으로 멸종이 우려되는 두 곰종의 야생 개체수가 상당히 많으며 중국을 비롯한 동아시아 소비국들과 경제적, 지정학적으로 연결되어 있다"라고 언급했다. Vincent Nijman et al., "Assessing the Illegal Bear Trade in Myanmar through Conversations with Poachers: Topology, Perceptions, and Trade Links to China," *Human Dimensions of Wildlife* 22, no. 2 (2017): 172–82.

69   Animals Asia, "Vietnam Agrees Plan to Close All Bear Bile Farms," July 19, 2017.

70   Vietnam News Agency, "Thousands of Hanoians Call for End to Bear Farming," February 13, 2019.

71   Animals Asia, "Report: 97% of Traditional Medicine Doctors No Longer Prescribe Bear Bile in Vietnam," May 30, 2019.

72   브라이언 크루지와의 저자 인터뷰, 2021년 3월.

73   Simon Denyer, "China's Bear Bile Industry Persists Despite Growing Awareness of the Cruelty Involved," *Washington Post*, June 3, 2018.

제5장 야생을 벗어나다

1   Matthew Wright, "Bear Wanders into a California Grocery Store, Grabs a Bag of Tostitos," *Daily Mail Online*, August 21, 2020.

2   Rachel Sharp, "Hungry Bears Break into California Gas Station and Supermarket and Eat Candy and Crackers," *Daily Mail Online*, September 1, 2020.

3   Oliver Millman, "No Picnic: Americans Face Encounters with Black Bears as Population Rebounds," *The Guardian*, October 30, 2018.

4   "Wildlife Officials Tranquilize Black Bear in Yonkers," CBS News, May 20, 2015.

5   칼 래키와의 저자 인터뷰, 2015년 3월. Marie Baca, "Near Lake Tahoe, There's a Bear So Tough, Bullets Bounce Off His Head," *Wall Street Journal*, August 16, 2010.

6   인클라인빌리지, 스테이트라인, 사우스레이크타호를 포함하는 타호호수 주변 연구 지역 내 도시 접촉 지대 곰urban-interface bears의 추정 밀도가 "북아메리카에서 두 번째로 높았다"라고 언급했다. Jon Beckmann and Joel Berger, "Using Black Bears to Test Ideal-Free Distribution Models Experimentally," *Journal of Mammalogy* 84, no. 2 (2003): 597.

7   1990년대 중반부터 충돌이 늘어나기 시작했다고 언급했다. Jon Beckmann and Carl Lackey, "Lessons Learned from a 20-Year Collaborative Study on American Black Bears," *Human-Wildlife Interactions* 12, no. 3 (2018): 172–82.

8   Jon Beckmann and Joel Berger, "Rapid Ecological and Behavioral Changes in Carnivores: The Responses of Black Bears (*Ursus americanus*) to Altered Food," *Journal of Zoology* 261, no. 2 (2003): 207–212; Kendra Pierre-Louis, "As Winter Warms, Bears Can't Sleep. And They're Getting into Trouble," *New York Times*, May

4, 2018.

9   Beckmann and Berger, "Rapid Ecological and Behavioral Changes in Carnivores."

10   Heather Johnson et al., "Human Development and Climate Affect Hibernation in a Large Carnivore with Implications for Human–Carnivore Conflicts," *Journal of Applied Ecology* 55, no. 2 (2018): 663–72.

11   John Hopewell, "Warning to Visitors, Yellowstone Grizzly Bears Emerge Weeks Early Due to Warm Weather," *Washington Post*, March 10, 2016.

12   Johnson et al., "Human Development and Climate Affect Hibernation."

13   Heather Johnson, David L. Lewis, and Stewart W. Breck, "Individual and Population Fitness Consequences Associated with Large Carnivore Use of Residential Development," *Ecosphere* 11, no. 5 (2020): 1.

14   Beckmann and Berger, "Using Black Bears to Test," 602.

15   National Park Service, "Denning and Hibernation Behavior."

16   Beckmann and Berger, "Using Black Bears to Test," 602.

17   Beckmann and Berger, "Using Black Bears to Test," 602.

18   "Bear Boxes in the Lake Tahoe Region," Tahoe Regional Planning Agency report, 2017, 4.

19   Rae-Wynn Grant et al., "Risky Business: Modeling Mortality Risk Near the Urban–Wildland Interface for a Large Carnivore," *Global Ecology and Conservation* 16 (2018).

20   Beckmann and Lackey, "Lessons Learned."

21   데이브 가셸리스Dave Garshelis는 2022년 7월 저자와 교환한 서신에서 태양곰이 지연 착상을 경험하는지는 아직 확실히 알려지지 않았지만, 만약 그렇다면 기간이 매우 짧을 것이라고 언급했다. Andrea Friebe et al., "Factors Affecting Date of Implantation, Parturition, and Den Entry Estimated from Activity and Body Temperature in Free-Ranging Brown Bears," *PLoS One* 9, no. 7 (2014); Zhang Hemin et al., "Delayed Implantation in Giant Pandas: The First Comprehensive Empirical Evidence," *Reproduction* 138, no. 6 (2009): 979–86; Cheryl Frederick et al., "Reproductive Timing and Seasonality in the Sun Bear (*Helarctos malayanus*)," *Journal of Mammalogy* 93, no. 2 (2012): 522–31.

22   Stephen Herrero et al., "Fatal Attacks by American Black Bear on People, 1900–2009," *Journal of Wildlife Management* 75, no. 3 (2011): 596–603.

23   Herrero et al., "Fatal Attacks by American Black Bear."

24   Alexandra Yoon-Hendricks and Ryan Sabalow, "California Man Had a Destructive

Bear Killed. Then His Tahoe Neighbors Went on the Attack," *Sacramento Bee*, January 6, 2020; Travis Hall, "Black Bear Walks into California Home and Attacks Woman," *Field & Stream*, June 29, 2022.

25   Claire Cudahy, "Man Jump Kicks Bear in Chest after It Breaks into Cabin at Fallen Leaf Lake," *Tahoe Daily Tribune*, July 2, 2018.

26   Arthur Rotstein, "Bear Mauls Camp Counselor," Associated Press, July 26, 1996; UPI, "Bear Killed after Mauling Girl," July 25, 1996.

27   Tim Vanderpool, "Bruin Trouble," *Tucson Weekly*, February 17, 2000.

28   Beckmann and Lackey, "Lessons Learned."

29   은퇴한 신경외과 의사이자 곰의 생리를 연구한 조지 스티븐슨George Stevenson 박사의 실험에 따르면, 회색곰의 코에 있는 신경종말의 수가 사냥개보다 7배 많았고 사냥개는 사람보다 300배 많았다.

30   Valeria Zamisch and Jennifer Vonk, "Spatial Memory in Captive American Black Bears (*Ursus americanus*)," *Journal of Comparative Psychology* 126, no. 4 (2012): 372–87.

31   제니퍼 봉크와의 저자 인터뷰, 2021년 3월.

32   Wenliang Zhou et al., "Why Wild Giant Pandas Frequently Roll in Horse Manure," *Proceedings of the National Academy of Sciences* 117, no. 51 (2020): 32493–98.

33   Peter Thompson et al., "Time-Dependent Memory and Individual Variation in Arctic Brown Bears (*Ursus arctos*)," *Movement Ecology* 10, article no. 18 (2022).

34   Ian Stirling et al., "Do Wild Polar Bears (*Ursus maritimus*) Use Tools When Hunting Walruses (*Odobenus rosmarus*)?" *Arctic* 74, no. 2 (2020): 175–87.

35   대표적으로 다음의 연구들이 있다. Jennifer Vonk, Stephanie E. Jett, and Kelly W. Mosteller, "Concept Formation in American Black Bears (*Ursus americanus*)," *Animal Behaviour* 84, no. 4 (2012): 953–64; Zamisch and Vonk, "Spatial Memory in Captive American Black Bears (*Ursus americanus*)"; Jennifer Vonk and Moriah Galvan, "What Do Natural Categorization Studies Tell Us about Apes and Bears?" *Animal Behavior and Cognition* 1, no. 3 (2014): 309–330; Jennifer Vonk and Zoe Johnson-Ulrich, "Social and Non-Social Category Discrimination in a Chimpanzee (*Pan troglodytes*) and American Black Bears (*Ursus americanus*)," *Learning and Behavior* 42, no. 3 (2014): 231–45; Vonk et al., "Manipulating Spatial and Visual Cues in a Win-Stay Foraging Task in Captive Grizzly Bears (*Ursus arctos horribilis*)," in *Spatial, Long-and Short-Term Memory: Functions, Differences and Effects of Injury*,

ed. Edward A. Thayer (New York: Nova Biomedical, 2016), 47–60.

36 제니퍼 봉크와의 저자 인터뷰, 2021년 3월.

37 Jennifer Vonk and Michael Beran, "Bears 'Count' Too: Quantity Estimation and Comparison in Black Bears (*Ursus americanus*)," *Animal Behaviour* 84, no. 1 (2012): 231–38.

38 Vonk and Beran, "Bears 'Count' Too."

39 Vonk and Beran, "Bears 'Count' Too."

40 Vonk and Beran, "Bears 'Count' Too."

41 케이틀린 리로니와의 저자 인터뷰, 2019년 9월.

42 케이틀린 리로니와의 저자 인터뷰, 2019년.

43 레이철 머주어와의 저자 인터뷰, 2019년 9월.

44 Paul Rogers, "Conflicts with Yosemite Bears Fall Dramatically as People, Bears Learn New Lessons," *Mercury News*, August 12, 2016.

45 Rogers, "Conflicts with Yosemite Bears Fall."

46 Suzanne Charle, "To Bears in Yosemite, Cars Are Like Cookie Jars," *New York Times*, November 30, 1997.

47 Rogers, "Conflicts with Yosemite Bears Fall."

48 Kate Nearpass Ogden, *Yosemite* (London: Reaktion Books, 2015), 45.

49 Ogden, *Yosemite*, 32.

50 Ogden, *Yosemite*, 32–33.

51 Ogden, *Yosemite*, 36–42.

52 Rachel Mazur, *Speaking of Bears: The Bear Crisis and a Tale of Rewilding from Yosemite, Sequoia, and Other National Parks* (Guilford, CT: Falcon Guides, 2015).

53 John Muir, *Our National Parks* (Boston and New York: Houghton, Mifflin and Company, 1901).

54 Ogden, *Yosemite*, 54–58.

55 Mazur, *Speaking of Bears*, 24.

56 Mazur, *Speaking of Bears*, 25–26.

57 Mazur, *Speaking of Bears*, 30–31.

58 Mazur, *Speaking of Bears*, 29.

59 Mazur, *Speaking of Bears*, 31.

60 Mazur, *Speaking of Bears*, 32.

61 Mazur, *Speaking of Bears*, 33.

62   Mazur, *Speaking of Bears*, 33.

63   Mazur, *Speaking of Bears*, 36.

64   Mazur, *Speaking of Bears*, 36.

65   Sarah Dettmer, "Night of the Grizzlies: Lessons Learned in 50 Years Since Attacks," *Great Falls Tribune*, August 3, 2017.

66   Dettmer, "Night of the Grizzlies."

67   Dettmer, "Night of the Grizzlies."

68   Dettmer, "Night of the Grizzlies."

69   Dettmer, "Night of the Grizzlies."

70   Dettmer, "Night of the Grizzlies."

71   Stephen Herrero, *Bear Attacks: Their Causes and Avoidance*, 3rd ed. (Guilford, CT: Lyons Press, 1985), 53.

72   Herrero, *Bear Attacks*, 53.

73   Herrero, *Bear Attacks*, 54.

74   Herrero, *Bear Attacks*, 54.

75   Herrero, *Bear Attacks*, 55.

76   Margaret Seelie, "Nature Is a Woman's Place: How the Myth That Bears Are a Danger to Menstruating Women Spread," *Jezebel*, May 25, 2017.

77   *Grizzly, Grizzly, Grizzly*, US National Park Service and US Forest Service brochure. https://archive.org/details/grizzlygrizzlygr239unit/mode/2up

78   *Grizzly, Grizzly, Grizzly*.

79   Kerry Gunther, "Bears and Menstruating Women," Yell 707, Information Paper BMO-7, February 2016.

80   Mazur, *Speaking of Bears*, 73.

81   Mazur, *Speaking of Bears*, 56.

82   Bill Van Niekerken, "An Ode to Phil Frank: When 'Travels with Farley' Moved to SF Full Time," *San Francisco Chronicle*, February 25, 2020.

83   케이틀린 리로니와의 저자 인터뷰, 2019년 9월.

84   National Park Service, "Human-Bear Incidents Reach Record Low in Yosemite National Park," November 19, 2015.

85   케이틀린 리로니와의 저자 인터뷰, 2019년 9월.

86   케이틀린 리로니와의 저자 인터뷰, 2019년.

87   곰들의 밤 시간대 활동이 크게 줄었고, 밤에 활동하는 곰이 문제의 90퍼센트였지

만 지난 몇 년 동안은 거의 보지 못했다고 했다. 케이틀린 리로니와의 저자 인터뷰, 2019년.

88   John B. Hopkins et al., "The Changing Anthropogenic Diets of American Black Bears over the Past Century in Yosemite National Park," *Frontiers in Ecology and the Environment* 12, no. 2 (2014): 107–114.

89   National Park Service, "Human-Bear Incidents Reach Record Low"; Yosemite National Park Bear Facts, August 25 to August 31, 2019.

90   케이틀린 리로니와의 저자 인터뷰, 2019년.

제6장 회색곰의 귀환

1   네이선 킨과의 저자 인터뷰, 2021년 5월.

2   네이선 킨과의 저자 인터뷰, 2021년.

3   네이선 킨과의 저자 인터뷰, 2021년.

4   Aaron Bolton, "Pioneering Grizzly Bear Spotted East of Great Falls," Montana Public Radio, June 20, 2020.

5   네이선 킨과의 저자 인터뷰, 2021년.

6   네이선 킨과의 저자 인터뷰, 2021년.

7   Bolton, "Pioneering Grizzly Bear Spotted." 웨슬리 사르멘토Wesley Sarmento와의 저자 인터뷰, 2021년.

8   네이선 킨과의 저자 인터뷰, 2021년.

9   Nathan Rott, "As Grizzlies Come Back, Frustration Builds over Continued Protections," NPR Weekend Edition, February 2, 2019; Jim Robbins, "Grizzlies Return, with Strings Attached," *New York Times*, August 15, 2011.

10   Associated Press, "Grizzly Bear Photographed in Big Snowy Mountains," as appeared in *Great Falls Tribune*, May 6, 2021.

11   Craig Miller and Lisette Waits, "The History of Effective Population Size and Genetic Diversity in the Yellowstone Grizzly (*Ursus arctos*): Implications for Conservation," *Proceedings of the National Academy of Sciences* 100, no. 7 (2003): 4334–39; Sylvia Fallon, "No Room to Roam—New Top Ten Report Highlights the Isolation of Yellowstone Grizzly Bears," NRDC blog, November 18, 2015.

12   "Mexican Grizzly (Extinct)," Bear Conservation.

13 "Special Status Assessment for the Grizzly Bear (*Ursus arctic horribilis*) in the Lower-48 States: A Biological Report," prepared by the US FWS Grizzly Bear Recovery Office, Missoula, January 2021, 50.

14 "Grizzly Recovery Program," University of Montana. https://www.cfc.umt.edu/grizzlybearrecovery/about/default.php

15 "Grizzly Recovery Program."

16 Jeremy Miller, "Awakening the Grizzly," *Pacific Standard Magazine*, June/July 2018.

17 Karin Klein, "Orange County's Grizzly Past," *Los Angeles Times*, September 29, 2010.

18 Miller, "Awakening the Grizzly."

19 "The Pacific Coast Nimrod Who Gives Chairs to Presidents," *New York Times*, December 9, 1885.

20 Marshall R. Auspach, "The Lost History of Seth Kinman," in *Now and Then* (Muncy, PA: Muncy Historical Society, 1947), 180–202; "The 'Pacific Coast Nimrod' Seth Kinman and His Snapping Grizzly Bear Chairs Fit for Presidents," *Flashbak*, April 6, 2014.

21 "Special Status Assessment," 51.

22 "Special Status Assessment," 51.

23 "Special Status Assessment," 4; Amendment listing the grizzly bear of the 48 Conterminous states as a threatened species (*Ursus arctos horribilis*), US Fish and Wildlife Service, Vol. 40, No. 145, July 28, 1975, Washington, DC, 31734–36.

24 "Special Status Assessment," 4.

25 미국 몬태나주 북서부에서는 1990년대 초까지 사냥이 소규모로 지속되었다. Associated Press, "Montana Grizzly Hunt Delayed," September 28, 1991.

26 "Grizzly Bear Listed as Threatened Species," Department of Interior News Release, July 28, 1975.

27 "Special Status Assessment," 76; "Grizzly Bear Recovery Plan," prepared by Chris Servheen, approved by USFWS on September 10, 1993.

28 "Special Status Assessment," 8.

29 "Special Status Assessment," 178–179; Gloria Dickie, "Return of the Grizzly?" *High Country News Magazine*, February 21, 2017.

30 "Grizzly Detected in Montana's Bitterroots Last Week," Spokesman-Review, July 23, 2019; Justin Housman, "Lone Grizzly Makes a Home in Bitterroot Ecosystem—First Time in 80 Years," *Adventure Journal*, July 22, 2019.

31 Michael Dax, *Grizzly West: A Failed Attempt to Reintroduce Grizzly Bears in the Mountain West* (Lincoln: University of Nebraska Press, 2015); Rob Chaney, "Grizzly Biologists Release Bitterroot Studies," *Missoulian*, June 17, 2021.

32 미국 본토 48개 주에 최소 1,913마리가 있다고 언급했다. "Special Status Assessment," 61.

33 1975년 미국 본토 48개 주의 회색곰 수가 700~800마리였다고 언급했다. "Special Status Assessment," 4.

34 Grizzly Bear in the Lower-48 States (*Ursus arctos horribilis*) 5-Year Status Review: Summary and Evaluation," US Fish and Wildlife Service, 4.

35 역사적 서식 범위에서 차지하는 비율이 2퍼센트에서 6퍼센트로 증가했다고 언급했다. "Special Status Assessment," 4-5.

36 크리스 서빈과 저자가 교환한 서신, 2022년 7월.

37 "5~10년 안에 개체군 간의 연결성이 강화될 겁니다.", 크리스 서빈과의 저자 인터뷰, 2021년 5월.

38 "Grizzly Bear Biology," University of Montana Grizzly Bear Recovery Program.

39 미국어류및야생동물관리국 자료에 따르면 2015년 이래 엘크 사냥꾼들이 정당방위로 회색곰을 죽인 사례가 여섯 건 있었다.

40 Yellowstone National Park, "Identity of Victim in Grizzly Attack Released," August 10, 2015.

41 Yellowstone National Park, "Hiker's Death Confirmed as Grizzly Attack," August 13, 2015.

42 "Hiker's Death Confirmed."

43 Associated Press, "Ohio Zoo Takes Cubs of Bear Euthanized after Yellowstone Hiker Killed and Eaten," as appeared in *The Guardian*, August 15, 2015.

44 Albert Sommers et al., "Quantifying Economic Impacts of Large-Carnivore Depredation on Bovine Calves," *Journal of Wildlife Management* 74, no. 7 (2010): 1425-34; Gloria Dickie, "Pay for Prey," *High Country News Magazine*, July 23, 2018.

45 M. A. Haroldson et al., "Documented Known and Probable Grizzly Bear Mortalities in the Greater Yellowstone Ecosystem, 2015-2021," US Geological Survey data release, 2022. https://doi.org/10.5066/P9U1X0KF

46 크리스 서빈과의 저자 인터뷰, 2021년.

47 Associated Press, "After Reappearing in Central Montana, Grizzly Killed over Cattle Depredation," as appeared on Montana Public Radio, May 14, 2021.

48   Gloria Dickie, "Grizzly Face-Off," *High Country News Magazine*, May 16, 2016.

49   Cornelia Dean, "Wyoming: A Comeback Worthy of a Grizzly Bear," *New York Times*, March 23, 2007.

50   Matthew Brown, "Feds Sued over Removal of Grizzlies from Threatened List," Associated Press, June 5, 2007.

51   Greater Yellowstone Coalition Inc. v. Servheen (D-MONT. 9-21-2009).

52   Greater Yellowstone Coalition v. Servheen.

53   USGS et al., "The Greater Yellowstone Climate Assessment," 2021.

54   Janet Fryer, "*Pinus albicaulis,*" US Department of Agriculture, Forest Service, Rocky Mountain Research Station, Fire Sciences Laboratory, 2002.

55   Frank T. Van Manen et al., "Response of Yellowstone Grizzly Bears to Changes in Food Resources: A Synthesis. Final Report to the Interagency Grizzly Bear Committee and Yellowstone Ecosystem Subcommittee," 2013.

56   Van Manen et al., "Response of Yellowstone Grizzly Bears to Changes in Food Resources," 3.

57   Van Manen et al., "Response of Yellowstone Grizzly Bears to Changes in Food Resources," 5.

58   Van Manen et al., "Response of Yellowstone Grizzly Bears to Changes in Food Resources," 14.

59   Van Manen et al., "Response of Yellowstone Grizzly Bears to Changes in Food Resources," 4.

60   Van Manen et al., "Response of Yellowstone Grizzly Bears to Changes in Food Resources," 13.

61   Van Manen et al., "Response of Yellowstone Grizzly Bears to Changes in Food Resources," 35

62   Van Manen et al., "Response of Yellowstone Grizzly Bears to Changes in Food Resources," 35.

63   Kelsey Dayton, "Will the Grizzly Bear Flourish or Falter after Decades under ESA?" *WyoFile*, December 24, 2013.

64   스티브 웨스트와의 저자 인터뷰, 2017년 8월. Gloria Dickie, "Bear Market," *Walrus Magazine*, May 2018.

65   스티브 웨스트와의 저자 인터뷰, 2017년. Dickie, "Bear Market."

66   "Steve West Smashes Long Standing Boone & Crockett Grizzly Record with

Muzzleloader," *Outdoor Hub*, August 7, 2012.

67   스티브 웨스트와의 저자 인터뷰, 2017년.

68   Department of Interior, "Endangered and Threatened Wildlife and Plants; Removing the Greater Yellowstone Ecosystem Population of Grizzly Bears from the Federal List of Endangered and Threatened Wildlife," Federal Register, Vol. 82, No. 125, June 30, 2017.

69   Colin Dwyer, "After 42 Years, Yellowstone Grizzly Will Be Taken Off Endangered Species List," *NPR*, June 22, 2017.

70   Ayla Besemer, "Wyoming Announces Grizzly Hunt Near Yellowstone and Grand Teton," *Backpacker*, May 24, 2018.

71   Todd Wilkinson, "Jane Goodall Joins Wyoming Protestors in Buying Up Grizzly Hunt Tickets," *National Geographic*, July 16, 2018.

72   "Into the Wild with Thomas D. Mangelsen," *60 Minutes* with Anderson Cooper, May 6, 2018; Todd Wilkinson, "Famous Grizzly Bear 'Back from the Dead'—with a New Cub," *National Geographic*, May 12, 2016.

73   Karin Brulliard, "A Wildlife Photographer Won a Permit to Shoot Grizzlies. Here's What He's Doing with It," *Washington Post*, August 1, 2018.

74   Brulliard, "A Wildlife Photographer Won a Permit."

75   Brulliard, "A Wildlife Photographer Won a Permit."

76   "Groups Challenge Decision to Remove Yellowstone Grizzly Protections," Earthjustice release, August 30, 2017. https://earthjustice.org/sites/default/files/files/2017-08-30-ECF-No1-Complaint.pdf

77   Melodie Edwards, "Nine Tribes Sue, Saying Feds Didn't Consult Them on Grizzly Delisting," Wyoming Public Media, August 4, 2017. https://www.courthousenews.com/wp-content/uploads/2017/07/Grizzlies.pdf

78   Gloria Dickie, "Tribal Nations Fight Removal of Grizzly Protections," *High Country News Magazine*, June 20, 2017; "The Grizzly: A Treaty of Cooperation, Cultural Revitalization and Restoration." https://www.piikaninationtreaty.com/thetreaty

79   United States District Court for the District of Montana, Missoula Division ruling on Crow Indian Tribe et al. v. United States of America et al. and State of Wyoming et al., September 24, 2018, 2.

80   United States District Court for the District of Montana, 2.

81   United States District Court for the District of Montana, 25.

82 United States District Court for the District of Montana, 25.

83 트리나 브래들리와의 저자 인터뷰, 2021년 5월.

84 Alex Sakariassen, "Grizzly Bear Advisory Council Struggles with 'Herculean' Challenge in Missoula," *Montana Free Press*, December 6, 2019.

85 2019년 와이오밍주사냥및낚시국Wyoming Game and Fish Department은 회색곰이 죽인 가축 수가 176마리라고 언급했다. Dickie, "Pay for Prey." Angus Thuermer, "Grizzly CSI: Cutting to Facts in a Predator-Livestock Whodunit," *WyoFile*, August 4, 2020. "Government Data Confirm That Grizzly Bears Have a Negligible Effect on U.S. Cattle and Sheep Industries," Humane Society, March 6, 2019.

86 Nicky Ouellet, "Northern Continental Divide Grizzlies to Lose Federal Protections, USFWS Says," Montana Public Radio, May 10, 2018.

87 크리스 서빈과의 저자 인터뷰, 2021년.

88 Associated Press, "Only US Grizzly Bear Recovery Coordinator Retiring after 35 Years," April 21, 2016.

89 크리스 서빈과의 저자 인터뷰, 2021년.

90 크리스 서빈과의 저자 인터뷰, 2021년. "Proceedings-Grizzly Bear Habitat Symposium," IGBC, Missoula, Montana, April 30 May 2, 1985, 3.

91 Dickie, "Grizzly Face-Off."

92 Dickie, "Grizzly Face-Off."

93 Montana Wildlife Federation, "About Us."

94 크리스 서빈과의 저자 인터뷰, 2021년.

95 Chris Servheen, "Backward Thinking Targets Bears and Wolves," *Mountain Journal*, March 7, 2021; Chris Servheen, "Scientists Say Gianforte's Anti-Wolf, Anti-Grizzly Policies in Montana Have No Scientific Basis," *Mountain Journal*, October 2, 2021.

96 Servheen, "Backward Thinking Targets Bears and Wolves."

97 Montana Bill SB314; Alex Sakariassen, "What Got Signed, and What Got Vetoed," *Montana Free Press*, May 20, 2021.

98 Sakariassen, "What Got Signed."

99 Montana HB 224; "Montana Joins Idaho in Passing Extreme Wolf-Killing Legislation," Center for Biological Diversity press release, May 20, 2021.

100 Servheen, "Backward Thinking Targets Bears and Wolves."

101 HB 468; Sakariassen, "What Got Signed."

102 Laura Zuckerman, "Conservation Groups Demand U.S. Restore Grizzly Bears to

Native Range," Reuters, June 18, 2014.

제7장 얼음 위를 걷다

1   앤드루 더로처와의 저자 인터뷰, 2018년 11월. Chris Woolston, "Polar Bear Researchers Struggle For Air Time," *Nature* 599 (November 2021): S16–S17.

2   John Volk, "The Bears of Churchill: Magnificence and Beauty in the Canadian Wilderness," *Chicago Tribune*, March 24, 1985.

3   Shiping Liu et al., "Population Genomics Reveal Recent Speciation and Rapid Evolutionary Adaptation in Polar Bears," *Cell* 157, no. 4 (2014): 785–94; Webb Mill et al., "Polar and Brown Bear Genomes Reveal Ancient Admixture and Demographic Footprints of Past Climate Change," *Proceedings of the National Academy of Sciences* 109, no. 36 (2012): E2382–90.

4   IUCN Red List of Threatened Species Assessment, *Ursus maritimus*, August 2015.

5   The Canadian Press, "'So many bears': Draft Plan Says Nunavut Polar Bear Numbers Unsafe," as appeared on CBC, November 12, 2018.

6   NASA, "Arctic Sea Ice Extent." https://climate.nasa.gov/vital-signs/arctic-sea-ice/

7   John Edwards Caswell, "Henry Hudson," *Encyclopedia Britannica*; "Henry Hudson," History.com, updated September 12, 2018; "Henry Hudson North-West Passage Expedition, 1610–11," Royal Museums Greenwich.

8   Caswell, "Henry Hudson."

9   허드슨만 인근 지역인 폭스분지, 허드슨만 남부와 서부에 서식하는 세 개의 북극곰 개체군이 보이는 습성이라고 말했다. 앤드루 더로처와 저자가 교환한 서신, 2021년 6월.

10 더로처가 2021년 서신에서 언급한 내용에 따르면 토탄 더미 역시 곰들을 끌어들이는 요인이다. 토탄 더미가 있으면 눈이 오기 전에 굴을 지을 수 있기 때문이다. 앤드루 더로처와의 저자 인터뷰, 2018년 11월.

11 앤드루 더로처와 저자가 교환한 서신, 2021년 6월.

12 Parks Canada, "Grizzly Bears-Wapusk National Park"; Douglas Clark, "Recent Reports of Grizzly Bears, *Ursus arctos*, in Northern Manitoba," *Canadian Field Naturalist* 114, no. 4 (2000): 692–4.

13 World Wildlife Fund, "Polar Bear Diet."

14 앤드루 더로처와 저자가 교환한 서신, 2021년 6월.

15 Ingrid Margaretha Høie, "International Trade in Polar Bears from Canada Could Threaten The Species' Survivability," Norwegian Scientific Committee for Food and Environment risk assessment, June 25, 2020.

16 앤드루 더로처와 저자가 교환한 서신, 2021년 6월.

17 "For Hudson Bay Polar Bears, the End Is Already in Sight," *Yale Environment 360* interview with Andrew Derocher, July 8, 2010.

18 "Polar Bear," Environment and Natural Resources, Nunavut. https://www.enr.gov. nt.ca/en/services/polar-bear

19 Liu et al., "Population Genomics Reveal Recent Speciation."

20 James Cahill et al., "Genomic Evidence of Geographically Widespread Effect of Gene Flow from Polar Bears into Brown Bears," *Molecular Ecology* 24, no. 6 (2015): 1205–1217.

21 Charles T. Feazel, *White Bear* (New York: Henry Holt and Company, 1990).

22 Robert W. Park, "Dorset Culture," University of Waterloo; "Middle Palaeo-Eskimo Culture," Canadian Museum of History; "Disappearance of Dorset Culture," Canadian Museum of History.

23 "Thule and Their Ancestors," Museum of the North, University of Alaska Fairbanks; "Thule Culture," Museum of the North, University of Alaska Fairbanks.

24 이것은 자주 반복되는 주장이나 출처는 다소 불분명하다. 케임브리지대학교 스콧극지연구소Scott Polar Research Institute 블로그 게시물인 '집중 탐구: 바다표범을 사냥하는 북극곰의 상아 조각Object in focus: carving in ivory of a polar bear hunting a seal'도 이 진술을 반복한다. 또한 다음 문헌은 1871년 북극 원정에서 북극곰에게 바다표범 사냥법을 배우는 일이 있었다는 내용이 언급되었다고 밝히기도 했다. Bernd Brunner, *Bears: A Brief History* (New Haven, CT: Yale University Press, 2007) 베른트 브루너 지음, 김보경 옮김, 《곰과 인간의 역사》(생각의나무, 2010), 161; Reverend John George Wood, *Nature's Teachings* (London: Daldy, Isbister, 1877).

25 Brandon Kerfoot, "Beyond Symbolism: Polar Bear Characters and Inuit Kinship in Markoosie's *Harpoon of the Hunter*," *Canadian Literature* 230 (Fall/Winter 2016): 162–76; Frédéric Laugrand and Jarich Oosten, *Hunters, Predators, and Prey: Inuit Perceptions of Animals* (New York: Berghahn Books, 2015). 처칠잇사니탁박물관 큐레이터 로렌 브랜슨과의 저자 인터뷰, 2018년 11월.

26 Frédéric Laugrand and Jarich Oosten, "The Bringer of Light: The Raven in Inuit Tradition," *Polar Record* 42, no. 3 (2006): 187–204.

27 Rachel Attituq Qitsualik, "What the Inuit 'Want,'" *Indian Country Today*, November 24, 2004.

28 이누이트어 단어인 피호카히악pihoqahiak에서 유래했으며 이누이트족의 시와 신화에 등장한다. Christina E. Macleod, "It Takes a Village to Save a Polar Bear," IUCN Governance for Sustainability—Environmental and Policy Paper No. 70, 2008.

29 Michael Engelhard, *Ice Bear* (Seattle: University of Washington Press, 2016).

30 Daniel Hahn, *The Tower Menagerie* (London: Penguin, 2004).

31 Miriam Bibby, "King Henry III's Polar Bear," Historic UK. https://www.historic-uk.com/CultureUK/Henry-III-Polar-Bear/

32 Hahn, *The Tower Menagerie*.

33 Hahn, *The Tower Menagerie*.

34 "The Tower of London Menagerie," Historic Royal Palaces; Hahn, *The Tower Menagerie*.

35 Engelhard, *Ice Bear*; Michael Engelhard, "Here Be White Bears," *Hakai Magazine*, May 30, 2017.

36 James Wilder et al., "Polar Bear Attacks on Humans: Implications of a Changing Climate," *Wildlife Society Bulletin* 41, no. 3 (2017): 2.

37 북극에 수천 년 동안 살아온 토착민이 있었으나 헤릿 더페이르의 1876년 기록에 따르면 1595년에 일어난 사건이 최초였다고 언급하고 있다. Wilder et al., "Polar Bear Attacks on Humans".

38 Engelhard, *Ice Bear*.

39 "How Does Sea Ice Affect Global Climate?" National Oceanic and Atmospheric Administration, 2021.

40 1979~1990년 9월 평균 해빙 면적은 약 700만 제곱킬로미터, 2011~2020년 9월 평균 해빙 면적은 약 450만 제곱킬로미터였다. CHARCTIC, National Snow & Ice Data Center.

41 Maria-Vittoria Guarino, "Sea-Ice-Free Arctic during the Last Interglacial Supports Fast Future Loss," *Nature Climate Change* 10 (2020): 928–32.

42 다음 문헌에는 해빙이 없어도 살아남을 수 있는 북극곰 개체군을 발견했다는 내용이 나온다. 하지만 더로처가 말하듯 "그린란드 남동부의 곰은 바다 얼음

에 더해 빙하 얼음을 사냥터로 삼고 있지만, 곰이 먹고 사는 바다표범은 번식과 식량을 해빙 생태계에 의존한다. 해빙 없이는 바다표범도 없고 북극곰도 없다." (트위터, 2022년 6월 22일.) Thomas Brown et al., "High Contributions of Sea Ice Derived Carbon in Polar Bear (*Ursus maritimus*) Tissue," *PLoS One* 13, no. 1 (2018); Kristin Laidre et al., "Glacial Ice Supports a Distinct and Undocumented Polar Bear Subpopulation Persisting in Late 21st-Century Sea-Ice Conditions," *Science* 376, no. 6599 (2022): 1333–38.

43 Patrick Jagielski et al., "Polar Bears Are Inefficient Predators of Seabird Eggs," *Royal Society Open Science* 8, no. 4 (2021).

44 Peter Molnar et al., "Fasting Season Length Sets Temporal Limits for Global Polar Bear Persistence," *Nature Climate Change* 10, no. 8 (2020): 732–38.

45 Molnar et al., "Fasting Season Length."

46 Andrew Derocher, "Western Hudson Bay Polar Bears," Polar Bears International blog, October 31, 2018.

47 "Polar Bears Returning to Ice," Polar Bears International blog, November 10, 2017.

48 Nicholas Lunn et al., "Demography of an Apex Predator at the Edge of Its Range: Impacts of Changing Sea Ice on Polar Bears in Hudson Bay," *Ecological Applications* 26, no. 5 (2016): 1302–1320.

49 Martyn Obbard et al., "Re-Assessing Abundance of Southern Hudson Bay Polar Bears by Aerial Survey: Effects of Climate Change at the Southern Edge of the Range," *Arctic Science* 4, no. 4 (2018).

50 "Marine Mammal Protection Act; Stock Assessment Report for Two Stocks of Polar Bears," US Fish and Wildlife Service Federal Register, June 24, 2021.

51 Molnar et al.,"Fasting Season Length."

52 Alexis McEwen, "Living on the Edge in the Town of Churchill," Travel Manitoba blog, November 1, 2016; reporting notes.

53 다음 문헌은 2000~2015년 전 세계에서 일어난 불곰 공격 사건에서 피해자가 사 망한 비율이 14퍼센트라고 언급한다. G. Bombieri et al., "Brown Bear Attacks on Humans: A Worldwide Perspective," *Scientific Reports* 9, no. 1 (2019). 또한 다음 문 헌은 북극곰에게 공격받아 사망한 사람의 비율이 24퍼센트라고 밝히고 있다. Wilder et al., "Polar Bear Attacks on Humans". 또한 스티븐 헤레로는 표본 크기가 더 작기는 하나 1960~1998년 앨버타주에서 일어난 곰 공격 사건을 바탕으로 미 국흑곰은 42퍼센트, 회색곰은 32퍼센트로 더 높은 피해자 사망률을 보인다는 사

실을 알아냈다.

54 Bryan Holt, "Man Lived Only Two Blocks from Bears," *Baltimore Afro-American*, August 31, 1976.

55 Associated Press, "Man's Body Mauled by Bears in Zoo," as appeared in the *Gettysburg Times*, August 28, 1976.

56 메릴랜드동물원의 기록물 관리자와 저자가 교환한 서신.

57 Sean McKibbon, "Polar Bear Kills One, Injures Two Others," *Nunatsiaq News*, July 16, 1999.

58 Canadian Press, "Polar Bear Kills Eskimo Student at Churchill," as appeared in the *Ottawa Citizen*, November, 18, 1968.

59 UPI, "Migrating Polar Bear Mauls Canadian," November 30, 1983.

60 Jon Mooallem, *Wild Ones* (New York: Penguin Books, 2013), 31.

61 Mooallem, *Wild Ones*, 32.

62 UPI, "Migrating Polar Bear Mauls Canadian."

63 로렌 브랜슨과의 저자 인터뷰, 2018년.

64 Carolyn Turgeon, "Victim of Vicious Polar Bear Attack Stuck with $13,000 Bill for Air Ambulance to Winnipeg," *National Post*, January 25, 2015.

65 Turgeon, "Victim of Vicious Polar Bear Attack."

66 "Halloween with the Polar Bears," Frontiers North Adventures blog. https://blog.frontiersnorth.com/halloween

67 에린 그린과의 저자 인터뷰, 2020년 10월.

68 "RAW: Erin Greene on Being Attacked by a Polar Bear," CBC, 2013. https://www.cbc.ca/player/play/2425415449

69 에린 그린과의 저자 인터뷰, 2020년 10월.

70 "RAW: Erin Greene on Being Attacked."

71 Paul Hunter, "He Saved a Woman from a Polar Bear. 'Then the mauling was on for me,'" *Toronto Star*, May 20, 2017.

72 Hunter, "He Saved a Woman."

73 Hunter, "He Saved a Woman."

74 Hunter, "He Saved a Woman."

75 Hunter, "He Saved a Woman."

76 Hunter, "He Saved a Woman."

77 "RAW: Erin Greene on Being Attacked."

78   Canadian Press, "Two Polar Bears Shot After Attack in Churchill, Manitoba," as appeared in *Toronto Star*, November 1, 2013.

79   Hunter, "He Saved a Woman."

80   Wilder et al., "Polar Bear Attacks on Humans."

81   Wilder et al., "Polar Bear Attacks on Humans."

82   제프 요크와의 저자 인터뷰, 2018년 11월.

83   Polar Bear Alert Program, Frequently Asked Questions Media Handout, updated October 2015.

84   Elisha Dacey, "Gypsy's Bakery in Churchill Burns to the Ground," CBC, May 13, 2018.

85   Polar Bear Alert Program, Frequently Asked Questions Media Handout.

86   Polar Bear Alert Program, Frequently Asked Questions Media Handout.

87   앤드루 스클라룩과의 저자 인터뷰, 2020년 10월.

88   북극곰 경계 프로그램 관계자와 저자가 교환한 서신.

89   Polar Bear Alert Program, Frequently Asked Questions Media Handout.

90   Polar Bear Alert Program, Frequently Asked Questions Media Handout.

91   Polar Bear Alert Program, Frequently Asked Questions Media Handout.

92   Polar Bear Alert Program, Frequently Asked Questions Media Handout.

93   Ed Yong and Robinson Meyer, "Busy Times at the World's Largest Polar Bear Prison," *The Atlantic*, December 16, 2016; Mooallem, Wild Ones.

94   Sarah Heemskerk et al., "Temporal Dynamics of Human-Polar Bear Conflicts in Churchill, Manitoba," *Global Ecology and Conservation* 24 (2020).

95   Heemskerk et al., "Temporal Dynamics."

96   Gloria Dickie, "As Polar Bear Attacks Increase in Warming Arctic, a Search for Solutions," *Yale Environment 360*, December 19, 2018.

97   Sarah Frizzell, "Inuit Lives Must Be Protected over Polar Bears, Nunavut Community Says," CBC, November 14, 2018; Darrell Greer, "Naujaat Man Mauled to Death by Polar Bear," *Nunavut News*, September 5, 2018.

98   "Several Polar Bears Shot without Tags Near Arviat; Bears Not Harvested," CBC, August 2, 2018; Cody Punter, "Arviat Polar Bear Slaughter Sparks Debate," *Nunavut News*, August 8, 2018.

99   Darrell Greer, "Nine of 12 Polar Bear Tags Used So Far in Rankin Inlet," *Nunavut News*, November 19, 2020.

100 Beth Brown, "Don't Deduct Polar Bear Defence Kills from Quotas, Inuit Say," *Nunatsiaq News*, November 15, 2018; Sarah Rogers, "Red Tape Hampers Response to Increased Polar Bear Encounters: Nunavut MLAs," *Nunatsiaq News*, October 29, 2018.

101 제프 요크와의 저자 인터뷰, 2020년 10월.

102 Jodie Pongracz et al., "Recent Hybridization between a Polar Bear and Grizzly Bears in the Canadian Arctic," *Arctic* 70, no. 2 (2017): 151–160, Table 1.

103 Ulyana Babiy et al., "First Evidence of a Brown Bear on Wrangel Island, Russia," *Ursus* 33, no. 4 (2022): 1–8.

104 2012년 4월 23일과 25일에 회색곰과 잡종으로 추정되는 곰이 목격된 일이 언급된다. Table 1 of Jodie Pongracz et al., "Recent Hybridization"; 앤드루 더로처와 저자가 교환한 서신, 2021년 6월; Ed Struzik, "Unusual Number of Grizzly and Hybrid Bears Spotted in High Arctic," *Yale Environment* 360, July 27, 2012.

105 "DNA Tests Confirm Hunter Shot 'Grolar Bear,'" CBC, May 9, 2006.

106 앤드루 더로처와 저자가 교환한 서신, 2021년 6월.

107 앤드루 더로처와 저자가 교환한 서신, 2021년 6월.

108 Pongracz et al., "Recent Hybridization."

109 Pongracz et al., "Recent Hybridization," Table 1, documented as April 6, 2006, F1 harvest.

110 Pongracz et al., "Recent Hybridization," 153.

111 "이 곰 여덟 마리의 북극곰 혈통은 회색곰 두 마리와 짝짓기를 한 암곰 한 마리(10960)로 거슬러 올라간다"라고 언급했다. Pongracz et al., "Recent Hybridization," 153.

에필로그: 곰에 쫓겨 퇴장

1 Gloria Dickie, "As Banff's Famed Wildlife Overpasses Turn 20, the World Looks to Canada for Conservation Inspiration," *Canadian Geographic*, December 4, 2017.

2 Babar Zahoor et al., "Projected Shifts in the Distribution Range of Asiatic Black Bear (*Ursus thibetanus*) in the Hindu Kush Himalaya Due to Climate Change," *Ecological Informatics* 63 (July 2021).

에이트 베어스
곰, 신화 속 동물에서 멸종우려종이 되기까지

초판 1쇄 발행 2024년 8월 20일

지은이 글로리아 디키
옮긴이 방수연

발행인 정동훈
편집인 여영아
편집국장 최유성
기획·책임편집 김지용
편집 양정희 김혜정 조은별
디자인 형태와내용사이

발행처 (주)학산문화사
등록 1995년 7월 1일
등록번호 제3-632호
주소 서울특별시 동작구 상도로 282
전화 (편집) 02-828-8833, (마케팅) 02-828-8832
인스타그램 @allez_pub

ISBN 979-11-411-4195-0 (03400)

· 값은 뒤표지에 있습니다.
· 알레는 (주)학산문화사의 단행본 임프린트 브랜드입니다.

알레는 독자 여러분의 소중한 아이디어와 원고를 기다리고 있습니다.
도서 출간을 원하실 경우 allez@haksanpub.co.kr로 간단한 개요와
취지, 연락처 등을 보내주세요.